普通高等教育"十二五"规划教材

21世纪大学计算机基础分级教学丛书

C语言程序设计教程

（第二版）

王绪梅　詹春华　陈剑锋　主编

科学出版社

北京

内 容 简 介

本书是为将 C 语言作为第一门程序设计课程的学生编写的教材或参考资料,以培养学生的程序设计能力与掌握开发工具为目标,针对初学者的特点,在内容编排、阐述、实验、习题的选择上做了较细致的构思、设计,有利于自学,更便于教学。

本书从程序设计的基本思想和 C 语言的设计基本原理出发,贯穿"基础—应用"这一主线,紧扣基础,循序渐进,面向应用。为方便授课和学习、加强实践能力的培养,配合本书我们编写了《C 语言程序设计实验与习题(第二版)》与本书相呼应。

全书共分 10 章,系统地介绍了程序设计语言和 C 语言程序设计的基础理论,重点介绍了 C 语言程序设计的基本知识和编程思想与方法。其宗旨是让读者学会分析问题、掌握基本的编程思想与程序代码设计。本书加强基础、强化实践、突出重点、注意难点处理,使读者易学易懂。

本书可供高等学校、水平考试、各类成人教育等教学使用,也可供计算机爱好者自学。

图书在版编目(CIP)数据

C 语言程序设计教程/王绪梅,詹春华,陈剑锋主编.—2 版.—北京:科学出版社,2015.1

(21 世纪大学计算机基础分级教学丛书)

普通高等教育"十二五"规划教材

ISBN 978-7-03-042590-4

Ⅰ.C… Ⅱ.①王…②詹…③陈… Ⅲ.C语言-程序设计-高等学校-教材 Ⅳ.TP312

中国版本图书馆 CIP 数据核字(2014)第 272471 号

责任编辑:闫 陶/责任校对:肖 婷
责任印制:高 嵘/封面设计:陈明亮

科 学 出 版 社 出版

北京东黄城根北街 16 号
邮政编码:100717
http://www.sciencep.com

武汉市新华印刷有限责任公司印刷
科学出版社发行 各地新华书店经销

*

2015 年 1 月第 一 版 开本:787×1092 1/16
2015 年 1 月第一次印刷 印张:19
字数:420 000

定价:40.00 元
(如有印装质量问题,我社负责调换)

前　　言

　　C 语言是目前国内外广泛使用的程序设计语言之一,是国内外大学都在开设的计算机程序设计核心基础课之一。C 语言具有功能丰富、表达能力强、使用方便灵活、程序执行效率高并且可移植性好等特点,学习 C 语言已经成为广大计算机应用人员和高校开设计算机语言课程的首选。

　　为了推进 21 世纪计算机基础教育改革,从素质教育的理念出发,结合信息化社会对高素质、复合型人才的需求,特出版此书。由于 C 语言涉及的概念多而且复杂、规则繁多、使用灵活但易出错,不少初学者感到难以掌握,本书力求较通俗、较为全面地介绍 C 语言的基本内容与程序设计思想,是专为初学程序设计者编写的一本入门教材。

　　本书编写时力求概念准确、讲述简单明了、内容实用。突出基础,面向应用,循序渐进地引导读者学习程序设计的思想和方法。明确突出每个章节的重点、注意难点处理,使读者易学易懂。

　　本书的特点是精选内容、分散难点、例题丰富、通俗易懂;通过算法设计的介绍,可以使读者更好地学习程序设计的思想、体系结构和方法,尤其是优化的程序设计方法,读者从实际应用中对 C 语言程序设计的基本知识得以融会贯通和进一步提高;书中例题所有代码均在 VC 环境下调试通过,方便读者自学;本书将"编译预处理"内容放到附录中去,由于此部分内容跨越很多知识点,如果单独作为一章内容,那么只能将这部分内容放到较靠后的位置。当基础知识的学习中要涉及编译预处理的内容时,可以根据需要及时查询,读者也可以根据实际情况安排学习编译预处理内容的进度。

　　全书共分 10 章,第 1 章介绍了程序设计的基本概念和 C 语言的基础知识;第 2 章介绍了C 语言的数据类型;第 3~5 章讲述了 C 语言的控制结构;第 6 章介绍了数组;第 7 章介绍了函数,第 8 章介绍指针,第 9 章介绍了结构体与共同体,第 10 章介绍了文件。由于各专业的学时数不尽相同,有些章节用"＊"进行了标注,供教师选择讲授。

　　为了加强实践能力的培养,配合本书还编写了《C 语言程序设计实验与习题(第二版)》与本书相呼应,各章安排了习题和上机实验内容,以方便师生学习,从而达到较好的效果。

　　本书由王绪梅、詹春华、陈剑锋主编,本书在编写过程中,参考了大量的文献资料,在此向这些文献资料的作者表示感谢。由于时间仓促和水平所限,书中难免有欠妥之处,敬请各位专家、读者不吝批评指正。

　　本书可供高等学校、计算机水平考试培训、各类成人教育学校作为开设程序设计课程的教材,也可供计算机爱好者自学。

编　者

2014 年 4 月

目　　录

第 1 章　C 语言概述

核心内容：

　1. C 语言简史

　2. C 语言的主要特点

　3. C 语言的基本结构

　4. Microsoft Visual C++ 6.0 安装和启动方法

　5. Microsoft Visual C++ 6.0 集成开发环境

　6. 利用 Microsoft Visual C++ 6.0 开发 C 程序的步骤

1.1　C 语言简史

C 语言是目前最流行、最有影响力的程序设计语言之一，在众多的程序开发领域中都可以看到它的身影。

20 世纪 60 年代，贝尔实验室的 Ken Thompson 试图开发一个称为 UNIX 的操作系统，这也是后来对计算机业界产生了巨大影响的操作系统。起初使用的是汇编语言，但是由于汇编语言的移植性不高，用汇编语言编写的程序移植起来十分头疼。Ken Thompson 于是就采用了一个叫 BCPL（Basic combined programming language）的语言来进行开发，他对 BCPL 进行了整合，形成了 B 语言。1971 年，Dennis Richie 开始协助 Thompson 开发 UNIX，他对 B 语言进行了改良，加入了新的数据类型和语法，就形成了大名鼎鼎的 C 语言（取 BCPL 的第二个字母）。

由于 C 语言是一种高级语言，具有很好的移植性，Ken Thompson 与 Dennis Ritchie 用 C 语言重写的 UNIX 操作系统修改、移植起来就十分方便，为 UNIX 日后的普及打下了坚实的基础。同时随着 UNIX 的逐渐普及，C 语言在全世界推广开来。UNIX 和 C 语言完美的结合成为一个统一体，相辅相成，成就了软件开发史上历时几十年的一个时代。

在 C 语言的推广过程中，出现了许多不同的版本。为了统一各种不同版本 C 语言之间的兼容问题，美国国家标准化协会（American National Standards Institute）1983 年发表制定了一个 C 语言标准，称之为 ANSI C，1990 年国际标准化组织 ISO（International Standards Organization）接收了 ANSI C 为 ISO C 的标准。目前流行的 C 语言编译系统都是以 ANSI C 为基础的。在微型机上使用的 Microsoft C、Turbo C、Quick C 等，它们的不同版本又略有差异。因此，读者在学习时需要了解所用的计算机系统配置的 C 的变异系统的特点和规定，本教材中运行的例子均在 Visual C 环境下实现。

现今有很多程序设计语言也是在 C 语言的基础上产生的，如 C++、Visual C++、JAVA、C♯等。

1.2　C 语言特点

C 语言从出现至今，经过了几十年的时间，在面向对象程序设计语言如此风靡的今天，依

然有大量的程序开发人员和计算机编程爱好者使用它进行程序开发,正是由于 C 语言具有一些不可替代的特点:

（1）运算符、数据类型丰富。

C 语言的运算符非常丰富,共有 34 种运算符。C 语言把括号、赋值、强制类型转换等都作为运算符处理。从而使 C 语言的运算类型极其丰富,表达式类型多样化。灵活使用各种运算符可以实现在其他高级语言中难以实现的运算。

C 语言具有现代化语言的各种数据类型,数据类型有:整型、实型、字符型、数组类型、指针类型、结构体类型、共用体类型等。能用来实现各种复杂的数据结构,并引入了指针概念,使程序效率更高。

（2）语言简洁紧凑、使用灵活方便。

C 语言一共只有 32 个关键字、9 种控制语句,程序书写形式自由,主要用小写字母表示,压缩了一切不必要的成分。一行中可以书写多个语句,一条语句可以写在不同行上,可以采用宏定义和文件包含等预处理语句等,这些都使得 C 语言简洁紧凑。

（3）C 语言具有结构化的控制语句。

C 语言提供了一套完整的结构控制语句(例如选择、循环等)和构造数据类型(例如数组、结构体等),使得程序流程具有很好的结构性。

C 语言的主要组成结构是函数,函数是 C 语言的基本模块。项目的各种功能可以利用不同功能的函数实现,从而达到结构化程序设计中模块化的要求。

（4）C 语言允许直接访问物理地址,对硬件进行操作。

C 语言允许直接访问物理地址,可以直接对硬件进行操作,能实现汇编语言的大部分功能,因此它既具有高级语言的功能,又具有低级语言的许多功能,能够像汇编语言一样对位、字节和地址进行操作,可用来写系统软件。

（5）生成的目标代码质量好,程序执行效率高。

（6）C 语言适用范围大,可移植性好。

C 语言有一个突出的优点就是适合于多种操作系统,也适用于多种机型。C 语言具有强大的绘图能力,可移植性好,并具备很强的数据处理能力,因此适于编写系统软件,三维、二维图形和动画,它也是数值计算的高级语言。

1.3 C 程序基本结构

现在通过几个例子,我们来分析一下 C 程序的基本结构。

【例 1-1】 编写一个 C 语言程序,用其实现在屏幕上显示一句话:Hello World!。

```
/ * 在屏幕显示一句话"Hello World!" * /
# include "stdio. h"              / * 包含输入输出头文件 * /
int main(int argc,char * argv[])   / * 主函数 * /
{
    printf("Hello World! \n");    / * 利用 printf()函数输出"Hello World!" * /
    return 0;
}
```

分析

（1）在"/ * "和" * /"之间的内容是注释信息,在程序编译、运行中不起作用。注释信息是为了方便阅读程序,它是由程序员加进去的,它必须以"/ * "开头,以" * /"结束。

（2）printf();是C程序中的输出函数,用来显示结果:"Hello World!",若程序中用到输入或输出函数,如 printf(),则需要在程序的首部用头文件进行说明,例如:#include "stdio. h"。

（3）main()为主函数说明,任何程序都有且只有一个 main()函数。

（4）函数内容用大括号{}括起来。

（5）printf("Hello World! \n");的功能是在屏幕上显示"Hello World!",其中"\n"表示输出后换行。

（6）每条语句的末尾必须添加";"表示该语句结束。

程序运行结果:

【例 1-2】 编写一个 C 程序,用来实现求两个数的和。

```
/ * 求两个整数相加的和 * /
# include "stdio. h"                            / * 包含输入输出头文件 * /
int main(int argc,char * argv[])                / * 主函数 * /
{
    int a,b,sum;                                / * 定义整数变量 a,b,sum * /
    a=12;
    b=34;                                       / * 给变量赋值 * /
    sum=a+b;                                     / * 利用表达式求 sum * /
    printf("%d+ %d= %d\n",a,b,sum);             / * 输出 a,b,sum * /
    return 0;
}
```

分析

（1）程序中使用了 printf()函数,包含定义输入输出函数的头文件。

（2）程序由唯一的 main()函数组成。

（3）main()函数的内容用大括号括起来。在 main()函数中包含:程序所使用变量的定义,变量赋值,利用表达式计算结果,输出程序运行结果。

（4）语句结束时添加";"。

（5）该程序要完成的内容放在{　}中表示。

程序运行结果:

【例 1-3】 编写程序,实现用户从键盘输入两个整数,输出其中较小的数。

```
/ * 输入两个数,程序输出其中较小的数 * /
# include "stdio. h"
```

```
    int min(int a,int b)                              /* 辅函数 */
    {   int c;
        if(a>b)
            c=b;
        else
            c=a;
        return c;
    }
    int main(int argc,char * argv[])                  /* 主函数 */

    {   int a,b,c;
        printf("please input two numbers:");   /* 输出提示性信息 */
        scanf("%d,%d",&a,&b);                  /* 用户输入两个整数 */
        c=min(a,b);                            /* 调用辅函数,计算较小的数 */
        printf("The min is:%d. \n",c);         /* 输出较小的数 */
        return 0;

    }
```

分析

(1) 程序由 main()函数和用户自定义函数 min(a,b)组成。

(2) 用户自定义函数 min(a,b)用于求出两个数 a,b 中较小的数。

(3) 用户自定义函数 min(a,b)内容同样包含在大括号中,包括:定义存放较小数的变量 c,利用分支选择语句 if-else 求出 a,b 中较小的一个,再使用 return c 语句将 min(a,b)函数的结果返回到主函数中。

(4) 每一个语句结束时都添加";"。

程序运行结果:

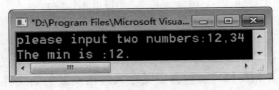

通过上述三个例题,我们可以看出 C 语言程序的基本结构是:

(1) C 语言程序由函数构成,一个完整的 C 语言程序由一个主函数 main()组成,或者由一个主函数 main()加一个或多个辅函数组成。

C 语言的函数有三种形式:

① 主函数,main()。每个程序都有且仅有一个主函数。在程序执行时,任何一个程序都是从主函数开始执行起。

② C 语言提供的库函数(又称内部函数),例如 printf()函数。如果在程序中使用了库函数,C 语言规定:在程序首部应该加入定义库函数的头文件。

例如,例题中的 #include "stdio. h"。

③ 用户自定义函数(又称辅函数),辅函数在程序中可有可无,若有也可以有多个,它由用户按需要实现的特定功能自己定义。

(2) 程序中的函数的内容用大括号"{}"括起来。

（3）每条语句的末尾必须添加";"表示该语句结束。

1.4 Microsoft Visual C++ 6.0 集成开发环境的使用

1. 启动 Microsoft Visual C++ 6.0 开发环境

如果计算机在：Microsoft Windows® XP Professional 或 Microsoft Windows® 2000 Professional 以上版本的操作系统上已经安装好 Microsoft Visual C++ 6.0，就可以启动 Microsoft Visual C++ 6.0 来实现程序开发。

（1）启动 Microsoft Visual C++ 6.0

利用命令"开始|所有程序|Microsoft Visual C++ 6.0|Microsoft Visual C++ 6.0"启动 Microsoft Visual C++ 6.0，或者双击桌面的 Microsoft Visual C++ 6.0 的快捷方式图标 。

（2）启动 Microsoft Visual C++ 6.0 之后就会显示图 1-1 所示的界面。

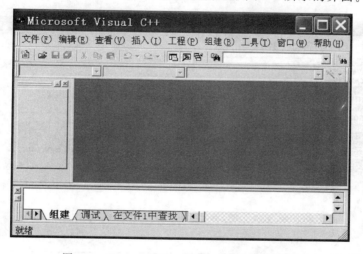

图 1-1　Microsoft Visual C++ 6.0 运行界面

（3）在 Microsoft Visual C++ 6.0 运行界面利用命令"文件|新建"，弹出如图 1-2 所示的"新建"对话框。

选择"文件"标签，出现如图 1-3 所示新建|文件对话窗口。移动光标选择 C++ Source File 菜单项或 C/C++ Header File 菜单项，在文件名框中输入文件名，如输入 HELLO.C，（注意：在输入文件名时，扩展名 .C 不能省略）在位置窗口中确认新建文件存放的外存路径位置，最后点击"确定"按钮，此时打开了一个名为 HELLO.C 的编辑窗口，如图 1-4、图 1-5 所示。

在编辑窗口下输入 C 程序。例如：

```
#include<stdio.h>
main()
{
printf("HELLO.C\n");
}
```

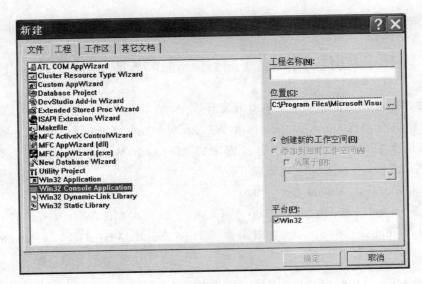

图 1-2 "新建"对话框

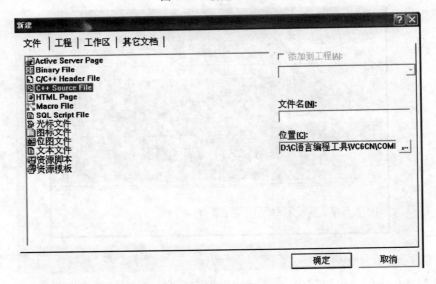

图 1-3 新建|文件对话窗口

（4）利用命令"文件|保存全部"实现工程的保存。

（5）利用命令"文件|退出"退出 Microsoft Visual C++ 6.0 开发环境。

2. 打开已经存在的 C 程序

① 启动 Microsoft Visual C++ 6.0 开发环境。

② 利用命令"文件打开"出现如图 1-6 所示的对话框。

在选定的查找范围内，找到需要打开的文件，单击打开按钮。

3. Microsoft Visual C++ 6.0 开发 C 程序的上机步骤

1）C 语言程序开发步骤

对于一个给定的问题，编好一个 C 程序后，上机运行步骤有：这里要经过输入与编辑源程序→源程序编译→与库函数连接→运行目标程序。如图 1-7 所示。

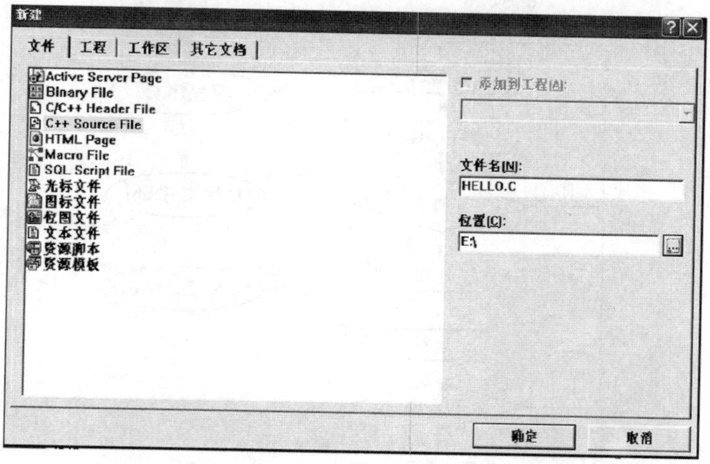

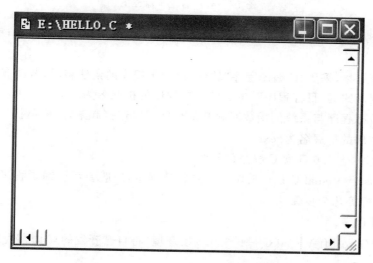

图 1-4　输入文件名和确认文件位置

图 1-5　新建文件 HELLO.C 的编辑窗口

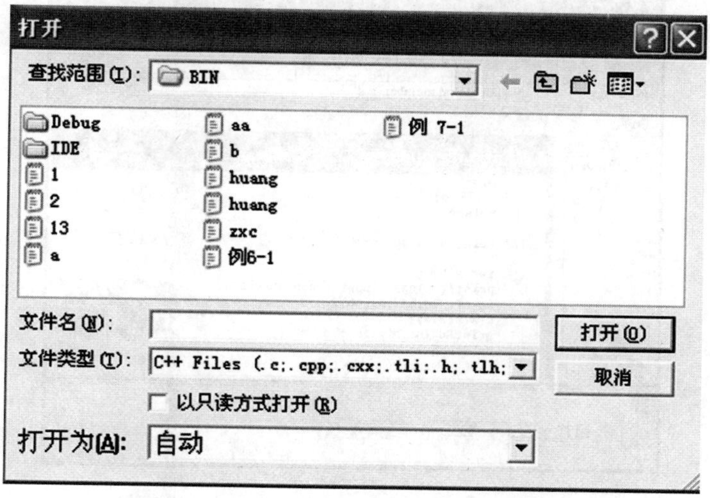

图 1-6　打开文件对话框

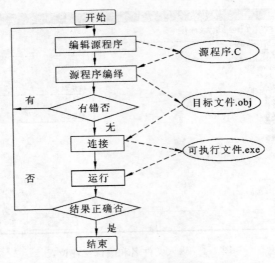

图 1-7　C 语言上机流程图

其中：编辑源程序是将写好的程序输入到计算机并保存到计算机外存中；或源程序有错需要进行修改。

源程序编译是指，采用"C 编译程序"软件，检查源程序的语法错误，若没有错误后，将源程序翻译成二进制形式的"目标程序"，生成的目标程序的扩展名为.obj。

连接是将目标程序与系统的函数库和其他目标程序连接起来，形成可执行的目标程序，其生成的可执行文件的扩展名为.exe。

2）Visual C++ 6.0 开发 C 程序的过程

利用 Microsoft Visual C++ 6.0 开发一个 C 程序，一般要经历编辑程序代码、程序编译和组建、程序运行等几个步骤。

（1）编辑源程序。

用户通过 Microsoft Visual C++ 6.0 开发环境，将自己开发的 C 语言程序输入代码设计窗口，如图 1-8 所示。

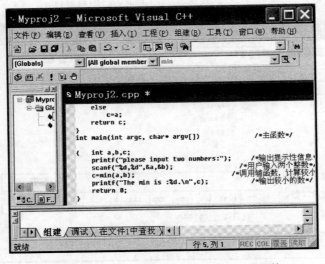

图 1-8　Microsoft Visual C++ 6.0 开发环境

（2）源程序编译

用户输入的源程序代码使用 ASCII 码的形式存储在文件中，而计算机可以执行的是二进制文件，即 0,1 代码。所以需要把源程序翻译成为计算机可以识别的二进制形式的目标代码文件，这个过程称为编译。利用命令"组建|编译"或者是组合键"CTRL＋F7"完成编译过程，编译的结果将显示在输出窗口。如果用户编写的代码存在错误，则会在输出窗口中显示出来，如图 1-9 所示。双击错误提示语句，则会在代码编写窗口中高亮显示错误对应的代码所处的位置。如果没有错误则显示如图 1-10 所示的窗口。

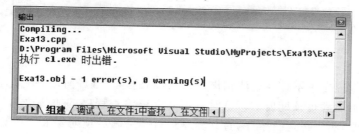

图 1-9　错误代码输出窗口

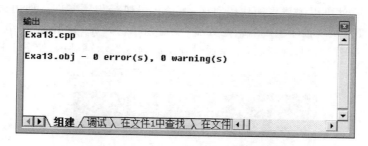

图 1-10　正确代码输出窗口

（3）源程序调试。

程序设计过程中，会出现两种类型的程序编译错误：语法错误和逻辑错误。

• 语法错误

如果程序存在语法错误，是无法通过程序编译阶段的。双击输出窗口中错误提示语句，光标返回程序错误周围，找出错误修改，再次编译程序，直至编译成功。

如图 1-11 所示的输出窗口中的错误提示语句"Myproj2.obj-1 error(s),0 warning(s)"存在一个错误，需要修改。然后错误提示语句"c:\program files\microsoft visual studio\myprojects\myproj2\myproj2.cpp（20）：error C2146：syntax error：missing ';' before identifier 'printf'执行 cl.exe 时出错。"则说明在 printf()函数之前缺少语句结束符";"。双击此错误提示语句，返回错误发生处，修改程序。

图 1-11　编译错误的输出窗口

程序修改完毕,再次编译程序进行调试。同时再次查看输出窗口如图 1-12 所示,可以发现没有错误,程序编译成功。

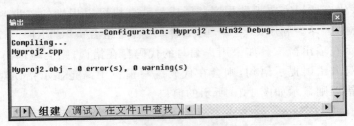

图 1-12　编译正确的输出窗口

- 逻辑错误

逻辑错误是指程序中不存在语法错误,可以顺利的通过编译阶段,只有运行程序时才能看出程序输出结果不能满足预期要求。这时就需要全篇检查程序的执行语句,找出造成逻辑错误的语句进行修改,然后再运行程序,直到程序运行结果满足预期要求。

(4) 运行程序。

程序调试完毕,就可以组建程序代码对应的 EXE 可执行程序文件。利用命令"组建|组建"或者利用快捷键"F7"实现程序组建。组建完毕,就可以执行程序,利用命令"组建|执行"或者利用快捷键"CTRL＋F5"执行程序,执行结果通过弹出的命令提示符显示,如图 1-13 所示。

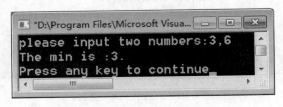

图 1-13　程序运行结果

1.5　算　　法

编制程序的过程称为程序设计,一个程序包含了两个方面的内容:

(1) 对数据进行描述。在程序中要对数据的类型与数据的组织形式进行描述,称为数据结构。

(2) 对操作进行描述。就是操作步骤,称其为算法。数据是操作的对象,操作目的是对数据的加工以期得到希望的结果。著名计算机科学家 Nikiklaus Wirth 提出一个公式:

程序＝算法＋数据结构

在实际的编写程序时,不仅要考虑算法和数据结构,还需要采用结构化程序设计方法及某一种程序设计语言来实现,所以一个好的程序设计人员需要具备四个方面的知识,即算法、数据结构、程序设计方法和语言工具及环境。这里算法是灵魂,数据结构是加工对象,语言是工具,本书中不可能将这四个内容面面俱到,只能将四个内容用 C 程序实例的形式结合起来介绍如何编写 C 程序。由于算法在程序设计中的重要地位,这里先作一点初步介绍。

1.5.1　算法的基本概念

1. 算法

所谓算法是指对解题方案的准确而完整的描述,它是指令的有限序列,其中每一条指令表示一个或多个操作。算法可以用自然语言描述,也可以用伪语言、计算机语言等描述。

【例1-4】 用自然语言描述:输入三个不相同的数,求出其中最大的数的算法。

分析 先设置一个变量 max,用于存放最大数。当输入 a、b、c 三个不相同的数后,先将 a 与 b 进行比较,把较大的数值赋给变量 max,再把 c 与 max 进行比较,若 c>max,则将 c 的数值赋给 max,最后 max 中就是三个数中的最大数。自然语言描述如下:

（1）若 a>b,则 a→max,否则 b→max;

（2）再将 c 与 max 进行比较,若 c>max,则 c→max。这样,max 中存放的即是三个数中的最大数。

2. 算法的基本特征

一个算法,一般应具有以下几个基本特征:

（1）可行性。可行性是指算法中的每一个步骤必须是能实现的,并且能够达到预期的目的。

（2）确定性。确定性是指算法中的每一个步骤必须有明确的含义,不能产生二义性,对于相同的输入,只能得出相同的输出结果。

（3）有穷性。有穷性是指算法必须在有限的时间内完成,即算法必须在执行有限步骤之后终止。

（4）输入。所谓输入是指在执行算法时需要从外界取得必要的初始信息。一个算法要有一个或多个输入,也可以没有输入。

（5）输出。算法的目的是要求解,"解"的信息要让用户知道就要输出。一个算法要有一个或多个输出,这是算法在执行若干个步骤之后得到的结果,没有输出的算法是没有意义的。

3. 算法的描述方法

为了描述一个算法,可以用自然语言、流程图或结构化流程图来描述。

（1）用自然语言描述算法。

自然语言就是人们日常使用的语言,【例1-4】的算法就是用自然语言描述的。

用自然语言描述算法,通俗易懂且容易接受,但是其叙述较繁琐和冗长,容易出现"歧义性",因此,除了很简单的问题外一般不采用这种方法。

（2）用流程图描述算法。

流程图是用一组几何图形表示各种类型的操作,在图形上用扼要的文字和符号表示具体的操作,并用带有箭头的流线表示操作的先后次序。特点是直观、形象、步骤清晰、易于理解。本书都采用流程图描述算法。表1-1列出了流程图中常使用的基本符号及其含义。

表1-1 流程图的基本符号及含义

图形符号	名 称	含 义
⬭	起止框	表示算法的开始或结束
▱	输入、输出框	表示输入、输出操作
▭	处理框	表示处理或运算的功能
◇	判断框	用来根据给定的条件是否满足决定执行两条路径中的某一路径
→	流线	表示程序执行的路径,箭头代表方向

（3）用结构化流程图来描述算法。

结构化流程图又称 N-S 流程图，它是流程图的一个改进，即将流程图中的流线去掉，将算法写在一个矩形框中，在该矩形框中包含从属于它的框。其特点是适用于结构化程序设计。表 1-2 列出了 N-S 流程图中使用的基本符号及其含义。

表 1-2　N-S 图的基本符号及含义

A块 B块	顺序结构 N-S 图
条件 真　　假 A块　　B块	选择结构 N-S 图
当条件为真时 循环体	当型循环结构 N-S 图
循环体 直到条件为真	直到型循环结构 N-S 图

（4）用计算机语言表示算法。

设计算法的目的是为了解题，上述三种描述的算法计算机是无法识别的，只有用计算机语言编写的程序才能被计算机接受并执行，所以我们用前面的方法描述算法后，还要转换成计算机语言程序。

1.5.2　算法中的基本结构及其描述

在算法设计时，通常用三种基本结构作为表示一个良好算法的基本单元。

1. 三种基本结构

（1）顺序结构。顺序结构是简单的线性结构，各框按顺序执行。流程图如图 1-14 所示，语句的执行顺序为：语句 1→语句 2。

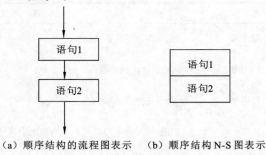

（a）顺序结构的流程图表示　　（b）顺序结构 N-S 图表示

图 1-14　顺序结构流程图

（2）选择（分支）结构。这种结构是对某个给定条件进行判断，条件为真或假时分别执行不同框的内容。流程图如图 1-15 所示。

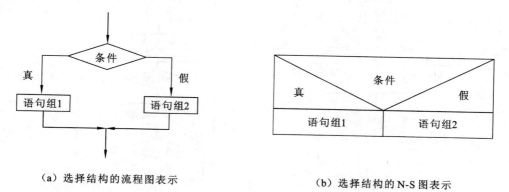

（a）选择结构的流程图表示　　　　　（b）选择结构的 N-S 图表示

图 1-15　选择结构流程图

（3）循环结构。循环结构有以下两种：

① 先判断条件，后执行循环，也称为"当型"循环结构：执行过程是先判断条件，当条件为真时，反复执行"语句组"（也称循环体），一旦条件为假，跳出循环，流程图如图 1-16（a）所示，N-S图如图 1-16（c）所示。

② 先执行循环，后判断条件，也称为"直到型"循环结构：执行过程是先执行"语句组"，再判断条件，条件为真时，一直循环执行语句组；一旦条件为假时，结束循环，如图 1-16（b）所示，N-S 图如图 1-16（d）所示。

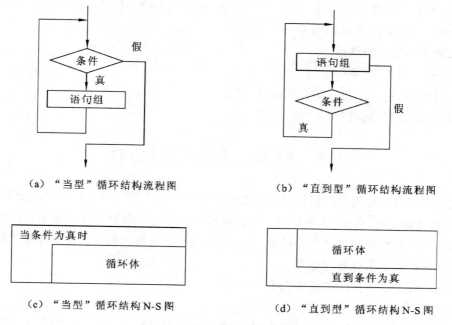

（a）"当型"循环结构流程图　　　　　（b）"直到型"循环结构流程图

（c）"当型"循环结构 N-S 图　　　　　（d）"直到型"循环结构 N-S 图

图 1-16　循环结构的流程图

【例 1-5】　输入三个数，然后输出其中最大的数，用流程图表示其算法。

分析过程如同【例 1-4】，流程图表示如图 1-17 所示。

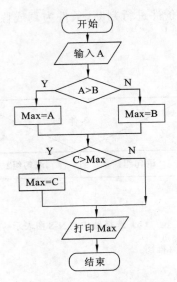

图 1-17 例 1-5 的算法流程图

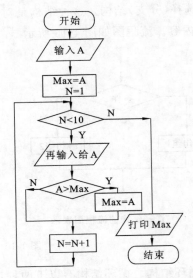

图 1-18 例 1-6 的算法流程图

【例 1-6】 输入 10 个数,打印输出其中最大的数,用流程图表示其算法。

分析 定义变量 A,用来存储每次输入的数据,定义变量 MAX,用来存储最大的数,定义变量 N,用来计算比较的次数。用自然语言描述如下:

(1) 输入第一个数据存储进 A,A→MAX,N=1;

(2) N＞10,停止输入数据,并将 MAX 输出。否则执行步骤(3);

(3) 输入下一个数据存储进 A,A＞MAX,然后 A→MAX,N=N+1,转到步骤(2)。

这个算法用流程图表示如图 1-18 所示。

2. 三种基本结构的特点

(1) 只有一个入口,一个出口。

(2) 结构内的每一个部分都有可能被执行到。

(3) 结构内没有"死语句"或"死循环"。

1.6 结构化程序设计方法

结构化程序设计是进行以模块功能和处理过程设计为主的详细设计的基本原则。其概念最早由 E. W. Dijikstra 在 1965 年提出。结构化程序设计是以模块化设计为中心,将待开发的软件系统划分为若干个相互独立的模块,这样使完成每一个模块的工作变单纯而明确,为设计一些较大的软件打下了良好的基础。

结构化程序设计方法的主要原则有:

1) 自顶向下

程序设计时,应先考虑总体,后考虑细节;先考虑全局目标,后考虑局部目标。不要一开始就过多追求众多的细节,先从最上层总目标开始设计,逐步使问题具体化。

2) 逐步细化

对复杂问题,应设计一些子目标作为过渡,逐步细化。

3）模块化设计

在设计复杂的程序时，一般采用的方法是：把问题分成几个部分，每个部分又分成更细小的若干小部分，逐步细化，直至分解成很容易求解的小问题，使每个小问题成为一个模块。如图 1-19 所示。

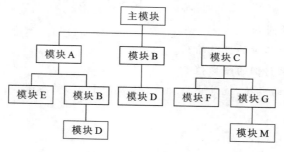

图 1-19　模块结构图

一般来说，模块设计应遵循以下几条原则：

（1）模块相对独立。

① 每个模块完成一个相对独立的特定子功能。例如一些功能相似子任务，可以将它们综合起来，找出共性，做成一个完成特定任务的单独模块。

② 模块之间的关系力求简单。模块之间最好只通过数据传递发生联系，而不发生控制联系。

③ 数据的局部化。模块内使用的数据也具有独立性，一个模块的私有数据只属于这个模块，而不影响其他模块中的数据。

（2）模块规模适当。模块功能不能太复杂，也不能太简单。模块功能复杂，可读性就会降低；模块功能太简单，则相对增加程序的复杂度。这一点对于初学者来说不好把握。

（3）分解模块要注意层次。需要多层次地分解任务，对问题进行抽象化，不过于注意细节。

（4）限制使用 GOTO 语句

GOTO 语句是有害的，是造成程序混乱的祸根，程序的质量与 GOTO 语句的数量呈反比，应该在所有高级程序设计语言中取消 GOTO 语句。限制使用 GOTO 语句，程序易于理解、易于排错、容易维护，容易进行正确性证明。

习　题　一

一、填空题

1. 结构化程序设计方法的主要原则有＿＿＿＿、＿＿＿＿、＿＿＿＿。

2. 一个 C 程序上机运行要经过输入与编辑源程序、＿＿＿＿、＿＿＿＿、运行目标程序四个步骤。

3. 源程序编译是指，采用"C 编译程序"软件，检查源程序的语法错误，若没有错误后，将源程序翻译成二进制形式的"目标程序"，生成的目标程序的扩展名为＿＿＿＿。

4. 连接是将目标程序与系统的函数库和其他目标程序连接起来，形成可执行的目标程序，其生成的可执行文件的扩展名为＿＿＿＿。

5. 在算法设计时,通常用三种基本结构作为表示一个良好算法的基本单元,这三种基本结构分别是_____、_____、_____。

二、算法描述题(用流程图或结构化流程图描述算法)

1. 求一个班学生的平均成绩。设 A 等(85 分)12 人,B 等(70 分)16 人,C 等(60 分)6 人,D 等(按 50 分计算)5 人。

2. 输出一个数的绝对值。

3. 输入 10 个数,把其中的正数输出。

4. 输入 10 个数,求它们的平均值。

5. 输入 50 个学生的成绩,统计出得优秀(分数大于 90)的人数。

第 2 章　C 语言的数据表示

核心内容：

1. C 语言的数据类型
2. 常量与变量
3. 运算符及其表达式
4. 数据类型转换

一般来说，用计算机解决一个问题时，大致需要经过以下几个步骤：①从具体问题中抽象出一个数学模型；②设计一个解此数学模型的算法；③确定一种高级语言编写程序，进行测试，直至得到最后结果。使用高级语言编写程序，在程序中必须对加工的信息进行描述。在计算机中，把这些要加工的信息称为"数据"，即在计算机科学中所有能输入到计算机中并被计算机程序处理的符号的总称。数据的含义非常广泛，如文字、声音、图像等，都是以一定的数据形式存储的，它是计算机加工的原料。数据在内存中保存，存放的情况由数据类型所决定。

本章主要介绍 C 语言基本数据类型的常量书写方法和变量的定义方法，以及基本运算符的运算规则和表达式的构成方法，为后续章节的学习奠定一个基础。

2.1　C 语言的数据类型

2.1.1　C 语言的字符集、标识符与关键字

1. C 语言字符集

任何一个计算机系统所能使用的字符都是固定的、有限的，要使用某种计算机语言来编写程序，就必须使用符合该语言规定的，并且计算机系统能够使用的字符。

字符是组成语言的最基本的元素。C 语言的基本字符集包括英文字母、阿拉伯数字以及其他一些符号，具体归纳如下：

(1) 英文字母：大小写各 26 个，共计 52 个。

(2) 阿拉伯数字：0～9，共计 10 个。

(3) 下划线：_。

(4) 其他特殊符号：常见的其他符号如下所示：

＋	－	＊	／	＼	％	˜
＜	＝	＞	！	｜	＃	＆
（	）	［	］	｛	｝	？
～	，	．	：	；		＂

注意：在字符串常量和注释中可以使用汉字或其它可表示的图形符号。

特殊符号可以组成运算符，如 ＞＝、＆＆、＋＋、－－及标示符等。

空格符、制表符、换行符等统称为空白符。空白符只在字符常量和字符串常量中起作用。

在其它地方出现时,只起间隔作用,编译程序对它们忽略。因此在程序中使用空白符与否,对程序的编译不发生影响,但在程序中适当的地方使用空白符将增加程序的清晰性和可读性。

2. 标识符

标识符是以 C 语言的字符集中的字母或下划线开头的一串由字母、数字或下划线构成的序列。

标识符的作用:它是给用户或系统用来定义符号名、函数名、类型名、变量名及文件名的。

标识符的使用规定:

- 标识符的长度 ANSI C 没有明确规定,一般有效长度为 1～32 个字符,建议使用有效长度为 1～8 个字符。

- 标识符是要区分大小写的,例如 SUM、Sum、sum 是三个不同的标识符。

例如:abc、_1a、tea_2、ACDXy8、date 是合法的标识符

　　　Mr. YORK、♯fine、￥3c、x * y、8tea 是不合法的标识符

- 尽可能直观地定义标识符,即从定义的标识符中可以看出其含义,方便使用。

例如:sum(和)、PI(Ⅱ)、r(半径)等。

3. 关键字

关键字是一种语言中规定具有特定含义的标识符。关键字不能由用户定义为变量或函数名来使用,用户只能根据系统的规定使用它们。根据 ANSI 标准,C 语言可以使用以下 32 个关键字:

char	double	enum	float	int	long	short	signed
struct	union	void	for	do	while	break	unsigned
if	else	goto	switch	case	default	return	continue
auto	extern	register	static	const	sizeof	typedef	volatile

2.1.2　C 语言的数据类型概述

数据类型是在高级语言程序设计中用以刻画数据的特征的,在程序中每一个加工的对象(如常量、变量)或表达式都有一个它所属的可能的取值范围以及在这些值上允许进行的操作,所以说,数据类型就是一个值的集合和定义这个值集上的一组操作的总称。例如,C 语言中的整型量,其值集为某个区间上的整数(区间的大小依赖于不同机器),定义在其上的操作有加、减、乘、除和取模等算术运算。

C 语言的数据类型非常丰富,我们按被说明量的性质、表示形式、占据存储空间的多少、构造特点将数据类型分为:基本数据类型、构造数据类型、指针类型、空类型四大类。C 的数据类型归纳如图 2-1 所示。

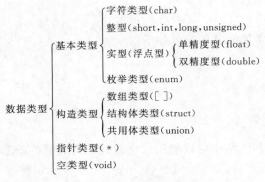

图 2-1　C 语言的数据类型

按"值"的不同特性,数据类型可以分为两类:一类是其值不能分解的非结构的原子类型,如 C 语言中的基本类型、指针类型和空类型;另一类是其值是由若干成分按某种结构组成的、可以分解的结构类型,如 C 语言中的构造类型。

在程序中对用到的所有数据都必须指定其数据类型。

下面先对非基本数据类型进行简单说明,使读者对 C 语言的数据类型有一个整体了解。

构造数据类型是指由若干个相关的基本数据类型组合在一起形成的一种复杂的数据类型。也就是说,一个构造类型的值可以分解成若干个"成员"或"元素"。每一个"成员"都是一个基本数据类型或是一个构造类型。在 C 语言中,构造类型可以分为数组类型、结构体类型和共用体(结合)类型。

指针类型是 C 语言特有的一种特殊的数据类型。其值用来表示某个变量在内储存器中的地址。指针类型的数据可以表示基本类型数据的地址,也可以表示结构类型数据中第 1 个数据的地址(称为首地址)和其中某个具体数据的地址。

空类型是从语法完整性角度给出的数据类型,表示该处不需要数据值,因而没有类型。

这些复杂类型将在以后的章节中讨论。

2.1.3 C 语言的基本数据类型

C 语言基本数据类型主要有三种:整型、实型和字符型。

1. 整数类型

整数类型数据又称为整型数据,其值是只有整数没有小数部分的数。

整型数据可分为:基本型、短整型、长整型和无符号型四种。

(1)基本型,以 int 表示。

(2)短整型,以 short int 表示。

(3)长整型,以 long int 表示。

(4)无符号型,存储单元中全部二进制位用来存放数据本身,不包含符号位。无符号型中又分为无符号整型、无符号短整型和无符号长整型,分别以 unsigned int、unsigned short 和 unsigned long 表示。

C 标准没有具体规定以上各类数据所占内存的字节数,各种计算机在处理上有所不同,在使用 C 语言进行程序设计时应该引起注意。

表 2-1 给出了设定 CPU 的字长为 16 位(bit)时的整数类型的长度和取值范围。

表 2-1 整数类型的字长和范围

数据类型	关键字	占用字节数	数值范围
整型	int	2	$-32768 \sim 32767(-2^{15} \sim 2^{15}-1)$
短整型	short	2	$-32768 \sim 32767(-2^{15} \sim 2^{15}-1)$
长整型	long	4	$-2147483648 \sim +2147483647$
无符号整型	unsigned(int)	2	$0 \sim 65535(0 \sim 2^{16}-1)$
无符号短整型	unsigned(short)	2	$0 \sim 65535(0 \sim 2^{16}-1)$
无符号长整型	unsigned(long)	4	$0 \sim 4294967295(0 \sim 2^{32}-1)$

从表 2-1 中可以看到,虽然 int 与 unsigned int 所占的位数一样,但 int 的最高位用于符号位,而 unsigned int 的最高位仍为数据位,所以它们的取值范围不同。

注意:对于大多数 32 位编译环境,如 Visual C++ 6.0,int 型数据在内存中占 32 位(4 个

字节）

基本类型的前面可以有各种修饰符。修饰符用来改变基本类型的意义，以便更准确地适应各种情况的需求。修饰符如下：

- signed(有符号)。
- unsigned(无符号)。
- long(长型符)。
- short(短型符)。

修饰符 signed、short、long 和 unsigned 适用于字符和整数两种基本类型，而 long 还可用于 double(注意，由于 long float 与 double 意思相同，所以 ANSI 标准删除了多余的 long float)。因为整数的缺省定义是有符号数，所以 signed 这一用法是多余的，但仍允许使用。某些实现允许将 unsigned 用于浮点型，如 unsigned double。但这一用法降低了程序的可移植性，故建议一般不要采用。

为了使用方便，C 编译程序允许使用整型的简写形式：

short int	简写为 short
long int	简写为 long
unsigned short int	简写为 unsigned short
unsigned int	简写为 unsigned
unsigned long int	简写为 unsigned long

即 int 可缺省。

C 语言整型数据一般有十进制整数、八进制整数和十六进制整数三种表达形式。

(1) 十进制整数的表示与数学上的表示相同，例如：

255，-360，0

(2) 八进制整数的表示以数字 0 开头，例如：

0256 表示八进制整数$(256)_8$，所对应的十进制数为 $2×8^2+5×8^1+6×8^0=174$

(3) 十六进制整数的表示以 0x(或 0X)开头，例如：

0x123 表示十六进制数$(123)_{16}$，所对应的十进制数为 $1×16^2+2×16^1+3×16^0=291$

注意：十六进制整数前导字符 0x(或 0X)，x(或 X)前面是数字 0。

在一个整型数据后面加一个字母 I 或 L，则认为是 long int 型量(即长整型)。如 322L、0L、90L 等，这往往用于函数调用中。如果函数的形式参数为 long int 型，则要求对应的实际参数也为 long int 型。

2. 实数类型

实数类型的数据即实型数据，在 C 语言中实型数据又被称为浮点型数据。实型数据的值域在计算机中的表示只是数学中实数的一个子集。实型数据又分为单精度型(float)和双精度型(double)两种，它们所占内存字节数及取值范围如表 2-2 所示。

表 2-2　实数类型的字长和范围

数据类型	关键字	占用字节数	数值范围
单精度实型	float	4	$-10^{38}～10^{38}$(保留 7 位有效数字)
双精度实型	double	8	$-10^{308}～10^{308}$(保留 14 位有效数字)

在 C 语言程序设计中，实型数据有两种表达形式：

(1) 十进制形式，由数字和小数点组成。如 6.78,0.236,.9,556.,-123.3456 等都是十进制数形式。

（2）指数形式，也称为科学计数法计数。如 572E＋3 或 572E3 都代表 572×10^3。字母 E（或 e）之前必须有数字，E（或 e）后面的指数必须为整数。如 E6，2.5E＋2.4，6e，e，8E3.5 等都是不合法的指数形式；1.25E－5，5E＋6 是合法的指数形式实型常量。

在一般系统中，一个 float 型数据在内存中占 4 字节（32 位），一个 double 型数据占 8 字节。单精度实型数提供 7 位有效数字，双精度实型数据提供 15 位有效数字。

3. 字符类型

字符类型的数据即字符型数据，它可分为字符和字符数组（又称字符串）两种。

C 语言的字符表示是用单引号括起来的一个字符。如 'A'、'x'、'＊'、'!'、'＋'等都是 C 语言的字符。

注意：'a'和'A'是不同的字符。

用反斜杠开头（\）引导的一个字符或一个数字序列也可以表示字符。

反斜杠引导的字符称为转义字符，其意思是将反斜杠（\）后面的字符转变成另外的意义。如'\n'中的 n 不代表字母 n，而作为换行符。这种转义字符被称为特殊字符，例如：'\101'代表字符'A'（八进制的 ASCII 码）；'\x41'也代表字符'A'（十六进制的 ASCII 码）；'\012'代表换行符。

常用的以'\'开头的特殊字符如表 2-3 所示。

表 2-3　转义字符表

字符形式	功能	字符形式	功能
\n	换行	\f	走纸换页
\t	横向跳格（跳到下一个输出区）	\\	反斜杠字符
\v	竖向跳格	\'	单引号字符
\b	退格	\ddd	1 到 3 位 8 进制数所代表的字符
\r	回车	\xhh	1 到 2 位 16 进制数所代表的字符
\a	蜂鸣，响铃		

在 C 语言中，字符串是使用一对双引号括起来的字符序列，例如：

"wuhan"、"shanghai"、"AabcdG"

注意：'a'和"a"是不同的。前者是字符'a'，后者是字符串"a"。

字符型数据类型的标识符为 char，字符型数据在内存中占一个字节。字符 ASCII 码值为 0～127，其中 32～126 是可打印字符，其余的是不可打印字符，其中很多是控制字符。

2.2　常量与变量

C 语言的数据有常量和变量之分。

2.2.1　常量及其数据类型

常量又叫常数，它是指在程序运行中，其数值不能被改变的量。

常量也有类型。C 语言规定常量有整型常量、实型常量、字符常量、字符串常量和符号常量。

常量不需要事先定义，只要在程序中需要的地方直接写出即可。常量的数据类型是由书写方法自动默认的。

1. 整型常量

整型常量就是通常的整数,包括正整数、负整数和0,其数据类型显然是整型。

在 C 语言中,整型常量有三种书写形式:

(1) 十进制整数。十进制整数就是通常整数的写法。例如 0、-111、$+15$、21 等。

(2) 八进制整数。八进制整数的书写形式是在通常八进制整数的前面加一个数字 0。例如 00、-0111、$+015$、021 等,它们分别表示十进制整数:0、-73、$+13$、17。

(3) 十六进制整数。十六进制整数的书写形式是在通常十六进制数的前面加 0x。例如 0x0、-0x111、$+0$x15、0x21 等,它们分别表示十进制整数 0、-273、$+21$、33。

注意:正整数前面的"$+$"号可以省略。

以上都是合法的整型常量。

不合法的整型常量举例如下:

096　　　(9 不是八进制数码)

48EA　　(十六进制数前缺前导字符 0x)

0xg　　　(g 不是十六进制字符)

2. 实型常量

实型常量只能用十进制形式表示,不能用八进制和十六进制形式表示。

如 25.56,556.32,2.35e$+6$,10.75E-2 都是合法的实型常量,而 1.5E$+2.5$,E6,E-6 都是不合法的实型常量。

3. 字符常量

'x'、'$+$'、'\n'、'\101'都是合法的字符常量。

4. 字符串常量

"abc"、"wuhan"、"123456789"、"$+++$\\"都是合法的字符串常量。

而'ab'既不是字符常量,也不是字符串常量。

5. 符号常量(又称宏定义常量)

在 C 语言中可以用标识符定义一个常量,其一般定义格式如下:

　　♯define 标识符 常量数据

例如:

```
♯define MAX 1000        /* 定义了一个符号常量 MAX,其值是 1000 */
♯define MIX 10          /* 定义了一个符号常量 MIX,其值是 10 */
♯define PI 3.14159      /* 定义了一个符号常量 PI,其值是 3.14159 */
♯define END ￥          /* 定义了一个符号常量 END,其值是符号￥ */
```

符号常量与普通常量的不同点是:一旦某个标识符定义成一个符号常量名后,在程序处理时,只要遇到了该符号常量名,都将用符号常量的值进行替换,当需要修改该常数时,只需在♯define语句中修改一次就完成了;系统在识别了符号常量名后能分配存储单元保存符号常量的值,而一般常量在内存中是不保存的。

6. const 常量

使用符号常量的最大问题是符号常量没有数据类型。编译器对符号常量不进行类型检查,只进行简单的字符串替换,这样极易产生意想不到的错误,const 常量就能避免这类错误发生。

const 常量的定义格式是:const 类型标识符 符号名=值;

例如:const double PI=3.1415926;

定义了名为 PI 的双精度实型的 const 常量,其值为 3.1415926。这样定义的好处是确保 PI 在程序中不会被修改,且编译器还要对 PI 进行类型检查。

2.2.2 变量及变量定义

其值可以改变的量称为变量。一个变量要具备三个要素:其一要有名字,称之为变量名,它是由用户根据其含义自己定义的;其二要有值,变量的值是程序中运算的主体,没有值程序不能计算出结果;其三要明确变量的类型,根据类型系统在内存中分配一定的存储单元存放变量的值,变量的类型是用户在程序中根据值的不同进行事先定义的。

注意:(1) 变量名和变量值这两个不同的概念可以用图 2-2 来区别,变量名实际上是一个符号地址,在程序编译时由系统给每一个变量分配一个内存单元,变量名即代表了该内存单元的地址,在程序中是通过变量名找到相应的内存地址后从其存储单元中读取数据的。

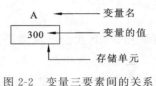

图 2-2　变量三要素间的关系

(2) C 语言规定:变量必须作强制定义,遵循"先定义,后使用"的原则。

1. 变量定义语句

定义变量的一般形式是:

类型标识符［变量名 1,变量名 2,…,变量名 n］;

这里的类型标识符必须是表 2-4 中所列出的任意一种。

表 2-4　C 基本类型及其修饰符的所有组合

类型	数据所占位数	值域
char	8	$-128\sim127$
unsigned char	8	$0\sim255$
signed char	8	$-128\sim127$
int	16	$-32768\sim32767$
unsigned int	16	$0\sim65535$
signed int	16	$-32768\sim32767$
short int	16	$-32768\sim32767$
unsigned short int	16	$0\sim65535$
signed short int	16	$-32768\sim32767$
long int	32	$-2147483648\sim2147483647$
signed long int	32	$-2147483648\sim2147483647$
float	32	约$\pm3.4E\pm38$
double	64	约$\pm1.7E\pm308$

例如:

int k　　　　　　　　　　/ * 定义一个整型变量 k * /

float x1,y1;　　　　　　　/ * 定义两个单精度型变量 x1,y1 * /

char teacher1,student1;　/ * 定义两个字符型变量 teacher1,student1 * /

注意:

(1) 变量名必须符合标识符的命名规则。如:6ab、4x—y、ab * 2x、M7＋N2 等都是不合法的。

(2) 大写字母和小写字母是两个不同的字符。如:SUN、sun、Sun 是三个不同的变量名。习惯上变量名定义时多用小写字母表示,以增加可读性。

（3）在同一程序段中变量名不允许被重复定义。如：

```
int x,y,z;
float x,a,b;          /*变量名 x 被重复定义,不允许*/
```

（4）凡未被定义的标识符,不得作为变量名使用。如：

```
int child;            /*这里定义了一个整型变量 child*/
chlid=200;            /*这里使用的是变量 chlid*/
```

编译系统将给出 chlid 未被定义的错误信息,其原因是定义的 child 变量,在使用时书写错了。

（5）当变量被定义成某一类型时,编译时将据此为其分配相应长度的存储单元,并检查该变量进行的运算是否合法。如：

```
float a,b;
```

若使用 a%b 就会出现错误了。

2．变量赋初值

程序中使用的变量如何给其值呢? C 语言中允许在定义变量的同时获得初值,称为变量初始化或赋初值。例如：

```
int x=3;              /*这里定义了一个整型变量 x,初值为 3*/
float f=3.123;        /*这里定义了一个实型变量 f,初值为 3.123*/
char c='a';           /*这里定义了一个字符型变量 c,初值为字符 a*/
```

变量赋初值时要注意：

（1）变量使用"="赋初值,但必须保证"="右边的常量与"="左边的变量类型一致。

如:int x=3.0E5 中,"="左边 x 的类型为整型,而右边的数据类型为实数类型,类型不一致将会引起错误。

（2）定义变量时,变量不能连续赋初值。如：

```
int a=b=c=25.5;       /*非法赋值*/
```

【例 2-1】 整型变量定义及赋初值。

```
void main()
{ int x,y,z,w;
  unsigned int k;
  x=10;y=-20;k=30;
  z=x+k;w=y+k;
  printf("x+k=%d,y+k=%d\n",z,w);
}
```

程序上机运行结果为：

```
x+k=40,y+k=10
```

【例 2-2】 字符型变量定义及赋初值。

```
void main()
{ char c1,c2;
  c1='a';c2='b';
  c1=c1-32;c2=c2-32;
  printf("%c,%c",c1,c2);
}
```

程序上机运行结果为：

```
A,B
```

此例中，两个小写字母 a、b 通过 $c1=c1-32$ 及 $c2=c2-32$ 转换成了大写字母 A 和 B 输出。'A'的 ASCII 码是 65，'B'的 ASCII 码是 66。

注意：C 语言中没有专门的字符串变量，只有字符变量，需要保存字符串时要使用字符数组。

2.3　运算符及其表达式

运算符是告诉编译程序执行特定操作的符号。C 语言的运算符范围很广，把除了控制语句和输入输出以外的几乎所有的基本操作都作为运算符处理。

C 语言的运算符归纳如下：

（1）算术运算符　　　　　（＋　－　＊　／　％）
（2）关系运算符　　　　　（＞　＜　＞＝　＜＝　＝＝　！＝）
（3）逻辑运算符　　　　　（！　＆＆　｜｜）
（4）位运算符　　　　　　（＜＜　＞＞　～｜　∧　＆）
（5）赋值运算符　　　　　（＝　及其扩展赋值运算符）
（6）条件运算符　　　　　（？　：）
（7）逗号运算符　　　　　（，）
（8）指针运算符　　　　　（＊　＆）
（9）求字节数运算符　　　（sizeof）
（10）强制类型转换运算符　（类型）
（11）分量运算符　　　　　（．　－＞）
（12）下标运算符　　　　　（[]）
（13）其他　　　　　　　　（如函数运算符）

2.3.1　算术运算符和算术表达式

1. 基本的算术运算符

算术运算符对数据进行简单的算术运算。

表 2-5 总结出算术运算符的运算对象、运算规则、运算结果、结合性等特性。

表 2-5　算术运算符

名称	运算符	对象数与位置	运算规则	对象类型	结果类型	结合性
正	＋	单目运算	取原值	整型或实型	整型或实型	自右向左
负	－	单目运算	取负值	整型或实型	整型或实型	自右向左
加	＋	双目中级	加法	整型或实型	整型或实型	自左向右
减	－	双目中级	减法	整型或实型	整型或实型	自左向右
乘	＊	双目中级	乘法	整型或实型	整型或实型	自左向右
除	／	双目中级	除法	整型或实型	整型或实型	自左向右
模	％	双目中级	整除取余	整型	整型	自左向右

需要说明的是：

（1）两个单目运算符都是前缀运算符。

单目正（＋）运算不改变运算对象的值。例如，＋5 的运算结果等于正整数 5。

单目负（一）运算是取运算对象的负值。例如，－5.2 的运算结果等于负实数－5.2。

（2）其他的 5 个运算符均为双目中级运算符。

加、减、乘运算和算术运算中的加法、减法和乘法相同。例如：2.5＋3.5 的运算结果等于 6.0，2－9 的运算结果是－7，2 * 8 的运算结果等于 16 等。

除运算（/）和运算对象的数据类型有关。若两个对象都是整型数据，该运算称为"整除"，除得的商是整数，若商有小数，则截去小数部分。例如：5/2 的运算结果为 2。若两个运算对象有一个或两个都是实型，则运算结果是 double 型，因为所有实数都按 double 型进行运算。例如：1.0/3、1/3.0、1.0/3.0 的结果都等于 0.33333333333333。

（3）模运算（％）也称求余运算，运算符％两边的操作数必须是整型数据，结果是整除后的余数。例如，5％2 的运算结果等于 1，5％1 的运算结果等于 0。

使用模运算符时，要注意运算结果的符号必须与被除数相同，例如，5％2、5％－2 的运算结果均等于 1（商分别为 2、－2）；－5％2、－5％－2 的运算结果均等于－1（商分别为－2、2）。

（4）在 C 语言中，字符类型数据可以用字符表示其值，也可以用字符的 ASCII 码值来表示其值，即字符型数据与整型数据是通用的，所以，字符数据也可以参加算术运算。

2. 算术运算符的优先级与结合性

算术运算符的优先级规定如下：

- 单目算术运算符　　　优先于　　　双目算术运算符

- *　、/、％　　优先于　　　＋、－

- 单目运算符＋、－的优先级是相同的，结合性是自右向左的

- 双目运算符 *　、/、％的优先级是相同的，结合性是自左向右的

- 双目运算符＋、－的优先级是相同的，结合性是自左向右的

【例 2-3】 计算下列表达式的值。

设变量定义如下：

```
int n＝10,m＝3;
float f＝5.0,g＝10.0;
double d＝5.0,e＝10.0;
```

则：

－n 的结果是－10。

n＋m、n－m、n * m、n/m、n％m 的结果分别为 13、7、30、3、1。

f＋g、f－g、f * g、f/g 的结果分别为 15.0、－5.0、50.0、0.5。

d＋e、d－e、d * e、d/e 的结果分别为 15.0、－5.0、50.0、0.5。

n＋m－f * g/d　　其运算顺序为　n＋m－f * g/d　结果是 3.0。

n％m * f * d　　其运算顺序相当于((n％m) * f) * d，结果是 25.0。

3. 自增、自减运算符（又称增 1、减 1 运算符）

C 语言的自增、自减运算符的作用是使变量的值增 1 或减 1。其使用格式为：

　　＋＋i，－－i，i＋＋，i－－

使用要求：其操作数只能是变量，只能对整型、字符型、指针型等变量进行增 1 或减 1 运算，运算的结果仍然是原来的类型，并存回原来的变量中。

自增、自减运算符的运算对象、运算规则、运算结果、结合性如表 2-6 所示。

表 2-6　自增、自减运算符

名称	运算符	对象数与位置	运算规则	对象类型	结果类型	结合性
增 1	＋＋i	单目前缀	先加 1 后使用对象	整型、字符型、指针型等变量	同运算对象的类型	自右向左
	i＋＋	单目后缀	先使用对象后加 1			
减 1	－－i	单目前缀	先减 1 后使用对象			
	i－－	单目后缀	先使用对象后减 1			

【例 2-4】 求下列自增、自减表达式的值。

设变量定义如下：

  int a＝3,b＝3;

  char c1='b',c2='B'; /＊c1、c2 可用其 ASCII 码表示,值分别为 98、66＊/

表达式＋＋a 的值是 4,运算结束后变量 a 的值是 4。

表达式 b－－的值是 3,运算结束后变量 b 的值是 2。

表达式＋＋c1 的值是'c',运算结束后变量 c1 的值是'c'(可以看成 99)。

表达式 c2－－的值是'B',运算结束后变量 c2 的值是'A'(可以看成 65)。

要特别注意在使用此运算符时,其对象增 1 或减 1 的时间。自增、自减运算符作为前缀使用时,是先对运算对象加 1(或减 1),然后再使用加 1(或减 1)后的运算对象。自增、自减运算符作为后缀使用时,先使用加 1(或减 1)后的运算对象,然后再对运算对象加 1(或减 1)。

【例 2-5】 求下列表达式的值。

设变量定义如下：

  int a＝5,c＝5,b,d;

  b＝a＋＋;

  d＝－－c;

求变量 a、b、c、d 的值。

表达式 b＝a＋＋;中,赋值时,将 a 的值先赋给 b,然后再增 1,结果 b 等于 5,a 等于 6。

表达式 d＝－－c;中,赋值时,c 先减 1,再将 c 的值赋给 d,结果 c 等于 4,d 等于 4。

思考:若将表达式 b＝a＋＋和 d＝－－c 分别改成 b＝＋＋a 和 d＝c－－,a、b、c、d 的值将是多少?

自增、自减运算符的优先级规定如下：

(1) 自增、自减运算符 优先于 双目算术运算符。

(2) 自增、自减运算符和单目运算符＋、－的优先级相同,结合性是自右向左的。

【例 2-6】 设变量定义如下：

  int i＝2,j;

  j＝－i＋＋;

求变量 i 和 j 的值。

注意:"＋＋"和"－"是同级优先关系,按从右至左结合方向,表达式－i＋＋等价于－(i＋＋),但不等价于(－i)＋＋,因为不能对表达式进行自增、自减运算。

所以,根据后缀的＋＋运算符的意义,将 j＝－i＋＋;等价为如下两个语句：

① j＝－i; 这时 j 的值等于－2

② i＝i＋1；　　这时 i 的值为 3

最后结果为：j＝－2，i＝3。

4．算术表达式

1）算术表达式的定义

用算术运算符和括号将运算对象（也称操作数）连接起来，符合 C 语言规则的式子，称为 C 的算术表达式。其中运算对象可以是常量、变量、函数等。

2）库函数的定义和使用

在 C 语言中，函数有两种，标准库函数和用户自定义函数，在后面的章节中会有详细介绍。这里主要介绍标准库函数的定义和使用规则。

C 语言强大的功能完全依赖于它有丰富的库函数。库函数按功能可以分为类型转换函数、字符判别与转换函数、字符串处理函数、标准 I/O 函数、文件管理函数、数学运算函数。

这些库函数分别在不同的头文件中声明（详见附录Ⅲ），例如：

math．h 头文件中对 sin(x)、cos(x)、exp(x)（求 e^x）、fabs(x)（求 x 的绝对值）、log(x)等数学函数做了声明。

stdio．h 头文件中对 scanf()、printf()、gets()、puts()、getchar()、putchar()等标准输入/输出函数做了声明。

如果用户在程序中想调用这些函数，则必须在程序中用编译预处理命令把相应的头文件包含到程序中，在函数引用时，要将实际的值对应库函数中的参数，例如：

```
#include<math.h>              /*头文件,说明需要使用数学函数*/
#include<stdio.h>             /*头文件,说明需要使用输入、输出函数*/
void main()
{double a,b;
 scanf("%lf",&a);
 b=sin(a);                    /* sin 函数的引用,用有值的变量 a 来计算 sin 函数值*/
 printf("%6.4lf",b);
}
```

值得注意的是：三角函数中的自变量要用弧度表示，反三角函数计算的结果是弧度值。

3）C 的算术表达式常见形式

（1）数值型常量、数值型变量、数值型函数调用。如：3.14、－a、sin(x)。

（2）＋（算术表达式）、－（算术表达式）。如：3＋a、－(b＋5)。

（3）＋＋整型变量、－－整型变量、整型变量＋＋、整型变量－－。如：k＋＋、－－k。

（4）（算术表达式）双目算术运算符（算术表达式）。如：(a＋b)＊(a＋3)。

（5）有限次使用上述规则获得的运算式也是算术表达式。

算术表达式运算的结果为一个算术型的常量，该常量的类型也称为算术表达式的类型。它可以是整型、单精度实型或双精度实型。

【例 2-7】　将下面的代数式转换成 C 算术表达式。

代数式	对应 C 算术表达式
x^3	x＊x＊x
$2ab$	2＊a＊b
$\dfrac{1}{xy}$	1.0/(x＊y)

$\sin x + \cos y$	$\sin(x) + \cos(y)$
a、b、c 的平均值	$(a+b+c)/3.0$
设 x 为正整数,求 x 的最后一位数字	x%10
设 x 为正整数,去掉 x 的最后一位数字	x/10
设 c 的值为大写字母,求对应的小写字母	c+32
设 c 的值为小写字母,求对应的大写字母	c-32

2.3.2 赋值运算符和赋值表达式

1. 赋值运算符

C 语言的赋值运算符为"=",它的作用是将一个表达式的值赋给"="左部的变量,例如:

    x=100   /* 将 100 赋给变量 x */
    y=50*x+30*z   /* 将表达式 50*x+30*z 的值计算出来后赋给变量 y */

赋值运算符是双目运算符,赋值运算符的左边必须是变量,右边是表达式。

表 2-7 给出了赋值运算符的运算对象、运算规则、运算结果、结合性等特性。

表 2-7　赋值运算符

名称	运算符	对象数与位置	运算规则	对象类型	结果类型	结合性
赋值	=	双目中缀	计算右边表达式值 赋予左边的变量	任何类型	变量的类型	自右 向左

2. 赋值表达式

由赋值运算符将一个变量和一个表达式连接起来的式子称为赋值表达式。

(1)赋值表达式的一般形式为:

<变量>=<表达式>

其中"表达式",又可以是一个赋值表达式,例如:

    x=(y=100)

这里 y=100 是一个赋值表达式,整个赋值表达式的值也是 100。它相当于"y=100"和"x=y"两个赋值表达式的含义,且 x=(y=100)和 x=y=100 是等价的。

又如　设 a、b、c 为 int 类型,则下面的赋值表达式的含义为:

    a=b=c=20   赋值表达式的值为 20,a、b、c 的值均为 20
    a=10+(b=20)   赋值表达式的值为 30,a 的值为 30,b 的值为 20
    a=(b=10)/(c=20)   赋值表达式的值为 0,a 的值为 0,b 的值为 10,c 的值为 20

(2)优先级赋值运算符优先级低于算术运算符。例如:

    x=y+z

系统是先求表达式 y+z 的值,再将其值赋给变量 x。

(3)结合性赋值表达式按照自右至左的顺序结合,例如:

    a=b=2*c/d

运算顺序为先计算 b=2*c/d 的值,再将值赋给变量 a,表达式的值即为变量 a 的值。

3. 复合赋值运算符

在赋值运算符"="之前加上其他运算符,可以构成复合的运算符。如果在"="前加一个

"＋",运算符就成了复合运算符"＋＝",例如:

 x＋＝2   等价于 x＝x＋2

 x＊＝y＋5   等价于 x＝x＊(y＋5)

 x%＝y   等价于 x＝x%y

C 语言可使用的复合赋值运算符有 10 种,它们是:

 ＋＝、－＝、＊＝、/＝、%＝   (与算术运算符组合)

 <<＝、>>＝   (与位移运算符组合)

 &＝、∧＝、|＝   (与位逻辑运算符组合)

有了复合赋值运算符之后,就可以构成复合赋值表达式。

复合赋值表达式的格式为:

  <变量名><复合赋值运算符><表达式>

【例 2-8】 复合赋值运算符的实例。

(1) 设变量定义如下:

  int x＝2,a＝3,y＝4;

求表达式 x＊＝a＋y/3 的值。

 其求解过程为:

 ① 先将表达式变形为 x＝x＊(a＋y/3);

 ② 再进行 x＊(a＋y/3)的运算,结果为 2＊(3＋4/3)＝8;

 ③ 最后将 8 的值赋给 x,则 x 的值为 8

(2) 设变量定义如下:

  int a＝6;

求表达式 a＋＝a－＝a＊a 的值。

 这是一个复合的赋值运算过程,其求解过程为:

 ① 先进行 a－＝a＊a 的运算,它相当于 a＝a－a＊a＝6－6＊6＝－30;

 ② 再进行 a＋＝－30 的运算,它相当于 a＝a＋(－30)＝－30－30＝－60;

(3) 设变量定义如下:

  int a＝10;

求表达式 a＋＝a－＝a＊a 的值。

 这是一个复合的赋值运算过程,其求解过程为:

 ① 先进行 a＊＝a 的运算,它相当于 a＝a＊a＝10＊10＝100;

 ② 再进行 a－＝100 的运算,它相当于 a＝a－100＝100－100＝0;

 ③ 最后进行 a＋＝0 的运算,它相当于 a＝a＋0＝0＋0＝0。

2.3.3 关系运算符和关系表达式

1. 关系运算符

 关系运算符用来比较两个数据的大小,如果运算结果是逻辑值"真"(即关系式成立),用整数"1"表示。如果逻辑值"假"(即关系不成立),用整数"0"表示。

 表 2-8 给出了关系运算符的运算对象、运算规则、运算结果、结合性等特性。

表 2-8 关系运算符

名称	运算符	对象数与位置	运算规则	对象类型	结果类型	结合性
小于	$<$					
小于或等于	$<=$					
大于	$>$	双目中级	关系成立则为真,结果为 1 关系不成立为假,结果为 0	整型或实型或字符型	0 或 1（整型）	自左向右
大于或等于	$>=$					
等于	$==$					
不等于	$!=$					

C 语言的 6 种关系运算符都是双目运算符。关系操作数可以是数值类型数据和字符型数据。例如:

10$>$8　　　　（值为 1）　　　　10$<=$8　　　　（值为 0）

10$==$8　　　　（值为 0）　　　　'a'$<$'b'　　　　（值为 1）

值得注意的是:浮点数是用近似值表示的。"$==$"用于两个浮点数的判断时,由于存储误差,可能会得出错误的结果,使用时要特别注意。例如:

　　　　1.0/3.0 $*$ 3.0$==$1.0

由于 1.0/3.0 得到的值采用限位保存,是近似值,所以表达式 1.0/3.0 $*$ 3.0$==$1.0 的结果可能是 0（假）。通常判断两个浮点数是否相等,采用如下形式的运算:

　　　　fabs(1$-$1.0/3.0 $*$ 3.0)$<$1e$-$5

就能得到结果值为 1（真）。

关系运算符的优先级规定如下:

- 算术运算符 优先于 关系运算符;
- $<$、$<=$、$>$、$>=$ 优先于 $==$、$!=$;
- $<$、$<=$、$>$、$>=$ 的优先级是相同的,结合性是自左向右的;
- $==$、$!=$ 的优先级是相同的,结合性是自左向右的;
- 关系运算符 优先于 赋值运算符。

例如:

a$+$b$>$c$+$d　　　　等效于　　　　(a$+$b)$>$(c$+$d)

(2$+$x)$==$(y$-$z)　　　　等效于　　　　2$+$x$==$y$-$z

2. 关系表达式

用关系运算符将两个表达式连接起来的式子称为关系表达式。其书写格式为:

　　　　<表达式><关系运算符><表达式>

其中<表达式>可以是算术表达式、关系表达式、逻辑表达式、字符表达式及赋值表达式。例如:

a$+$b$>$c$+$d　　　　　　（比较两个算术表达式的值）

a$<=$2 $*$ c　　　　　　（比较变量的值和算术表达式的值）

'a'$<$'b'　　　　　　（比较两个字符的 ASCII 码值）

【例 2-9】 关系表达式应用实例。

- 判 $a^2 + b^2 = 100$ 成立否　　　　C 的关系式为:　　　　a $*$ a$+$b $*$ b$==$100
- 判 $a \neq 1$　　　　C 的关系式为:　　　　a!$=$1
- 判 $x^3 \geq 1$　　　　C 的关系式为:　　　　x $*$ x $*$ x$>=$1

注意：<表达式>的两边不能同时出现<关系运算符>。例如：

    a+b>c+d<=2*c

是不合法的 c 语言关系表达式。

2.3.4　逻辑运算符和逻辑表达式

1. 逻辑运算符

C 语言中有三种逻辑运算符：

  !　　　逻辑非

  &&　　逻辑与

  ||　　逻辑或

由于 C 语言没有逻辑类型数据，在进行逻辑判断时，依据数据是 0 或非 0 来判断逻辑真和逻辑假，数据的值为非 0，则认为逻辑真，数据的值为 0，则认为逻辑假。

表 2-9 给出了逻辑运算符的运算对象、运算规则、运算结果、结合性等特性。

表 2-9　逻辑运算符

名称	运算符	对象数与位置	运算规则	对象类型	结果类型	结合性
逻辑非	!	单目前缀	参见表 2-10	数值型 或 字符型	逻辑值 0 或 1 （整型）	自右向左
逻辑与	&&	双目中缀				自左向右
逻辑或	||					

表 2-10 为逻辑运算的"真值表"，从表 2-10 可以看出两个逻辑型变量 a、b 在使用不同逻辑运算符组成的逻辑运算得到的结果值。

表 2-10　逻辑运算符的真值表

a	b	!a	!b	a&&b	a||b
0（假）	0（假）	1（真）	1（真）	0（假）	0（假）
0（假）	非 0（真）	1（真）	0（假）	0（假）	1（真）
非 0（真）	0（假）	0（假）	1（真）	0（假）	1（真）
非 0（真）	非 0（真）	0（假）	0（假）	1（真）	1（真）

【例 2-10】　求下列逻辑型量的值。设变量定义为：

    int a=10,b=8;

求表达式 !a、!(a<b)、a&&b、(a<b)&&(a>0)、a||b、(a<b)||(a>0) 的值。

a 的值为 10，为非 0，故 !a 的值为 0；

(a<b) 即 (10<8)，此关系表达式不成立，值为 0，故 !(a<b) 的值为 1；

a、b 的值分别为 10 和 8，为非 0，故 a&&b 的值为 1；

(a<b) 的值为 0，(a>0) 的值为 1，故 (a<b)&&(a>0) 的值为 0；

a、b 的值分别为 10 和 8，为非 0，故 a||b 的值为 1；

(a<b) 的值为 0，(a>0) 的值为 1，故 (a<b)||(a>0) 的值为 1

逻辑运算符的优先级如下：

- !　优先于　双目算术运算符　优先于　关系运算符　优先于　&&　优先于　||
- 单目逻辑运算符 ! 和单目算术运算符的优先级是相同的，结合性是自右向左的

- 双目逻辑运算符的结合性是自左向右。

例如：

!a && b>2 的计算顺序为　　　　　(!a)&&(b>2)

a==b||a<c 的计算顺序为　　　　　(a==b)||(a<c)

请读者注意逻辑运算符的结合性：

!的结合性是自右向左的，即先计算最右边的!，再依次向左计算其他的!。例如：!!!2 的计算顺序相当于!(!(!2))，结果为 0。

&& 和||的结合性是自左向右的，即先计算最左边的 &&(或||)，再依次向右计算其他的 &&(或||)。例如：8&&2&&0 的计算顺序相当于(8&&2)&&0，结果为 0。又如：0||0||5 的计算顺序相当于(0||0)||5，结果为 1。

2. 逻辑表达式

用逻辑运算符将关系表达式或逻辑量连接起来的式子称为逻辑表达式。其一般形式有：设 int a=10，b=8；

- 单目逻辑运算符　表达式

例如：!(a+b)

- 表达式　双目逻辑运算符　表达式

例如：(a<b)&&(a>0)

其中的表达式主要是关系表达式，也可以是字符型数据或算术表达式、条件表达式、赋值表达式、逗号表达式等。

【例 2-11】　求下列逻辑表达式的的值。设变量定义如下：

　　　int a=2；　　　float f=3.0；　　　char c='c';

则下列表达式都是逻辑表达式：

　　!（c-'a'）　　　　（由算术表达式构成，逻辑表达式的值为 0）

　　f/3 && a-c　　　运算次序为：

　　f / 3 && a - c　　　（由算术表达式构成，逻辑表达式的值为 1）

　　a<=c||f<=c　　（由关系表达式构成，逻辑表达式的值为 1）

　　(c>a)&&(f>5)　　（由关系表达式构成，逻辑表达式的值为 0）

　　! a||! f　　　　　（由逻辑表达式构成，逻辑表达式的值为 0）

　　1 && a||! f　　　（由逻辑表达式构成，逻辑表达式的值为 1）

　　(a=0)||(f=1)　　运算次序为：

　　(a=0) | | (f=1)　　（由赋值表达式构成，逻辑表达式的值为 1）

【例 2-12】　将下面的数学问题用 C 语言的逻辑表达式表示。

- a<b<c。逻辑表达式为：

　　a<b&&b<c

- 字符变量 ch 中保存的值是数字字符。逻辑表达式为：

　　ch>='0'&&ch<='9'

• 字符变量 ch 中保存的值是字母字符。逻辑表达式为：

```
ch>='A'&&ch<='Z'||ch>='a'&& ch<='z'
```

• 字符变量 ch 中保存的值为字符串结束标记。逻辑表达式为：

```
ch=='\0'
```

• 字符变量 ch 中保存的值不是回车换行符。逻辑表达式为：

```
ch!='\n'
```

• 整型变量 a 中是奇数。逻辑表达式为：

a%2　　或者　　a%2==1　　或者　　a%2!=0

3. C 语言逻辑表达式的特性

(1) 在多个 && 运算符相连的表达式中，计算从左至右进行时，若遇到运算符左边的操作数为 0(逻辑假)，则停止运算。因为此时已经可以断定逻辑表达式结果为假。例如：

```
a=0;b=1;
c=a&&(b=3);
```

运算结果是 c 的值为 0，b 的值仍为 1。

由于 a 为 0，逻辑表达式运算停止，(b=3)没有被运算，赋值符右边表达式的值仍为 0。

(2) 在多个||运算符相连的表达式中，计算从左至右进行时，若遇到运算符左边的操作数为 1(逻辑真)，则停止运算。因为已经可以断定逻辑表达式结果为真。例如：

```
a=1;b=1;c=0;
d=a||b||(c=b+3);
```

运算结果是 d 的值为 1，c 的值仍为 0。

由于 a 为 1，逻辑表达式运算停止，(c=b+3)没有被运算。

2.3.5 逗号运算符和逗号表达式

1. 逗号运算符

C 语言提供一种特殊运算符——逗号运算符，用它将两个表达式连接起来，例如 3+5，6+8。逗号运算符是双目运算符，其运算对象是表达式。

表 2-11 给出了逗号运算符的运算对象、运算规则、运算结果、结合性等特性。

表 2-11 逗号运算符

名称	运算符	对象数与位置	运算规则	对象类型	结果类型	结合性
逗号	,	双目中缀	一次计算左边、右边表达式	任何类型表达式	右边表达式的类型	自左向右

注意：由逗号运算符组成的式子也是表达式，其值等于右边表达式的值。

逗号运算符的优先级如下：

• 任何运算符　优先于　逗号运算符

• 逗号运算符的结合性是自左向右的。

【例 2-13】 使用逗号运算符的例子。

设变量定义如下：

```
int a=2,b=2,c,d,e,f;
```

表达式 d=2,e=3，运算后，d、e 依次为 2、3，表达式值为 3(e=3 的值)。

表达式 b=a+3,c=b+4 运算后,a 不变,b 为 5,c 为 9,表达式的值为 9(c=b+4 的值)。

表达式 d=a－－,e=d－－,f=－－e 运算后,a、d、f、e 的值均为 2,表达式值为 1(f=－－e 的值)。

注:运算顺序相当于(d=a－－,e=d－－),f=－－e。

2. 逗号表达式

用逗号将两个表达式连接起来的式子称为逗号表达式,如 a+b,c+d 为逗号表达式。逗号表达式的一般形式为:

　　表达式 1,表达式 2

逗号表达式的求解过程是:先求解表达式 1,再求解表达式 2,整个逗号表达式的值是表达式 2 的值。

例如:逗号表达式 3+5,6+8 的值为 14。

又如:表达式 x=(y=3,y+1)是由逗号表达式 y=3,y+1 和赋值表达式 x=值构成的,在求值时,首先求逗号表达式 y=3,y+1 的值:将 3 赋给 y,然后执行 y+1 的运算,结果为 4;再求赋值表达式 x=值,及将逗号表达式的结果 4 赋给 x,所以 x 的值为 4。

注意:(1)因为逗号运算符的优先级低于赋值运算符,所以在书写赋值表达式时要将"="右边的逗号表达式要括号括起来。

(2)逗号表达式的一般形式可以扩展为:

　　表达式 1,表达式 2,…,表达式 n

其扩展逗号表达式的值为表达式 n 的计算结果值。

2.3.6　条件运算符和条件表达式

1. 条件运算符

条件运算符是 C 语言中唯一的一个三目运算符,它是由两个符号"?"和":"组合而成的。其三个运算对象都是表达式。第一个运算对象可以是任何类型的表达式,通常要按逻辑表达式来理解。

表 2-12 给出了条件运算符的运算对象、运算规则、运算结果、结合性等特征。

表 2-12　条件运算符

名称	运算符	对象数与位置	运算规则	对象类型	结果类型	结合性
条件	?:	三目中级	对 e1? e2:e3 e1 为真,获得 e2 e1 为假,获得 e3	表达式	e2(e3)的类型	自右向左

2. 条件表达式

用条件运算符将表达式连接起来的式子称为条件表达式。条件表达式的一般形式为:

　　表达式 1? 表达式 2:表达式 3

条件表达式的执行顺序是:先求表达式 1 的值,若表达式 1 的值为非 0(真),则求解表达式 2 的值,则求得的表达式 2 的值就是整个条件表达式的值。若表达式 1 的值为 0(假),则求解表达式 3 的值,则求得的表达式 3 的值就是整个条件表达式的值。

条件表达式的执行过程如图 2-3 所示。

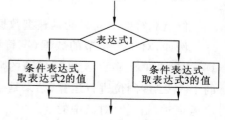

图 2-3　条件表达式的执行过程

例如：

    y＝x＞10? 100:200

此式求值取决于 x 的值：

（1）若 x＞10 为真,则 y＝100；

（2）若 x＞10 为假,则 y＝200。

条件运算符的优先级如下：

- 其他运算符 优先于 条件运算符 优先于 赋值、算术运算符 优先于 逗号运算符
- 条件运算符的结合性是自右向左的

例如：

    y＝x＞10? x/10:x＞0? x:－x;

从右至左结合,等价于：

    y＝(x＞10? x/10:(x＞0? x:－x));

它的功能是当 x＞10 时,y 的值为 x/10；当 x＜10 时,y 的值取决于表达式 x＞0? x:－x 的值（当 x＞0 时,表达式的值是 x；当 x＜0 时,表达式的值是－x）。

*2.3.7　长度运算符 sizeof()

长度运算符是单目运算符,其运算对象可以是任何数据类型符或变量。

表 2-13 给出了长度运算符的运算对象、运算规则、运算结果、结合性等特性。

表 2-13　长度运算符

名称	运算符	对象数与位置	运算规则	对象类型	结果类型	结合性
长度	sizeof()	单目前缀	测试数据类型所占用的字节数	数据类型符或变量	整型	自右向左

C 语言的 sizeof 是一个单目编译状态运算符,它返回变量或括号中的类型修饰符的字节长度。它的一般形式为：

    sizeof(变量名)

    sizeof(类型名)

例如：

    float f;

    printf("％d",sizeof(f));　　　　其输出显示的是变量 f 占用的内存字节数为 4

    printf("％d",sizeof(int));　　　其输出显示的是整型量占用的内存字节数为 2

*2.3.8　位运算符

位运算符的对象只能是整型数据（包括字符型）。运算结果仍是整型数据。

例如,对一个字节的数据（字符型）进行位运算时,是同时对其中的 8 个二进制位进行运算,结果是 1 字节数；对两个字节的数据（短整型、无符号短整型）进行位运算时,是同时对其中的 16 个二进制位进行运算,结果是 2 字节数；对四个字节的数据（长整型、无符号长整型）进行位运算时,是同时对其中的 32 个二进制位进行运算,结果是 4 字节数。

位运算分为位逻辑运算符、位移位运算符和位自反赋值运算符三种。

1. 位逻辑运算符

位逻辑运算符将数据中每个二进制位上的"0"或"1"看成逻辑值,逐位进行逻辑运算。位逻辑运算符分为非、与、或、按位加四种。"非"是单目前缀运算符,其余三种都是双目运算符。

表 2-14 给出了位逻辑运算符运算符的运算对象、运算规则、运算结果、结合性等特性。

表 2-14　位逻辑运算符

名称	运算符	对象数与位置	运算规则	对象类型	结果类型	结合性
位非	~	单目前缀	~1 为 0 ~0 为 1	整型	整型	自右向左
位与	&	双目中缀	参见表 2-15			自左向右
位或							
按位加	^					

表 2-15 给出了双目位逻辑运算符的运算对象、运算规则、运算结果、结合性等特性。

表 2-15　双目位逻辑运算符运算规则

a	b	a&b	a|b	a^b
0	0	0	0	0
0	1	0	1	1
1	0	0	1	1
1	1	1	1	0

位逻辑运算符的优先级如下:

 • ~　优先于　算术运算符　优先于　关系运算符　优先于　&　优先于　^　优先于　|　优先于　双目逻辑运算符

 • ~和单目的逻辑、增 1、减 1、算术、长度运算符优先级相同,结合性是自右向左的

【例 2-14】　使用位逻辑运算符的例子。

设变量定义如下:unsigned short a=0111,b=0x53;

a 为无符号八进制数 0111(对应二进制数为 0000000001001001)

b 为无符号十六进制数 0x53(对应二进制数为 0000000001010011)

表达式~a 的值为 0177666(对应二进制数为 1111111110110110),运算后 a 不变;

表达式 a&b 的值为 0101(对应二进制数为 0000000001000001),运算后 a、b 不变;

表达式 a|b 的值为 0133(对应二进制数为 0000000001011011),运算后 a、b 不变;

表达式 a^b 的值为 032(对应二进制数为 0000000000011010),运算后 a、b 不变。

2. 位移位运算符

位移位运算符是将数据看成二进制数,对其进行向左或向右移动若干位的运算。位移位运算符分为左移和右移两种,均为双目运算符。第一运算对象是移位对象,第二个运算对象是所移的二进制位数。

表 2-16 给出了位移位运算符的运算对象、运算规则、运算结果、结合性等特性。

表 2-16 位移位运算符

名称	运算符	对象数与位置	运算规则	对象类型	结果类型	结合性
左移	<<	双目中缀	a<<b,a 向左移 b 位	整型	整型	自左向右
右移	>>		a>>b,a 向右移 b 位			

移位时,移出的位数全部丢弃,移出的空位补入的数与左移还是右移有关。若是左移,则规定补入的数全部是 0;若是右移,还与被移位的数据是否带符号有关。若是不带符号数,则补入的数全部为 0;若是带有符号数,则补入的数全部等于原数的最左边位上的数(即原数的符号位)。

位移位运算符的优先级如下:

- 算术运算符 优先于 位移位运算符 优先于 关系运算符
- 位移位运算符的优先级是相同的,结合性是自左向右的

【例 2-15】 使用位移位运算符的例子。

设变量定义如下:

    unsigned short a＝0111;
    short b＝－4;

a 为无符号八进制数 0111 (对应二进制数为 0000000001001001);

表达式 a<<3 的运算结果为 01110 (对应二进制数为 0000001001001000),a 不变;

表达式 a>>4 的运算结果为 04 (对应二进制数为 0000000000000100),a 不变;

b 为带符号十进制数－4 (对应二进制数为 1111111111111100);

表达式 b<<3 的运算结果为－32 (对应二进制数为 1111111111100000),b 不变;

表达式 b>>4 的运算结果为－1 (对应二进制数为 1111111111111111),b 不变。

3. 位自反赋值运算符

位自反赋值运算符是双目运算符,左边必须是变量,右边是表达式。

表 2-17 给出了位自反赋值运算符的运算对象、运算规则、运算结果、结合性等特性。

表 2-17 位自反赋值运算符

名称	运算符	对象数与位置	运算规则	对象类型	结果类型	结合性
位与赋值	&=	双目中缀	a&=b 相当于 a=a&(b)	整型	整型	自右向左
位或赋值	|=		a|=b 相当于 a=a|(b)			
位按位加赋值	ˆ=		aˆ=b 相当于 a=aˆ(b)			
位左移赋值	<<=		a<<=b 相当于 a=a<<(b)			
位右移赋值	>>=		a>>=b 相当于 a=a>>(b)			

位自反赋值运算符的优先级如下:

- 条件运算符 优先于 位自反赋值运算符
- 位自反赋值运算符和赋值运算符的优先级是相同的
- 同级赋值运算符的结合性是自右向左的

由位自反赋值运算符组成的式子称为位自反赋值表达式,其值等于赋予左边变量的值。

【例 2-16】 使用位自反赋值运算符的例子。

设变量定义如下：

　　unsigned short a＝6,b＝3；

表达式 b&＝a 相当于 b＝b&(a)，运算结果 a 不变，b 为 2，表达式值为 2；

表达式 b|＝a 相当于 b＝b|(a)，运算结果 a 不变，b 为 7，表达式值为 7；

表达式 b^＝a 相当于 b＝b^(a)，运算结果 a 不变，b 为 5，表达式值为 5；

表达式 a<<＝b 相当于 a＝a<<(b)，运算结果 b 不变，a 为 48，表达式值为 48；

表达式 a>>＝b 相当于 a＝a>>(b)，运算结果 b 不变，a 为 0，表达式值为 0。

2.4　数据类型转换

在 C 语言中，整型、单精度型、双精度型和字符型数据可以进行混合运算。字符型数据可以与整型数据通用，例如：

　　80＋'A'＋2.55－1.25 * 'a'

是一个合法的运算表达式，c 语言规定：在进行运算时，不同类型的数据要转换成同一类型。C 语言数据类型转换有三种转换方式：自动转换、赋值转换和强制转换。

2.4.1　类型自动转换

自动转换的规则如图 2-4 所示。

（1）float 型数据自动转换成 double 型。

（2）char 与 short 型数据自动转换成 int 型。

（3）int 型与 double 型数据运算，直接将 int 型转换成 double 型。

（4）int 型与 unsigned 型数据运算，直接将 int 型转换成 unsigned 型。

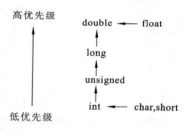

图 2-4　数据类型转换规则示意图

（5）int 型与 long 型数据运算，直接将 int 型转换成 long 型。

例如：

　　char ch＝'a'；

　　int i＝13；

　　float x＝2.25；

　　double y＝1.256e－6；

求表达式 i＋ch＋x * y 的值。

先将 ch 转换成 int 型，计算 i＋ch，由于 ch＝'a'，而'a'的 ASCII 码值为 97，故计算结果为 110，类型为 int 型。再将 x 转换成 double 型，计算 x * y，结果为 double 型。最后将 i＋ch 的值 110 转换成 double 型，表达式的值最后为 double 类型。

2.4.2　赋值转换

如果赋值运算符两侧的类型不一致，但都是数值型或字符型时，在赋值过程中就要进行类型转换。转换的基本原则为：

（1）将整型数据赋给单、双精度变量时，数值不变，但以浮点数形式存储到变量中。

（2）将实型数据（包括单、双精度）赋给整型变量时，舍弃实数的小数部分。如 x 为整型变量,执行 x＝4.25 时,取值为 x＝4。

（3）将字符型数据赋给整型变量时,字符型数据只占一个字节,而整型变量占两个字节,因此将字符数据放入到整型变量低 8 位中,整型变量高 8 位视计算机系统处理有符号量或无符号量两种不同情况,分别在高 8 位补上 1 或补上 0。

（4）将带符号的整型数据（int）赋给 long int 型数据变量时,要进行符号扩展,如果 int 型数据为正值,则 long int 型变量的高 16 位补 0,反之补 1。

（5）将 unsigned int 型数据赋给 long int 型数据变量时,不存在符号扩展,只需将高位补 0 即可。

2.4.3 强制类型转换

可以利用强制类型转换运算符将一个表达式转换成所需类型,例如：

(int)(a＋b)　　　　　（强制将 a＋b 的值转换成整型）

(double)x　　　　　　（将 x 转换成 double 型）

(float)(10％3)　　　　（将 10％3 的值转换成 float 型）

强制类型转换的一般形式为：

(类型名)(表达式)

例如：

　int a＝7,b＝2;

　float y1,y2;

　y1＝a/b;

　y2＝(float)a/b;

注意：(int)(x＋y)和(int)x＋y 强制类型转换的对象是不同的。(int)(x＋y)是对 x＋y 进行强制类型转换,而(int)x＋y 则只对 x 进行强制类型转换。

【例 2-17】 设变量定义如下：

　int x＝5,y＝2;

求表达式(float)(x/y)和表达式(float)x/y 的值。

表达式(float)(x/y)的求解过程为：

（1）求 x/y 的值为 2;

（2）求(float)(x/y)的值为 2.0(将整数 2 转换为 2.0)。

表达式(float)x/y 的求解过程为：

（1）求(float)x 的值为 5.0;

（2）求(float)x/y 的值为 2.5(将 5.0 除 2 结果为 2.5)。

【例 2-18】 设变量定义如下：

　int a＝10,b＝4;

　float x＝2.5,y＝3.5;

求表达式(float)(a＋b)/2＋(int)x％(int)y 的值。

此题中涉及混合运算和强制类型转换的问题。

求解步骤为：

（1）求(float)(a＋b)/2 的值:(a＋b)的值为 14,故(float)14 的值为 14.0,14.0/2 的值为

7.0;

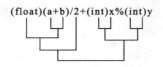

(2) 求(int)x％(int)y 的值：(int)x 的值为 2，(int)y 的值为 3，(int)x％(int)y 的值为 2；

(3) 求(float)(a＋b)/2＋(int)x％(int)y 的值：7.0＋2＝9.0

最后有：(float)(a＋b)/2＋(int)x％(int)y 的值 9.0

习 题 二

一、单项选择题

1. 下列选项中属于 C 语言字符常量的是（　　）。

　　A.'abc'　　　　　　B."\n"　　　　　　C.'a'　　　　　　D.'a\0'

2. 下列选项中属于字符串常量的是（　　）。

　　A. ABC　　　　　　B."ABC"　　　　　C.'abc'　　　　　D.'a'

3. 在 PC 机中，'\n'在内存中占用的字节数是（　　）。

　　A.1　　　　　　　B.2　　　　　　　　C.3　　　　　　　D.4

4. 下列字符串常量中，占用内存字节数为 2 的字符串常量是（　　）。

　　A."12"　　　　　　B."1"　　　　　　　C."1\0"　　　　　D."\n\n"

5. 在 C 语言中，合法的长整型常量是（　　）。

　　A.0L　　　　　　　B.4962　　　　　　C.0.054838743　　D.2.1869e10

6. 下列符号常量的定义中正确的是（　　）。

　　A.＃define N3　　B.define　N　3　　C.＃define　N_1 3　D.＃define　N 1 3

7. 设有宏定义"＃define　R 2＋3"，则 R＊R 的宏替换结果正确的是（　　）。

　　A.(2＋3)＊(2＋3)　B.2＋3＊2＋3　　C.5＊5　　　　　　D.5.0＊5.0

8. char 型常量在内存中存放的是（　　）。

　　A.ASCII 代码值　　B.二进制代码值　　C.八进制代码值　　D.十进制代码值

9. 下列说法中错误的是（　　）。

　　A.整型变量可以存放字符常量的值　　　B.字符型变量可以存放任意整型常量的值

　　C.变量必须先定义，后使用　　　　　　D.字符串的长度不等于它占用的字节数

10. 设整型变量 i 的值为 3，则表达式 i－－－i 的值为（　　）。

　　A.0　　　　　　　　B.1　　　　　　　　C.2　　　　　　　D.3

11. 设整型变量 a，b，c 均为 2，表达式 a＋＋＋b＋＋＋c＋＋的值是（　　）。

　　A.6　　　　　　　　B.9　　　　　　　　C.8　　　　　　　D.12

12. 表达式"10!　＝9"的值是（　　）。

　　A. true　　　　　　B.非零值　　　　　　C.0　　　　　　　D.1

13. 设 a 为整型变量，下列选项中不能正确表达数学关系"10＜a＜15"的 C 语言表达式是

（　　）。

　　A.10＜a＜15　　　　　　　　　　B.a＝＝11||a＝＝12||a＝＝13||a＝＝14

　　C.a＞10＆＆a＜15　　　　　　　　D.！(a＜＝10)＆＆！(a＞＝15)

14. 设 a、b 和 c 都是 int 型变量,且 a=3,b=4,c=5,则下面的表达式中值为 0 的是(　　)。

　　A.'a'&&'b'　　　　　　　　　　　　B. a<=b

　　C. a||b+c&&b−c　　　　　　　　　D. ! ((a<b)&&! c||1)

15. 设 x 为整型变量,和表达式"! (!x)"值完全相同的表达式是(　　)。

　　A. x==0　　　　B. x==1　　　　　C. x! =0　　　　D. x! =1

16. 下列选项中,正确的赋值表达式是(　　)。

　　A. a=7+b+c=a+7　　　　　　　　B. a=7+b++=a+7

　　C. a=(7+b,b++,a+7)　　　　　　　D. a=7+b,c=a+7

17. 若已定义 x 和 y 为 double 类型,则表达式 x=1,y=x+3/2 的值是(　　)。

　　A. 1　　　　　　B. 2　　　　　　　C. 2.0　　　　　D. 2.5

18. 执行语句"x=(a=3,b=a−−)"后,x,a,b 的值依次为(　　)。

　　A. 3,3,2　　　　B. 3,2,2　　　　　C. 3,2,3　　　　D. 2,3,2

19. 设 a=1,b=2,c=3,d=4,则表达式:a<b? a:c<d? c:d 的结果为(　　)。

　　A. 4　　　　　　B. 3　　　　　　　C. 2　　　　　　D. 1

20. 设 char ch='A';则表达式"ch=(ch>='A'&&ch<='Z')? (ch+32):ch"的值是(　　)。

　　A.'A'　　　　　　B.'a'　　　　　　C.'Z'　　　　　D.'z'

21. 在 C 语言中,结果不等于 4 的表达式是(　　)。

　　A. sizeof(double)　　　　　　　　B. sizeof(long)

　　C. sizeof(float)　　　　　　　　　D. sizeof(unsigned long)

22. 用十进制数表示表达式"12|012"的运算结果是(　　)。

　　A. 1　　　　　　B. 0　　　　　　　C. 14　　　　　D. 12

23. 设有定义"char a=3,b=6,c;",计算表达式 c=(a^b)<<2 后 c 的二进制值是(　　)。

　　A. 00011100　　B. 00000111　　　C. 00000001　　D. 00010100

24. 设有定义"short i=013,j=0x13,k;"。计算表达式"k=~i|j>>3;"后,k 的值是(　　)。

　　A. 06　　　　　　B. 0177776　　　　C. 066　　　　　D. 0177766

25. 在以下一组运算符中,优先级最高的运算符是(　　)。

　　A. <=　　　　　B. =　　　　　　　C. %　　　　　D. &&

二、填空题

1. C 语言中的常量有四种类型:整型、实型、_____型和_____型。

2. 用十进制表示整型常量−017 为_____,表示整型常量−0xf 为_____。

3. 在内存中存储"A"要占用_____个字节,存储'A'要占用_____个字节。

4. 在内存中存放字符串,其最后一个字符称为"空字符",对应的转义字符是_____,其值为_____。

5. 设有宏定义♯define X 3−2;则 2*X 的宏替换结果是_____。

6. 定义整型有名常量 nn 的初值为 199,正确的定义语句是_____。

7. 设 x 和 y 均为 int 型变量,且 x=1,y=2,则表达式 1.0+x/y 的值为_____。

8. 设 a=3,b=2,c=1,则 a>b 的值为_____,a>b>c 的值为_____。

9. 能表述"20＜x＜30 或 x＜−100"的 C 语言表达式是_____。

10. 若已知 a＝10,b＝20,则表达式！a＜b 的值为_____。

11. 请写出数学式 $\dfrac{a}{bc}$ 的 C 语言表达式_____。

12. 表达式"'a'＞'A'＞＝1＜＝0＝＝1！＝0"的值等于_____。

13. 设二进制数 A 是 00101101,若想通过按位加运算 A^B 使 A 的高 4 位取反,低 4 位不变,则二进制数 B 应是_____。

14. 设整型变量 x,y,z 均为 5:

A. 执行"x−＝y−z"后 x＝_____。

B. 执行"x％＝y＋z"后 x＝_____。

C. 执行"x＝(y＞z)？x＋2:(x−2,3,2)"后 x＝_____。

15. 以下常数:'\'、'101'、e3、019、0x1e、"ab\n"、1.e5、(2＋3)e(4−2)、5.2e2.5 中,符合 C 语法规定的是_____。

16. 在定义变量的同时给变量赋予初值,称为变量的_____。

17. 字符串"AB\012\\\a55d\n"的长度是_____。

18. 代数表达式 $|2-x^5|$ 的 C 语言算术表达式是_____。

19. 代数表达式 $\cos x+\dfrac{y}{2}$ 的 C 语言算术表达式是_____。

20. C 语言中大小写字母被认为是_____的字符。

三、判断题

设 a、b、m 是已被赋值的整型变量

1. m＝(a＝4,4＊5)与 m＝a＝4,4＊5 是完全等价的。

2. (float)(a/b)与(float)a/b 是完全等价的。

3. (int)a＋b 与(int)(a＋b)是完全等价的。

4. m％＝2＋a＊3 与 m＝m％2＋a＊3 是完全等价的。

5. m＝1＋(a＝2)＋(b＝3)与 a＝2,b＝3,m＝1＋a＋b 是完全等价的。

6. 若 x 为整型变量,执行 x＝4.85 时,取值为 x＝5。

四、计算题

1. 已知变量 i 和 j 的值分别为 5、8,求表达式＋＋i,j−−的值及 i、j 的值。

2. 已知变量 a、b、c 的值分别为 1、2、3,求表达式 a＝b＝c、a＝b＝＝c、a＝＝(b＝c)和 a＝＝(b＝＝c)的值。

3. 已知 a＝10,b＝4,c＝5,d＝1,x＝2.5,y＝3.5,求下列表达式的值。

(1) a/＝(b％＝3)

(2) a＊＝b＋c

(3) ＋＋a−c＋b＋＋

(4) a＋＋−c＋＋＋b

(5) a＞b？x:'A'

(6) a＋b,15＋(b＝5)＊2,(a/b,a％b)

(7) y＋b％1＊(int)(x＋y)/2％5＋sizeof(float)

(8) b++==c

(9) a * =b=c=2

(10) a=b==c

4. 若 x 为 int 型变量,则执行语句

x=12;

x=x-=x+=x * x 后 x 的值为多少?

5. 设变量定义如下:int a=10,b=20、c=30,d;

求表达式 d=++a<=10||b--->=20||c++的值。

第 3 章　顺序结构程序设计

核心内容：
    1. C 语言的语句
    2. 各种类型数据的格式化输入输出方法
    3. 字符数据的非格式化输入输出方法
    4. 顺序结构程序的设计

前面介绍了 C 语言程序的基本要素(常量、变量、运算符、表达式等)，本章将介绍编写简单程序的必备内容。

3.1　C 语言的基本语句

和其他高级语言一样，C 语言是用语句来向计算机系统发出操作指令的。一条语句经 C 的编译系统后产生若干条机器指令，一个实际程序的执行部分是由若干条语句组成的，程序的功能也是由这些执行语句生成的指令序列实现的。应该指出：一个完成特定任务的程序由一个或多个函数组成，每一个函数的函数体是由声明部分和执行部分构成，声明部分因为不产生操作则不称为语句。例如：int a；只是对变量进行定义，执行部分是由语句组成用来完成对已提供的数据进行加工。C 语言允许一行写几条语句，也允许一条语句拆开写在几行上，书写格式没有固定要求，只是以“;”作为区分语句的标识。

C 语言的语句可分为五类：

(1) 表达式语句。由一个表达式构成的语句。

(2) 函数调用语句。由一次函数调用加“;”构成。

(3) 控制语句。用来完成一定的控制功能。C 共有 9 种控制语句，如表 3-1 所示。

表 3-1　控制语句

条件语句	循环控制语句	辅助控制语句
if 语句 switch 语句	while 语句 do-while 语句 for 语句	break　中断语句 continue　继续语句 goto　转向语句 return　　返回语句

(4) 空语句。

(5) 复合语句。

3.1.1　表达式语句

表达式语句是由表达式末尾加上分号“;”构成，它是 C 语言的一个重要特色。表达式语句一般形式为：

表达式；

执行表达式语句就是计算表达式的值。常用的表达式语句有：

（1）赋值语句，这是最典型的表达式语句。它由赋值表达式和"；"构成，在设置了变量以后，用赋值语句来计算变量的值是最常用的办法。

下面的赋值语句都是合法的：

x＝y＋z；　　　　／＊先计算表达式 y＋z 的值，再赋给变量 x＊／

a＝520；　　　　　／＊给变量 a 赋值为 520＊／

m＝n＝7；　　　　／＊给变量 m、n 赋值为 7＊／

例如：利用赋值语句交换两个变量的值。设有定义：

int x＝100,y＝200,z；

由于一个变量中只能存放一个数据，一旦变量被再赋值时，原来的值就被覆盖了，因此在交换两个变量中的数据时，不能简单地用 x＝y；y＝x；来处理。需要采用"转存"的方法，借助一个变量 z，先将 x 中的值送到 z 中存放，再把 y 中的值转到 x 中，最后把暂存在 z 中的值转给 y，这样就达到交换两个变量中的数据的目的。用语句表示为：

z＝x；x＝y；y＝z；

（2）运算符表达式语句。如：

i＋＋；自增 1 语句，变量 i 的值增 1。

值得注意的是要区分表达式语句与表达式的区别，"；"是表达式语句不可缺少的部分，所以类似于 a＝100 是表达式，而 a＝100；就是语句了。

3.1.2　函数调用语句

函数调用语句由函数调用表达式加上分号"；"组成。函数调用语句一般形式为：

函数名（参数列表）；

执行函数调用语句是调用函数体并把实际参数赋予函数定义中的形式参数，然后执行被调函数体中的语句，求出函数值。例如：

scanf("％f",＆x)；　　　　　　　　／＊输入函数调用语句，输入变量 x 的值＊／

C 语言提供了丰富的标准函数库，其中的函数完成预先设定好的任务，可直接调用。（函数库参见附录Ⅲ）调用函数库时必须要在程序中包含相应的头文件，所以在程序的开头用

＃include＜stdio. h＞

＃include＜math. h＞

说明。这里 ＃include 是编译预处理命令，它的作用是将某个已经存在的文件包含到程序中来。

3.1.3　控制语句

控制语句由控制结构组成的语句，完成特定的动作或功能。控制语句主要有以下几种：

（1）选择（分支）语句：　if…else

（2）多分支语句：　　　　switch

（3）for 循环语句：　　　　for

（4）while 循环：　　　　　while,do_while

（5）辅助控制语句：　　　break,continue,return,goto＜标号＞

其中,选择(分支)语句和多分支语句的语法规则将在本章详细讨论;for 循环、while 循环将在第 4 章详细讨论;辅助控制语句将在第 3 章和第 4 章中详细讨论。

任何 C 语言程序都是由以上结构中的语句所组成,这些结构所构成的语句可以实现复杂的算法,从而得到能够指挥计算机工作的程序软件。

3.1.4 空语句

空语句用一个分号表示,其一般形式为:

    ;

空语句也是合法的语句,它表示什么也不执行。常用于循环语句中,构成空循环。

3.1.5 复合语句

复合语句是把多个语句用括号{}括起来组成的。在程序中应把复合语句看成是单条语句。其一般形式为:

    {
    [内部数据定义]
        数据操作语句 1;
            ……
        数据操作语句 n;
    }

使用复合语句应注意:

(1) 在复合语句中允许使用数据描述说明,但该"内部数据定义"中定义的变量称为局部变量,仅在复合语句中有效。

(2) 复合语句结束的"}"之后,可以不再加分号";"。

(3) 复合语句内的各条语句都必须以分号";"结尾。

例如:z=x;x=y;y=z;是三条简单的赋值语句,{z=x;x=y;y=z;}这是一条复合语句。

通常,如果程序的语句只允许在某个位置上执行一条语句时,可以利用复合语句来实现。

3.2 格式化输出

所谓输入/输出是以计算机主机为主体而言的。从计算机向外部输出设备(如显示器、打印机、外存)传出数据称为"输出",从外部向输入设备(键盘、扫描仪、磁盘等)输入数据称为"输入"。输入/输出操作是通过函数来实现的。

C 语言函数库中有一批"标准输入/输出函数",所谓标准输入/输出是以标准输入/输出设备为输入/输出对象的。用于数据输出的函数是 printf 函数,也称为格式化输出函数。

3.2.1 格式化输出函数 printf()

所谓格式化输出是指对输出的数据按照用户的意愿对输出数据的形式进行人为的描述和修饰,使得输出的数据清晰、明了,用户可以通过格式化输出函数对输出的数据的形态、排列次序、所占位置的大小等进行控制,也可以添加输出一些说明信息。它的函数原型在头文件 stdio. h 中。

格式化输出函数的功能:根据用户指定的格式输出一个或多个变量或表达式的值。

格式化输出函数调用的一般形式为:

　　printf("格式控制字符串"[,输出表列])

其中:

　　• 格式控制字符串是用双引号""括起来的字符串,也称为转换控制字符串,它包含了两种信息:其一是格式说明,由%和格式字符组成,如%f、%d、%c等,它的作用是将输出的数据转换为指定的格式显示或打印出来,注意格式说明必须以%开头;其二是普通字符,即需要对输出内容进行说明的添加信息的字符串。

　　• [,输出表列]:用[]括起来表示为可选项,即可有也可以没有,也可以有多个输出表列,它表示的是要输出的数据,这些数据可以是变量或表达式。例如:

　　　　printf （"5+3=　　%d",　　5+3)
　　　　　　　　普通字符　　格式说明　输出表列

对于普通字符输出该字符串,即5+3=,而格式说明%d是说按该格式输出输出列表一个表达式5+3的结果值。这样输出结果是:5+3=8。

3.2.2　格式控制

格式控制由格式控制字符串实现。格式控制字符串由三个部分组成:普通字符、转义字符、格式指示符。

　　• 普通字符。除格式指示符和转义字符之外的其他字符,这些字符按原样输出。

　　• 转义字符。通常用来控制光标的位置。

　　• 格式指示符。例如"%3d"、"%5.1f"等,这些字符用来控制数据的输出格式。

1. 格式字符

对不同类型的数据用不同的格式字符。表3-2给出了9种常用的格式字符。

表 3-2　printf 格式字符

字符	说明
d(或 i)	以带符号的十进制形式输出整数(正数不输出"+")
O　o	以八进制无符号形式输出整数(不输出前导符 O)
X(或 x)	以十六进制无符号形式输出整数(不输出前导符 OX 或 ox)
U　u	以无符号十进制形式输出整数
C　c	输出一个字符(不输出' ')
S　s	输出字符串(不输出"")
F　f	以小数形式输出单、双精度数,隐含输出 6 位小数
E(或 e)	以指数形式输出单、双精度数,尾数部分小数位数为 6 位
G(或 g)	由给定的值和精度自动选用%f 或%e 或%E 格式

2. 格式说明

格式说明的一般格式为:

　　%[<修饰符>]<格式字符>

（1）整数数据的输出。整数数据的输出采用%d,%ld 或%md 格式。其中 m 为字段宽度修饰符,它指定了输出整数型的宽度。

%d 的含义是按十进制整型数据格式输出,数据长度为实际长度。例如:

```
printf("%d",100);
```

输出结果为:100

%md 的含义是按十进制整型数据输出,数据位数不足 m 位的则在数据左端补空格;若整型数据的位数多于 m 位时,按实际位数以十进制整型数据输出。例如:

```
i=123,h=12300;
printf("%8d\n%4d",i,h);
```

输出结果为:␣ ␣ ␣ ␣ ␣123

　　　　　12300

%ld 的含义是按十进制长整型数据输出。对长整型数据也可以指定字段宽度。例如:

```
long a=123400;printf("%8ld",a);
```

输出结果为:␣ ␣123400

一个 int 型数据可以用%d 或%ld 格式输出。

(2) 实型数据的输出。实型数据的输出采用%f 或%m.nf 格式。

%f 的含义是按十进制实型数据格式输出,数据长度为实际长度,整数部分全部输出,小数部分输出 6 位,如果多于 6 位则输出小数点后 6 位,其余舍弃。例如:

```
printf("%f",100.1234567);
```

输出结果为:100.123456

%m.nf 的含义是按十进制实型数据输出,实数共占 m 位,其中小数部分占 n 位,输出实型数据位数不足 m 位的则在整数部分左端补空格。例如:

```
h=12.34567;
printf("%6.2f",h);
```

输出结果为:␣12.34

若实型数据的位数多于 m 位时,整数部分按实际位数输出,小数部分保留 n 位。例如:

```
h=12345.6789
printf("%6.3f",h);
```

输出结果为:12345.679

(3) 非十进制数据的输出。%o 的含义是按八进制形式输出整数。由于是将内存中的值(0 或 1)按八进制形式输出,因此输出的数值不带符号,即将符号位也一起作为八进制数的一部分输出。例如:

```
int a=−1;
printf("%d,%o",a,a);
```

在 VC 中输出结果为:−1,37777777777

不会输出带负号的八进制数。

%x 的含义是按十六进制形式输出整数。同八进制的输出原理类似,将内存中的值(0 或 1)按十六进制的形式输出,因此输出的数值不带符号。例如:

```
int a=−1;
printf("%d,%x",a,a);
```

在 VC 中输出结果为:−1,ffffffff

（4）字符型数据的输出。

%c 的含义是输出一个字符。例如：

    char c='a';

    printf("%c",c);

输出结果为：a

也可以指定输出字符宽度。

%s 的含义是输出一个字符串。例如：

    printf("%s","china");

输出结果为：china

%ms 的含义是当字符串长度大于指定的输出宽度 m 时，按字符串的实际长度输出；当字符串长度小于指定的输出宽度 m 时，则在左端补空格。例如：

    printf("%8s","china");

输出结果为：␣␣␣china

%m.ns 的含义是输出字符串占 m 个字符宽度，但只输出字符串中开头的 n 个字符，且字符串靠右端，左端补空格。例如：

    printf("%8.2s","china");

输出结果为：␣␣␣␣␣␣ch

（5）指数型数据的输出。

%e 的含义是按指数形式输出十进制实数。标准输出宽度占 13 位，从左到右依次为：小数点前必须而且只有一位非零数字占 1 位，小数点占 1 位，由系统自动指定给出 6 位小数，e 占 1 位，指数符号（正或负）占 1 位，指数占 3 位。例如：

    printf("%e",1087.346789);

输出结果为：1.087347e+003

%m.ne 的含义是输出实数占 m 位，n 为小数位数，不足在左端补空格，多出则按实际数据输出。例如：

    printf("%8.4e",1087.346789);

输出结果为：1.0873e+003

若没有指定 n 的数值即小数部分的宽度，则按标准输出 6 位小数。例如：

    printf("%15e",1087.346789);

输出结果为：␣␣1.087347e+003

3.3　格式化输入

3.3.1　格式输入函数 scanf

格式调用的一般形式：

    scanf（"格式控制字符串"，变量地址列表）；

函数功能：用于接收从键盘上输入的数据，输入的数据可以是整型、实型和字符型等。

格式控制字符串：用于控制输入数据格式，必须以引号引导，内容由一个或多个格式控制字符组合而成，也可以含有非格式控制字符，非格式控制字符称为普通字符。普通字符按原样在对应位置输入。

变量地址列表:用于指定存放数据的变量地址或字符串的首地址。如果需要多个变量输入数据,则各变量地址要用逗号隔开。变量地址表示方式是:& 变量名。例如,&a 表示变量 a 的地址。

3.3.2　格式控制

格式控制由格式控制字符串实现。格式控制字符串由格式字符和普通字符两部分组成。

(1) 格式字符。格式字符形式为:

　　%[*][width][h|l]type

* :输入赋值抑制字符,表示该格式说明要求输入数据,但不赋值,也即在地址列表中的没有相应的地址项。例如:

　　scanf("%3d% * 5d%f",&a,&x);

如果执行时输入:

　　2001200 4.1

则 200 赋给 a,4.1 赋给 x,1200 被跳过不赋给任何变量。

width:宽度指示符,表示该输入数据所占列数,系统将自动按它截取所需数据。如遇空格或不可转换的字符,读入的字符将减少,例如:

　　scanf("%3d%5d%f",&a,&b,&x);

如果执行时输入:

　　2001200 4.1

则 200 传给 a,1200 传给 b,4.1 传给 x。

"%3d"控制第一个数据只取 3 个字符转换成整型数 200 赋给 a;"%5d"控制第二个数据,但从输入流中截取 4 个字符后,遇到空格,因此第二个数据只得到了 4 位数和 1 个空格位,即 1200 转换成整型赋给 b。

l:用于 d、u、o、x/X 前,指定输入为 long 型整数;用于 e、f 前,指定输入为 double 型实数。

h:用于 d、u、o、x/X 前,指定输入为 short 型整数。

表 3-3 列出了 scanf 函数中的格式字符。

表 3-3　scanf 格式字符

字符	说明
d(或 i)	以带符号的十进制形式输入整数
o	以八进制无符号形式输入整数
X(或 x)	以十六进制无符号形式输入整数
u	以无符号十进制形式输入整数
c	输入一个字符
s	输入字符串
f	输入一个实数
E(或 e)	以指数形式输入一个实数
G(或 g)	等价于%f 或%e

(2) 普通字符。与 printf 函数的普通字符不同,scanf 的格式控制字符串中普通字符是不显示的,而是规定了输入时必须输入的字符,例如:

```
scanf("i=%d",&i);
```
执行该语句时,输入应按下列格式:
```
i=30
```
运行语句:
```
scanf("%d,%f",&a,&x);
```
输入格式应为:
```
10,0.3
```
注意:10 后面是逗号,它与 scanf 函数中"%d,%f"要求输入一个整型数和一个浮点数之间要输入一个逗号是对应的。如果输入时不用逗号而用其他符号是不对的:
    3⌒4 (不对)   3:4 (不对)

这种形式可以有效防止发生输入数据的错误。

(3)地址列表。地址是由若干个地址组成的列表,可以是变量的地址、字符串的首地址、指针变量等,各地址间以逗号间隔。格式输入函数执行结果是将键盘输入的数据流按格式转换成数据,存入与格式相对应的地址指向的存储单元中。

3.4 字符输入输出函数

在 C 语言程序设计中,输入/输出是最基本的语句,几乎所有的程序要进行数据输入/输出的处理,上一节已经介绍了格式化输入/输出,本节将介绍字符输入/输出函数。

3.4.1 putchar 函数(字符输出函数)

putchar 函数是字符输出函数,其功能是在显示器上输出单个字符。调用的一般形式为:
```
putchar(c);
```
输出变量 c 的值。

【例 3-1】 输出单个字符。
```
#include <stdio.h>
main()
{ int i=97;
  char ch='a';
  putchar(i);
  putchar('\n');
  putchar(ch);
}
```
程序运行结果:

putchar(c)中的 c 可以是字符变量,也可以是整型变量。如上例中 putchar(i)就是输出整型变量。

3.4.2　getchar 函数(字符输入函数)

getchar 函数的功能是从键盘输入一个字符,函数的返回值是该字符的 ASCII 编码值。调用的一般形式为:

　　　int getchar();

getchar 函数没有参数。

【例 3-2】　输入单个字符。

```
#include <stdio.h>
 main()
 { int ch;
   ch=getchar();
   putchar(ch);
 }
```

程序运行后,输入如下:

程序运行结果:

注意:getchar()只能接收一个字符。getchar 函数可以作为赋值语句(如上例),也可作为表达式,如 putchar(getchar())。

3.5　顺　序　结　构

在顺序结构程序中,各语句是按照位置的先后次序顺序执行的,且每条语句都会被执行。通常,顺序结构主要有以下几个部分:

(1) 变量类型的说明部分。

(2) 提供数据部分。

(3) 运算部分。

(4) 输出部分。

在大多数情况下,顺序结构都是作为程序的一部分,与其他结构一起构成一个复杂的程序。

【例 3-3】　输入一个圆的半径,计算这个圆的面积并输出。

分析　(1) 定义实型变量用于存放圆的半径和面积;

(2) 调用输入函数 scanf,输入圆的半径 r;

(3) 利用圆面积公式求出 s;

（4）调用输出函数 printf 输出 s；

具体程序如下：

```
#include <stdio.h>
main( )
{
float pi=3.14159,r,s;
printf("input radius:");
scanf("%f",&r);
s=pi*r*r;
printf("area is:%7.2f\n",s);
}
```

程序运行结果：

【例 3-4】 交换两个整数的值。例如：a=0，b=99，交换 a，b 的值，达到最后的结果a=99，b=0。

分析 （1）定义一个中间变量 c，用它来临时保存 a 的值；

（2）把 b 的值赋给 a，这个时候 a 就得到 b 的值；

（3）把保存 a 的变量 c 赋给 b，这时 b 就得到原 a 的值。

具体程序如下：

```
#include <stdio.h>
void main()
{
int a,b;
int c;
a=0;
b=99;
c=a;a=b;b=c;
printf("a=%d,b=%d\n",a,b);
}
```

程序运行结果：

程序解析：如果改变其顺序，写成：

```
void main()
  {
        int a,b;
        int c;
        a=0;
        b=99;
        a=b;
        c=a;
        b=c;
        printf("a=%d,b=%d\n",a,b);
  }
```

程序运行结果：

```
    a=99,b=99
```

则执行结果就变成 a＝b＝99，不能达到预期目的。因为程序顺序执行，所以先把 b 的值赋给 a，a 变成 99，然后再把 a 赋给 c，c 也变成 99，这时再把 c 赋给 b，b 也变成 99，没有达到我们程序的目的。

3.6　顺序结构程序设计举例

在顺序结构程序中，各语句是按照位置的先后次序，顺序执行的，且每个语句都会被执行到。为了让计算机处理各种数据，首先就应该把源数据输入到计算机中；计算机处理结束后，再将目标数据以人能够识别的方式输出。

【例 3-5】　输入任意 3 个整数，求它们的和及平均值。

分析　（1）定义三个整数变量接收输入的三个参数值；

（2）根据数学公式求和，将(n1＋n2＋n3)的值赋给整型变量 sum；

（3）根据数学公式求平均值，将(n1＋n2＋n3)/3.0 的值赋给实型变量 ave；

（4）输出结果。

具体程序如下：

```
#include <stdio.h>
  main()
{
int n1,n2,n3,sum;
float ave;
printf("Please input three numbers：");
scanf("%d,%d,%d",&n1,&n2,&n3);        /*输入三个整数*/
sum=n1+n2+n3;                         /*求和*/
ave=sum/3.0;                          /*求平均值*/
printf("n1=%d,n2=%d,n3=%d\n",n1,n2,n3);
      printf("sum=%d,ave=%7.2f\n",sum,ave);
}
```

程序运行结果：

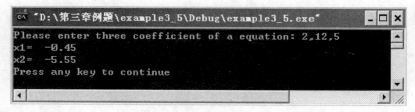

提高人机交互性建议：为改善人机交互性，同时简化输入操作，在设计输入操作时，一般先用 printf()函数输出一个提示信息（请求输入），再用 scanf()函数进行数据输入。

思考：能否将"ave＝sum/3.0；"中"3.0"改为"3"？

【例 3-6】 求方程 $ax^2＋bx＋c=0$ 的实数根。要求 a,b,c 由键盘输入，$a≠0$ 且 $b^2－4ac＞0$。

分析 （1）定义三个实型变量分别接收输入的三个参数值；

（2）根据方程求根的公式需要调用库函数 sqrt( )；

（3）调用 printf()输出结果。

具体程序如下：

```
#include "math.h"                           /*为调用求平方根 sqrt 函数*/
#include "stdio.h"
  main()
{
float a,b,c,disc,x1,x2;
printf("Please enter three coefficient of a equation:");
scanf("%f,%f,%f",&a,&b,&c);               /*输入方程的三个系数的值*/
disc=b*b-4*a*c;                           /*求判别式的值赋给 disc*/
x1=(-b+sqrt(disc))/(2*a);
x2=(-b-sqrt(disc))/(2*a);
printf("x1=%7.2f\nx2=%7.2f\n",x1,x2);
}
```

程序运行结果：

【例 3-7】 从键盘输入一个小写字母，要求用大写字母形式输出该字母及对应的 ASCII 码值，同时，输出其前驱表示该字母前面的那个字母和后续的大写字母及对应的 ASCII 码值。

分析 （1）用字符变量 c1 接受从键盘输入的字符。

（2）定义 3 个字符变量分别代表由该小写字母转换后的大写字母和其前驱，后续的大写字母，由于大写字母与小写字母的 ASCII 码值相差 32，如大写字母 A 的值为 65，则小写字母 a 的值为 97。通过这个简单的减法就能得到大小写字母间的转换关系。

（3）调用 printf()方法输出结果。

具体程序如下:

```
#include "stdio.h"
  main()
{
char c1,c2,c3,c4;
printf("Please input a lowercase letter :");
c1=getchar();              /*输入一个小写字符*/
c2=c1-32;                  /*将小写字母转换为大写字母*/
c3=c2-1;                   /*求大写字母的前驱字母*/
c4=c2+1;                   /*求大写字母的后继字母*/
printf("\nUppercase letter:%c,%d\n",c2,c2);
printf("the front:%c,%d\n",c3,c3);
printf("zhe next:%c,%d\n",c4,c4);
}
```

程序运行结果:

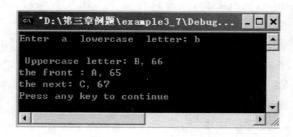

习　题　三

一、选择题

1. 已知:int x=10,y=3,z;则下列语句的输出结果是(　　)。

   printf("z=%d",z=(x%y,x/y));

   A. z=1　　　　　　　　B. z=0　　　　　　　　C. z=4　　　　　　　　D. z=3

2. 以下程序的运行结果是(　　),其中%u表示按无符号整数输出。

   ```
   #include"stdio.h"
   void main()
   {unsigned int x=0xFFFF;     /*x的初值为十六进制数*/
    printf("%u\n",x);
   }
   ```

   A. -1　　　　　　　　B.65535　　　　　　　C.32767　　　　　　　D.0xFFFF

3. 以下四个程序中,完全正确的是(　　)。

   A. #include "stdio.h"　　　　　　　　B. #include "stdio.h"
   　　void main();　　　　　　　　　　　void main()
   　　　{/* programming */　　　　　　　　{/*/programming/*/
   　　　　printf("programming! \n");}　　　　printf("programming! \n");}

C. #include "stdio. h"   D. include "stdio. h"
  void main()   void main()
    {/ * / * progmmmfug * / * /   {/ * programming * /
    printf("programming! \n");}   printf("programming! \n");}

4. 执行语句:printf("The program\'s name is c:\\tools\book. txt");后的输出的结果是
(   )。

  A. The program's name is c:tools book. txt

  B. The program's name is c:\tools book. txt

  C. The program's name is c:\\tools book. txt

  D. The program's name is c:\toolook. txt

5. 若变量已正确定义为 int 型,要通过语句 scanf("%d,%d,%d",&a,&b,&c);给 a 赋
值1,给 b 赋值2,给 c 赋值3,以下输入形式中错误的是(   )。(⊔代表一个空格符)

  A.⊔⊔⊔1,2,3<回车>   B.⊔2⊔3<回车>

  C.1,⊔⊔⊔2,⊔⊔⊔3<回车> D.1,2,3<回车>

6. 若在定义语句:int a,b,c;之后,接着执行以下选项中的语句,则能正确执行的语句是
(   )。

  A. scanf("%d",&a,&b,&c);   B. scanf("%d%d%d",&a,&b,&c);

  C. scanf("%f",&a);   D. scanf("%c%d",&a,&b);

7. 以下说法正确的是(   )。

  A. 输入项可以为一个实型常量,如 scanf("%f",3.5);

  B. 只有格式控制,没有输入项,也能进行正确输入,如 scanf("a=%d,b=%d");

  C. 当输入一个实型数据时,格式控制部分应规定小数点后的位数,如 scanf("%4.2f",&f);

  D. 当输入数据时,必须指明变量的地址,如 scanf("%f",&f);

8. 已知:int a,b;用语句 scanf("%d%d",& a,&b);输入 a、b 的值时,不能作为输入数据
分隔符是(   )。

  A. ,   B. 空格   C. 回车   D. Tab

9. 以下叙述中正确的是(   )。

  A. 调用 printf 函数时,必须要有输出项

  B. 使用 putchar 函数时,必须在之前包含头文件 stdio. h

  C. 在 C 语言中,整数可以以十二进制、八进制或十六进制的形式输出

  D. 调用 getchar 函数读入字符时,可以从键盘上输入字符所对应的 ASCII 码

10. 在 C 语言库函数中,可以输出 double 型变量 x 值的函数是(   )。

  A. getchar   B. scanf   C. putchar   D. printf

11. 有以下程序:

```
#include "stdio. h"
void main()
{
    char c1,c2,c3,c4,c5,c6;
    scanf("%c%c%c%c",&c1,&c2,&c3,&c4);
    c5=getchar();c6=getchar();
```

```
        putchar(c1);putchar(c2);
        printf("%c%c\n",c5,c6);
    }
```

程序运行后,若从键盘输入(从第 1 列开始):

    123 <回车>

    45678 <回车>

则输出结果是(   )。

       A. 1267   B. 1256   C. 1278   D. 1245

12. 以下程序段的输出结果是(   )。

```
int a=1234;
printf("%2d\n",a);
```

       A. 12   B. 34   C. 1234   D. 提示出错、无结果

13. 下列程序的输出结果是(   )。

```
main()
{ double d=3.2;int x,y;
  x=1.2;y=(x+3.8)/5.0;
  printf("%d \n",d*y);
}
```

       A. 3   B. 3.2   C. 0   D. 3.07

14. 下列程序执行后的输出结果是(   )。(小数点后只写一位)

```
main()
{ double d;float f;long l;int i;
  i=f=l=d=20/3;
  printf("%d %ld %f %f \n",i,l,f,d);
}
```

       A. 6 6 6.0 6.0   B. 6 6 6.7 6.7

       C. 6 6 6.0 6.7   D. 6 6 6.7 6.0

15. 下列程序执行后的输出结果是(   )。

```
main()
{ int x='f';printf("%c\n",'A'+(x-'a'+1));}
```

       A. G   B. H   C. I   D. J

16. 下列程序的运行结果是(   )。

```
#include <stdio.h>
main()
{ int a=2,c=5;
  printf("a=%d,b=%d\n",a,c);}
```

       A. a=%2,b=%5   B. a=2,b=5

       C. a=d,b=d   D. a=%d,b=%d

17. 下列程序执行后的输出结果是(   )。

```
main()
{ char x=0xFFFF;printf("%d \n",x--);}
```

       A. −32767   B. FFFE   C. −1   D. −32768

18. 若变量 a、i 已正确定义,且 i 已正确赋值,合法的语句是(   )。

A. a==1   B. ++i;   C. a=a++=5;   D. a=int(i);

19. 若有以下程序段：

```
int  c1=1,c2=2,c3;
c3=1.0/c2*c1;
```

执行后,c3 中的值是(   )。

     A. 0   B. 0.5   C. 1   D. 2

20. 有如下程序：

```
main()
{ int y=3,x=3,z=1;
  printf("%d %d\n",(++x,y++),z+2);
}
```

运行该程序的输出结果是(   )。

     A. 3 4   B. 4 2   C. 4 3   D. 3 3

21. 若 a 为 int 类型,且其值为 3,则执行完表达式 a+=a-=a*a 后,a 的值是(   )。

     A. -3   B. 9   C. -12   D. 6

22. 若变量已正确说明为 float 类型,要通过语句 scanf("%f   %f   %f",&a,&b,&c);
给 a 赋予 10.0,b 赋予 22.0,c 赋予 33.0,不正确的输入形式是(   )。

     A. 10<回车>   B. 10.0,22.0,33.0<回车>

        22<回车>

        33<回车>

     C. 10.0<回车>   D. 10   22<回车>

        22.0   33.0<回车>   33<回车>

二、填空题

1. 若有定义:int n,i,t;,以下程序段的输出结果是_____。

t=(n=i=2,++i,i++);printf("%d#%d#%d",n,i,t);

2. 已知:

int x;float y;scanf("x=%d,y=%f",&x,&y);

则为了将数据 10 和 66.6 分别赋给 x 和 y,正确的输入应当是_____。

3. 执行以下程序时输入 1234567<回车>,则输出结果是_____。

```
#include <stdio. h>
void main()
{
  int a=1,b;
  scanf("%2d%2d",&a,&b);
  printf("%d    %d\n",a,b);
}
```

4. 执行以下程序后的输出结果是_____。

```
#include"stdio. h"
void main()
{
  int a=10;
  a=(3*5,a+4);
```

```
        printf("a=%d\n",a);
    }
```

5. 以下程序的输出结果是_____。

```
main()
{   unsigned short a=65536;int b;
    printf("%d\n",b=a);
}
```

6. 若有定义:int a=10,b=9,c=8;接着顺序执行下列语句后,变量 b 中的值是_____。
```
c=(a-=(b-5));
c=(a%11)+(b=3);
```

7. 以下程序的输出结果是_____。

```
main()
{   int   a=1,   b=2;
    a=a+b;b=a-b;a=a-b;
    printf("%d,%d\n",a,b);
}
```

8. 下列语句:x++;++x;x=x+1;x=1+x;执行后都使变量 x 中的值增 1,试写出一条同一功能的赋值语句(不得与列举的相同)_____。

9. 以下程序运行后的输出结果是_____。

```
main()
{   char   m;
    m='B'+32;printf("%c\n",m);
}
```

10. 以下程序的输出结果是_____。

```
main()
{   int a=177;
    printf("%o\n",a);
}
```

11. 若有语句:
```
int i=-19,j=i%4;
printf("%d\n",j);
```
则输出结果是_____。

12. 若有程序:
```
main()
{   int i,j;
    scanf("i=%d,j=%d";&i,&j);
    printf("i=%d,j=%d\n",i,j);
}
```
要求给 i 赋 10,给 j 赋 20,则键盘输入的数据形式是:_____。

三、读程序写结果

1. 有以下程序:
```
#include"stdio. h"
void main()
```

```
        {
            int a,b;
            float f;
            scanf("%d,%d",&a,&b);
            f=a/b;
            printf("f=%f",f);
        }
```

当输入为 5,2 时,运行结果为:_____。

　　2. 有以下程序:
```
#include"stdio. h"
void main()
{
    char c1,c2;
    scanf("%c%c",&c1,&c2);
    ++c1;
    --c2;
    printf("c1=%c,c2=%c",c1,c2);
}
```

若输入的 c1,c2 的值为 ab,则运行结果为:_____。

　　3. 有以下程序:
```
#include"stdio. h"
void main()
{
    char c1;
    scanf("%c",&c1);
    c1+=32;
    printf("c1=%c",c1);
}
```

若输入为 A,则运行结果为:_____。

四、编程题

　　1. 编一程序,输入 a,b 的值,并将其和显示出来。

　　2. 要求编一程序,输入三角形三边 a,b,c 的值,计算三角形的面积。

　　求三角形面积公式为:area=sqrt(s(s-a)(s-b)(s-c))。其中:s=(a+b+c)/2,sqrt(x)表示 x 的平方根(注:sqrt 是 C 语言的标准库函数,在使用该函数时,文件的首部需要用编译预处理命令#include 将文件"math. h"包含到源文件中)。

　　3. 编写一个程序,从键盘输入一个三位整数,将它们逆序输出。例如输入 127,输出 721。

第 4 章　选择结构程序设计

核心内容：
　　1. 选择结构的含义
　　2. if 语句的使用方法
　　3. switch 语句的使用方法

用顺序结构能编写一些简单的程序，但是，计算机要处理的问题往往是复杂多变的，仅采用顺序结构是不够的，经常遇到要求计算机进行逻辑判断，即给出一个条件，让计算机判断是否满足该条件，并按照不同的情况让计算机进行不同的处理。例如：

（1）输入三角形的三条边长，如果输入的三个数值无法构成三角形，则显示信息"不能构成三角形"，否则，输出三角形的面积。

（2）超市中购买苹果，若购买 10 斤以下，则 2 元一斤，则购买 10 斤以上，则打 8 折，当售货员输入购买的斤数，则根据上述的条件输出应付款总额。

以上这些问题都是要根据给定的条件进行分析、比较和判断，并按判断后的不同情况进行不同的处理，这种问题属于选择结构。

所谓选择结构，是指根据不同的情况做出不同的选择，执行不同的操作。此时就需要对某个条件做出判断，根据这个条件的具体取值情况，决定应该执行何种操作。在解决实际问题中，许多时候需要根据给定的条件进行选择处理：条件满足时做什么，条件不满足时做什么。解决这类问题需要采用选择结构程序来实现。在 C 语言中，用 if 语句或 switch 语句来实现选择结构的程序设计。

4.1　if　语　句

先来看这样一个问题，要计算分段函数的值，设给定的函数是

$$Y = \begin{cases} 3-x, & x \leqslant 0 \\ 2/x, & x > 0 \end{cases}$$

求解该问题的流程如下：

（1）输入 x；

（2）如果 x≤0 则 y=3-x，否则 y=2/x；

（3）输出 y 的值。

在此例中，要先判断 x 的值满足什么条件，然后根据判定的结果执行两种操作中的一种。即当 x>0 时，执行 y=2/x 的操作，否则，也就是 x≤0 时，执行 y=3-x 的操作。这时，就要用 if 语句来实现判断条件并根据判断条件的结果决定执行两种操作中的哪一种操作。

C 语言的 if 语句有三种形式：单分支选择 if 语句、双分支选择 if 语句和多分支选择 if 语句。

4.1.1 单分支 if 语句

单分支选择 if 语句的形式为：

　if(表达式)语句

执行过程：首先求解表达式的值，若表达式的值为真（即为一个非 0 值），则执行表达式后面的语句；否则不执行任何操作。控制流程如图 4-1 所示。

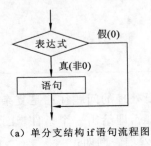

（a）单分支结构 if 语句流程图　　　（b）单分支结构 if 语句 N-S 图

图 4-1

【例 4-1】　输入两个数，比较其大小，将较大的数输出。

分析　（1）输入两个数据 a,b；

（2）进行判断，如果 a>b，则输出 a；

程序流程如图 4-2 所示。具体程序如下：

```
#include <stdio.h>
main()
{
float a,b;
printf("请输入 a,b 两个数:");
scanf("%f%f",&a,&b);
if(a>b)
printf("%f",a);
}
```

图 4-2　例 4-1 流程图

程序运行结果：

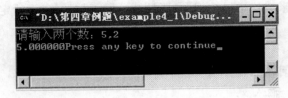

4.1.2　双分支 if 语句

双分支选择语句为 if-else，语句的结构形式为：

　if(表达式)语句 1

　else 语句 2

执行过程：首先求解表达式的值，若表达式的值为真（即为一个非 0 值），则执行语句 1；当表达式的值为假（为 0），则执行语句 2。控制流程如图 4-3 所示：

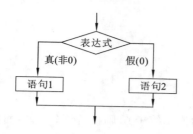

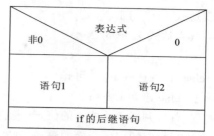

(a) 双分支选择结构 if 语句流程图　　　(b) 双分支选择结构 if 语句 N-S 图

图 4-3　条件语句的控制流程图

【例 4-2】　设计一个猜数游戏,由计算机产生一个随机数,再从键盘输入一个数,若输入的数等于随机数,则输出"你猜对了!",否则输出"你猜错了!"。

分析　(1) C 语言的库函数 rand( ) 用以产生随机数,它的取值范围是 0~32 767 之间的一个正整数。

(2) 定义一个整型变量 magic 获取调用 rand( ) 函数时产生的随机数。

(3) 定义一个整型变量 guess 接收键盘输入的数。

(4) 比较 magic 和 guess 的值是否相等。

(5) 输出结果。

具体程序如下:

```
#include <stdio.h>
#include <stdlib.h>
  int main()
{
int guess,magic;
  magic=rand();
printf("请输入一个数:\n");
scanf("%d",&guess);
if(guess==magic)
printf("你猜对了! magic=%d\n",magic);
else
printf("你猜错了! magic=%d\n",magic);
}
```

程序运行结果:

4.1.3　多分支 if 语句

多分支选择语句的结构形式为:

if(表达式 1)语句 1

else if(表达式 2)语句 2

……

    else if(表达式 n)语句 n;

    else 语句 n+1;

执行过程:首先判断表达式 1 的值,若表达式 1 的值不等于 0,则执行语句 1,后面的语句再不执行;否则执行相应的 else 后面的语句,判断表达式 2 的值,若表达式 2 的值不等于 0,则执行语句 2,后面的语句再不执行;否则执行后面的 else 语句依此类推。控制流程如图 4-4 所示。

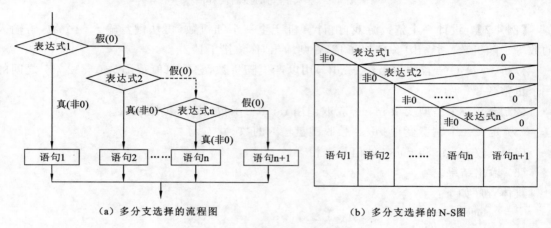

（a）多分支选择的流程图　　　　　　　（b）多分支选择的 N-S图

图 4-4　多分支选择结构流程图

【例 4-3】　要求判别键盘输入字符的类别。可根据输入字符的 ASCII 码来判别类型。在 0 和 9 之间的为数字,在 A 和 Z 之间为大写字母,在 a 和 z 之间为小写字母,其余则为其他字符。

分析　（1）定义一个字符变量接收键盘输入的值。

（2）根据输入字符的 ASCII 码来判别类型。

具体程序如下:

```c
#include"stdio. h"
main(){
    char c;
    printf("input a character:    ");
    c=getchar();
    if(c<32)
        printf("this is a control character\n");
    else if(c>='0'&&c<='9')
        printf("this is a digit\n");
    else if(c>='A'&&c<='Z')
        printf("this is a captical letter\n");
    else if(c>='a'&&c<='z')
        printf("this is a small leter\n");
    else
        printf("this is an other character\n");
}
```

程序运行结果：

4.1.4 对 if 语句的有关说明

对于三种形式的 if 语句，有几点要强调的地方：

（1）if 后面跟随的"表达式"，一般为逻辑表达式或关系表达式。例如：

if(a==b && x==y)printf("a=b x=y")

但也可以为任意的数值类型（包括整型、实型、字符型、指针型）表达式。例如：if(6)printf("ok")是合法的，执行结果输出 ok

（2）在第二种和第三种 if 语句中，每一个 else 前面有一个";"，整个语句结束处也有一个";"，例如：

```
if(a>b)
    printf("max=%d\n",a);
else
    printf("max=%d\n",b);
```
各有一个分号

这是因为 if 语句中的内嵌语句所要求的，若无此分号，就会出现语法错误。但注意：else 子句是 if 语句的一部分，它们同属于一个 if 语句。else 不能作为语句单独使用，必须与 if 配对使用。

（3）在 if 和 else 后面只含有一个内嵌的操作语句，当内嵌的操作有多条时，必须用花括号"{ }"括起来。组成一条复合语句且使用时"}"外不再加";"。

例如：已知三角形的三条边 a,b,c 要求该三角形的面积。

部分程序段为：

```
if(a+b>c && b+c>a && c+b>a)
    {
      s=(a+b+c)/2.0;
      area=sqrt(s*(s-a)*(s-b)*(s-c));
      printf("area=%6.2f",area);
    }
else printf("it is not trilateral");
```
这里是一条复合语句

4.1.5 if 语句的嵌套

在 if 语句的内嵌语句（格式中的语句 1 或语句 2）中，又出现了 if 语句，称为 if 语句的嵌套，主要用于多分支的选择结构。

一般形式如下：

```
if(表达式 1)
    if(表达式 2)    语句 1
    else            语句 2
```
内嵌 if 语句 1

```
        else
            if(表达式 3)      语句 3 ⎫
                                      ⎬ 内嵌 if 语句 2
            else             语句 4 ⎭
```

执行过程:先计算表达式 1 的值进行判断,当表达式 1 的值为非 0 时进而计算表达式 2 的值并进行判断,若表达式 2 的值是非 0,则执行语句 1,若表达式 2 的值是 0,则执行语句 2;当表达式 1 的值为 0 时进而计算表达式 3 的值并进行判断,若表达式 3 的值是非 0,则执行语句 3,若表达式 3 的值是 0,则执行语句 4。在每执行一次这种结构,语句 1 到语句 4 这 4 条操作语句(可以是简单语句,也可以是复合语句)仅有一条被执行,无论执行哪一条操作语句,都将去执行该结构的后继语句。其流程如图 4-5 所示。

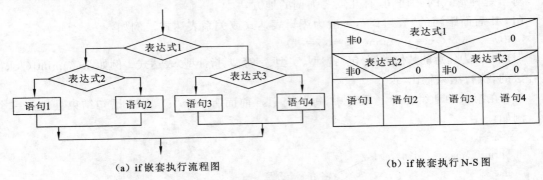

(a) if 嵌套执行流程图   (b) if 嵌套执行 N-S 图

图 4-5   if 语句的嵌套

必须注意 if 与 else 的配对关系。else 总是与它上面的最近的没有其他 else 与之配对的 if 配对。如:

```
    if(表达式 1)
        if(表达式 2)      语句 1
    else
        if(表达式 3)      语句 2 ⎫
                                  ⎬ 编程者希望的内嵌 if(将 else 与第一个 if 配对)
        else             语句 3 ⎭
```

实际上,系统执行的是 else 与第二个 else 配对

```
    if(表达式 1)
        if(表达式 2)      语句 1 ⎫
    else                         ⎪
        if(表达式 3)      语句 2 ⎬ 系统执行的内嵌 if(将 else 与第二个 if 配对)
        else             语句 3 ⎭
```

因此,使用 if 嵌套时,为达到程序设计者的企图,可以加花括号来确定配对关系,如

```
    if(表达式 1)
        {
            if(表达式 2)      语句 1 ⎫
                                      ⎬ 使用复合语句达到 else 与第一个 if 配对
        }
    else
        if(表达式 3)      语句 2

        else             语句 3
```

4.2 switch 语 句

if 语句实现了两种分支的选择控制,但如果分支较多时,嵌套的 if 层数多,不仅程序冗长而且可读性降低。C 语句提供的 switch 语句是用来直接处理多分支选择结构的语句,实际上是 if-else 语句的变型。其特点是根据一个表达式的多种值,选择多个分支。switch 语句的一般形式如下:

```
switch(表达式)
{
    case 常量 C1：  语句 1
    case 常量 C2：  语句 2
    ……
    ……
    case 常量 Cn：  语句 n
    default：       语句 n+1
}
```

执行过程:计算表达式的值,并逐个与其后的常量表达式值比较,当表达式的值与某个常量表达式的值相等时,即执行其后的语句,直到遇到 break 语句为止。如表达式的值与所有 case 后的常量表达式均不相同时,则执行 default 后的语句。控制流程如图 4-6 所示:

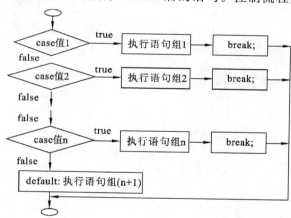

图 4-6 switch 语句流程图

说明:

(1) switch 后面括号内的表达式,允许为 C 语句中的任何类型,若表达式的值不是整数则自动取整。

(2) C1,C2,…,Cn 是常量表达式,它们必须与 switch 后面括号内的表达式同一类型并且其值要互不相同。

(3) 若希望执行完一组操作语句后退出 switch 结构,可以用 break 语句终止 switch 的继续执行。break 语句的作用是中断正在执行的语句。它在 switch 语句中的作用是:执行某个语句组后,将退出该 switch 语句。如果省略了 break 语句,则执行完某个语句组后,将继续执行其后的所有语句组。

（4）case 和 default 后面的操作语句可以是简单语句,也可以是复合语句,且这里的复合语句不必加{ }。

（5）switch 可以嵌套。

（6）多个 case 可共用一组执行语句

如：……

```
case 'A':
case 'B':
case 'C':printf("score>60\n");
        break;
    ……
```

【例 4-4】 编写一个程序,输出给定的某年某月的天数。

分析 根据历法,第 1、3、5、7、8、10、12 月的每月为 31 天,第 4、6、9、11 月的每月为 30 天,2 月份闰年为 29 天,平年为 28 天。判断闰年的规则是：如果此年号可以被 4 整除,但不能被 100 整除,则是闰年;或者该年份可以被 400 整除,则是闰年,否则不是闰年。即：

（1）如果 x 能被 y 整除,则余数为 0,即如果 x%y==0,则表示 x 能被 y 整除。

（2）首先设置一个标志 leap,当 year 能被 400 整除,leap 值设为 1,表示该年为闰年,否则 leap 值设为 0,表示该年不是闰年。

（3）然后根据 leap 的值确定二月份的天数。

具体程序如下：

```
#include <stdio.h>
main()
{
    int year,mon,days,leap;
    printf("年,月：");
    scanf("%4d,%2d",&year,&mon);
    switch(mon)
    {
    case 1:
    case 3:
    case 5:
    case 7:
    case 8:
    case 10:
    case 12:days=31;break;
    case 4:
    case 6:
    case 9:
    case 11:days=30;break;
    case 2:if(year%4==0 && year%100！=0||year%400==0)
            leap=1;
        else
            leap=0;
        if(leap)
            days=29;
```

```
            else days=28;
        }
        printf("%d 年%月的天数为%天\n",year,mon,days);
    }
```

程序运行结果：

4.3　选择结构程序设计举例

【例 4-5】　编写一个程序,用来进行十进制和十六进制、十进制和八进制之间的相互转换。

分析　(1) 对于十进制和十六进制,十进制和八进制之间的相互转换看起来比较复杂,但可以通过数值输出时的格式描述来实现。%d 格式符输出十进制数;%o 格式符输出八进制数;%x格式符输出十六进制数,所以,当输入一个数值时,按需要的转换数的数制输出就达到目的了。

(2) 对于设计要求来说,各种数制间的转换要求是任意的,可以通过设置选择开关变量choice,由用户输入 1～4 之间的某一个数字,实现进行十和十六、十六和十、十和八、八和十之间的转换,当然还可以设置更多的选择达到如八和十六等转换。

(3) 开关变量 choice 与 switch 语句联合使用就达到程序设计的要求了。

需要定义的变量:

choice 开关变量(整型),用来实现选择进行哪一种数据转换;

num(整型)用来保存要转换的数据值,初始值由 scanf 函数提供;

算法设计如图 4-7 所示。

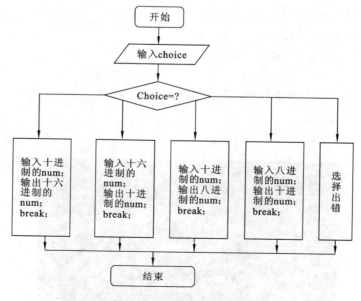

图 4-7　例 4-5 算法流程图

具体程序如下：

```
/* decimal:十进制,hexadecimal:十六进制,octal:八进制 */
#include <stdio.h>
main()
{
    int choice,num;
    printf("\n***************** conversion *******************");
    printf("\n*    1. decimal to hexadecimal    *");
    printf("\n*    2. hexadecimal to decimal    *");
    printf("\n*    3. decimal to octal          *");
    printf("\n*    4. octal to decimal          *");
    printf("\n*********************************************");
    printf("\nenter your choice(1~4):");
    scanf("%d",&choice);
    switch(choice)
    { case 1:printf("\nenter decimal number:");
        scanf("%d",&num);
        printf("%d in hexadecimal is:%x",num,num);
        break;
      case 2:printf("\nenter hexadecimal number:");
        scanf("%x",&num);
        printf("%x in decimal is:%d",num,num);
        break;
      case 3:printf("\nenter decimal number:");
        scanf("%d",&num);
        printf("%d in octal is:%o",num,num);
        break;
      case 4:printf("\nenter octal number:");
        scanf("%o",&num);
        printf("%o in decimal is %d",num,num);
        break;
      default:printf("\n your choice is error!");
    }
}
```

程序运行结果：

程序说明:该程序运行时,先显示如上所示的菜单,然后等待用户从键盘输入 1～4 之间的数。如此时输入 2,则程序继续提示用户输入一个十六进制数;如此时输入 9a,则程序给出对应的转换结果为:9a in decimal is:154。

思考:尝试在"enter your choice"处,输入其他数字,看看会得到什么样的提示,以及什么样的结果。

【例 4-6】 编写一个程序,计算购货款。

设某商店售货,按购买货物的款数多少分别给予不同的优惠折扣:

购货不足 250 元的,没有折扣;

购货满 250 元,不足 500 元,折扣 5%;

购货满 500 元,不足 1000 元,折扣 7.5%;

购货满 1000 元,不足 2000 元,折扣 10%;

购货满 2000 元,折扣 15%。

分析 (1)首先要定义一个变量用来存放购买货物的款数;

(2)然后根据款数满足的条件决定使用哪个优惠折扣;

(3)最后计算出折扣后的款数并输出。

算法分析如图 4-8 所示。

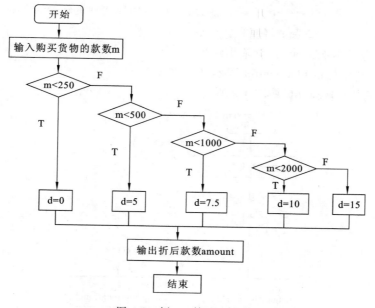

图 4-8 例 4-6 算法流程图

具体程序如下:

```c
#include<stdio.h>
main()
{   float m,d,amount;
    printf("\nEnter your money for buying:");
    scanf("%f",&m);
    if(m<250)d=0;
    else if(m<500)d=5;
```

```
    else if(m<1000)d=7.5;
    else if(m<2000)d=10;
    else d=15;
    amount=m*(1-d/100);
    printf("\namount=%6.2f",amount);
}
```

程序运行结果：

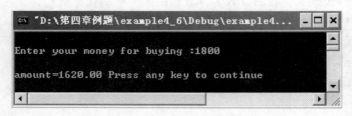

【例 4-7】 编一程序将以英寸为单位表示的长度转换为以厘米为单位表示的长度；或者反之,从厘米转换为英寸。已知:1 英寸=2.54 厘米。

分析 (1)实现英寸和厘米之间的相互转换,根据以上的单位转换规律可以实现。

(2)用 c 语言实现这一转换,if 结构和 switch 结构都可以实现控制语句的分支。

(3)根据设计要求,设置一个开关变量 select 用来选择实现的转换种类;select=1 表示将英寸转换为厘米,select=2 表示将厘米转换成英寸。

(4)最后根据换算公式求解,并输出结果。

以下分别用 if 结构语句和 switch 结构语句实现。

用 if 语句实现 算法分析如图 4-9 所示。

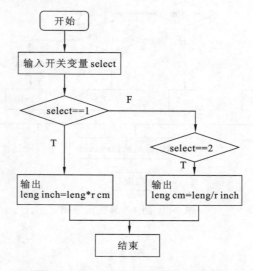

图 4-9 例 4-7if 语句实现算法流程图

具体程序如下：

```
#include <stdio.h>
main()
{   int select;
```

```
        float leng,r=2.54;
        printf("\nPlease choose(1:inch to cm,2:cm to inch):");
        scanf("%d",&select);
        printf("Enter the length:");
        scanf("%f",&leng);
        if(select==1)printf("\n%6.2f inch=%6.2f cm",leng,leng * r);
        else if(select==2) printf("\n%6.2f cm=%6.2f inch",leng,leng/r);
    }
```

程序运行结果：

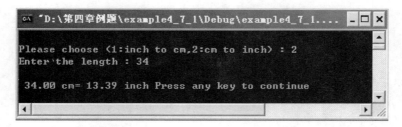

用 switch 结构实现　算法分析如图 4-10 所示。

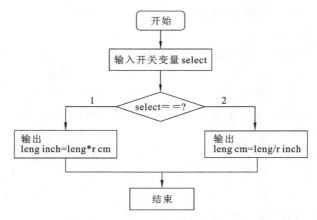

图 4-10　例 4-7switch 语句实现算法流程

具体程序如下：

```
#include <stdio.h>
main()
{ int select;
  float leng,r=2.54;
  printf("\nPlease choose(1:inch to cm,2:cm to inch):");
  scanf("%d",&select);
  printf("Enter the length:");
  scanf("%f",&leng);
  switch(select)
  { case 1:printf("\n%6.2f inch=%6.2f cm",leng,leng * r);break;
    case 2:printf("\n%6.2f cm=%6.2f inch",leng,leng/r);break;
        default:printf("Enter error!\n");
  }
}
```

程序运行结果：

```
"D:\第四章例题\example4_7_2\Debug\example4_7_2.exe"

Please choose (1:inch to cm,2:cm to inch) : 1
Enter the length : 12.9

12.90 inch= 32.77 cm Press any key to continue
```

习 题 四

一、选择题

1. 执行以下程序段后，w 的值为( )。

   int w='A',x=14,y=15;

   w=((x||y)&&(w<'a'));

   A.−1   B.NULL   C.1   D.0

2. 已知：a＝b＝c＝1 且均为 int 型变量，则执行以下语句：

   ++a||++b&&++c;

变量 a 的值为(①)，b 值为(②)。

   ①A.不正确   B.0   C.2   D.1

   ②A.1   B.2   C.不正确   D.0

3. 已知：int w=1,x=2,y=3,z=4,a=5,b=6;则执行以下语句：

   (a=w>x)&&(b=y>z);

变量 a 的值为(①)，b 值为(②)。

   ①A.5   B.0   C.1   D.2

   ②A.6   B.0   C.1   D.4

4. 以下错误的 if 语句是( )。

   A.if(x>y);

   B.if(x==y)x+=y;

   C.if(x!=y) scanf("%d",&x)else scanf("%d",&y);

   D.if(x<y){x++;y++;}

5. 若变量已正确定义，有以下程序段：

   int a=3,b=5,c=7;

   if(a>b)a=b;c=a;

   if(c!=a)c=b;

   printf("%d,%d,%d\n",a,b,c);

其输出结果是( )。

   A.程序段有语法错误   B.3,5,3

   C.3,5,5   D.3,5,7

6. C 语言对嵌套 if 语句的规定是：else 总是与( )配对。

   A.其之前最近的 if   B.第一个 if

C. 缩进位置相同的 if   D. 其之前最近的且尚未配对的 if

7. 变量 a 和 b 均已正确定义并赋值,以下 if 语句中,在编译时将产生错误信息的是(   )。

    A. if(a++);   B. if(a>b&&b!=0);

    C. if(a>b)a--   D. if(b<0){;}else b++;

8. 有以下程序:

```
#include "stdio.h"
void main()
{
    int x=1,y=2,z=3;
    if(x>y)
    if(y<z) printf("%d",++z);
    else    printf("%d",++y);
    printf("%d\n",x++);
}
```

程序运行结果是(   )。

    A. 331   B. 41   C. 2   D. 1

9. 在下面的四个选项中(其中 s1 和 s2 为 C 语言的语句),只有一个在功能上与其他三个语句不等价,它是(   )。

    A. if(a)s1;else s2;   B. if(a==0)s2;else s1;

    C. if(a!=0)s1;else s2;   D. if(a==0)s1;else s2;

10. 下列关于 switch 语句和 break 语句的结论中,正确的是(   )。

    A. break 语句是 switch 语句中的一部分

    B. 在 switch 语句中可以根据需要使用或不使用 break 语句

    C. 在 switch 语句中必须使用 break 语句

    D. break 语句是 switch 语句的一部分

11. 若 int i=10;执行下列程序段后,变量 i 的正确结果是(   )。

```
switch(i)
{
    case 9:i+=1;
    case 10:i++;
    case 11:i+=1;
    default:i+=1;
}
```

    A. 10   B. 11   C. 12   D. 13

12. 有以下程序:

```
#include "stdio.h"
void main()
{
    int x=1,y=0,a=0,b=0;
    switch(x)
    {
        case 1:switch(y)
```

```
                {
                    case 0:a++;break;
                    case 1:b++;break;
                }
            case 2:a++;b++;break;
            case 3:a++;b++;
        }
        printf("a=%d,b=%d\n",a,b);
    }
```

程序的运行结果是(   )。

    A. a=1,b=0   B. a=2,b=2   C. a=1,b=1   D. a=2,b=1

13. 与 y=(x>0? 1:x<0? -1:0);的功能相同的 if 语句是(   )。

    A. if(x>0)y=1;
        else if(x<0)y=-1;
        else y=0;

    B. if(x)
        if(x>0)y=1;
        else if(x<0)y=-1;
        else y=0;

    C. y=-1
        if(x)
        if(x>0)y=1;
        else if(x==0)y=0;
        else y=-1;

    D. y=0;
        if(x>=0)
        if(x>0)y=1;
        else y=-1;

14. 有如下程序：

```
    main()
    {   int x=1,a=0,b=0;
        switch(x){
            case 0:b++;
            case 1:a++;
            case 2:a++;b++;
        }
        printf("a=%d,b=%d\n",a,b);
    }
```

程序的输出结果是(   )。

    A. a=2,b=1   B. a=1,b=1   C. a=1,b=0   D. a=2,b=2

15. 有如下程序：

```
    main()
    {   float x=2.0,y;
        if(x<0.0) y=0.0;
        else if(x<10.0) y=1.0/x;
        else y=1.0;
        printf("%f\n",y);
    }
```

程序的输出结果是(   )。

A. 0.000000　　　　B. 0.250000　　　　C. 0.500000　　　　D. 1.000000

16. 有如下程序：

```
main()
{   int a=2,b=-1,c=2;
    if(a<b)
      if(b<0) c=0;
      else c++
    printf("%d\n",c);
}
```

程序的输出结果是(　　)。

　　　A. 0　　　　　　B. 1　　　　　　C. 2　　　　　　D. 3

17. 有如下程序段：

```
int a=14,b=15,x;char c='A';x=(a&&b)&&(c<'B');
```

执行该程序段后，x 的值为(　　)。

　　　A. ture　　　　　B. false　　　　　C. 0　　　　　　D. 1

18. 设 x、y、t 均为 int 型变量,则执行语句:x=y=3;t=++x||++y;后,y 的值为(　　)。

　　　A. 不定值　　　　B. 4　　　　　　C. 3　　　　　　D. 1

19. 若执行以下程序时从键盘上输入 9,则输出结果是(　　)。

```
main()
{   int n;
    scanf("%d",&n);
    if(n++<10) printf("%d\n",n);
    else printf("%d\n",n--);
}
```

　　　A. 11　　　　　　B. 10　　　　　　C. 9　　　　　　D. 8

20. 若 a、b、c1、c2、x、y、均是整型变量,正确的 switch 语句是(　　)。

A. swich(a+b);
```
{   case 1:y=a+b;break;
    case 0:y=a-b;break;
}
```

B. switch(a*a+b*b)
```
{   case 3:
    case 1:y=a+b;break;
    case 3:y=b-a,break;
}
```

C. switch a
```
{   case c1:y=a-b;break
    case c2:x=a*d;break
    default:x=a+b;
}
```

D. switch(a-b)
```
{default:y=a*b;break
 case 3:case 4:x=a+b;break
 case 10:case 11:y=a-b;break;
}
```

21. 阅读以下程序：

```
main()
{   int x;
    scanf("%d",&x);
    if(x--<5)printf("%d",x);
    else        printf("%d",x++);
}
```

程序运行后,如果从键盘上输入 5,则输出结果是(　　　　)。

　　　　A.3　　　　　　　　　B.4　　　　　　　　　C.5　　　　　　　　　D.6

二、填空题

1. 已有定义:char c='';int a=1,b;(此处 c 的初值为空格字符),执行 b=! c&&a;后 b 的值为_____。

2. 设 int y;执行表达式(y=4)||(y=5)||(y=6)后,y 的值是_____。逻辑表达式的值是_____。

3. 表示关系 x≥y≥z,应使用 C 语言表达式_____。

4. 以下程序用于判断 a、b、c 能否构成三角形,若能,输出 YES,否则输出 NO。

```
#include "stdio. h"
void main()
{
    float a,b,c;
    scanf("%f%f%f",&a,&b,&c);
    if(_____)printf("YES\n");        /*a、b、c 能构成三角形*/
    else printf("NO\n");                    /*a、b、c 不能构成三角形*/
}
```

5. 当 a=1,b=3,,c=5,d=4 时,下列程序执行后 x 值是_____。
```
if(a<b)  if(c<d)x=1;else  if(a<c)  if(b<d)x=2;
  else x=3;else x=6;else x=7;
```

6. 假定 w、x、y、z、m 均为 int 型变量,有如下程序段:
```
w=1;x=2;  y=3;z=4;
m=(w<x)? w;x;    m=(m<y)? m;y;    m=(m<z)? m;z;
```
则该程序运行后,m 的值是_____

7. 以下程序运行后的输出结果是_____。
```
main()
{ int a=1,b=3,c=5;
if(c=a+b)printf("yes\n");
else printf("no\n");
}
```

8. 以下程序运行后的输出结果是_____。
```
main()
{ int x=10,y=20,t=0;
  if(x==y)t=x;x=y;y=t;
  printf("%d,%d\n",x,y);
}
```

9. 以下程序运行后的输出结果是_____。
```
main()
{ int p=30;
  printf("%d\n",(p/3>0? p/10:p%3));
}
```

10. 若有以下程序:

```
main()
{ int a=4,b=3,c=5,t=0;
  if(a<b)t=a;a=b;b=t;
  if(a<c)t=a;a=c;c=t;
  printf("%d %d %d\n",a,b,c);
}
```

执行后输出结果是_____。

三、读程序写运行结果

1.
```
#include"stdio. h"
void main()
{
    int a,b,c;
    a=20;b=30;c=40;
    if(a>b)a=c,b=a;c=a;
    printf("a=%d b=%d c=%d",a,b,c);
}
```

2.
```
#include "stdio. h"
void main()
{
    int a=4,b=6,t=0;
    if(a=2)t=a,a=b,b=t;
    printf("a=%d,b=%d\n",a,b);
}
```

3.
```
#include "stdio. h"
void main()
{
    int a,b,c;
    a=1;b=2;c=3;
    if(a>b)
    if(a>c)
    printf("%d",a);
    else printf("%d",b);
    printf("c=%d\n",c);
}
```

4.
```
#include "stdio. h"
void main()
{
    int a=-1,b=1,k;
    if((++a<0)&&!(b--<=0))
        printf("%d %d\n",a,b);
    else
        printf("b=%d,a=%d\n",b,a);
}
```

四、编程题

1. 编程求解函数 $y = \begin{cases} -1, & x < 0, \\ 0, & x = 0, \\ 1, & x > 0 \end{cases}$ 的值。

2. 编程实现：判断输入的一个整数是否是能被 3 或 7 整除，若能被 3 或 7 整除，输出 "YES"，若不能被 3 或 7 整除，输出 "NO"。

3. 利用 switch 语句编写一程序，对于给定的一个百分制成绩，输出相应的五分制成绩。设：90 分以上为 A，80～89 分为 B，70～79 分为 C，60～69 分为 D，60 分以下为 E。

4. 输入一个年号，判其是否为闰年。

第 5 章　循环结构程序设计

> **核心内容：**
> 　1. 掌握三种循环结构的语法规则和特点
> 　2. 掌握不同循环结构的选择及其转换方法
> 　3. 掌握 while、do-while、for、break、continue 语句的使用方法
> 　4. 嵌套循环的使用

　　在许多实际问题中常常会遇到大量的有规律的重复运算,这种用不同的数据重复相同运算的编程处理技术称为循环。例如:数值计算中用迭代法求非线性方程的根,非数值计算中的对象遍历等。本章将着重介绍 C 语言中循环结构程序设计的方法,它和顺序结构、选择结构共同组成为 C 语言的三种基本结构,作为构成各种复杂结构的基本构造单元。因此熟练掌握选择结构和循环结构的作用、概念及使用是程序设计的最基本要求。本章中主要介绍的是 while、do-while、for 与 if 语句联用的使用,并通过几个程序实例让读者对循环程序设计有一个较好的认识。

5.1　while　循　环

　　while 语句实现的循环又称为"当型"循环。它是通过先判断循环控制条件是否满足循环语句执行的要求来决定是否继续循环的。它的一般形式为:

　　　　while(表达式)
　　　　循环体语句

　　while 循环结构是由 while 语句和循环体语句两部分组成,while 语句用来控制循环体是否执行,while 后面的表达式为循环控制条件表达式;循环体语句是由需要重复执行的操作及控制循环次数的语句组成。

　　while 循环的执行过程是:计算表达式的值后进行判断,如果值为真(非零),执行循环体语句,再返回判断表达式的值,如果值为假(零),则结束循环。控制流程图如图 5-1 所示。

　　说明:

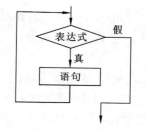

图 5-1　while 语句流程图

　　(1) while 中的表达式的值一直为非 0 常量,则形成死循环;若为 0,则循环体语句一次也不会被执行。例如:

　　　　int a=0;while(a==0)　　　　int a=1;while(a==0)
　　　　　　printf("死循环");　　　　　　printf("不能执行");

　　(2) 循环体可以是一条语句,也可以是多条语句,若是多条语句应写成一条复合语句,否则系统只认为循环体只有一条语句。

　　(3) while 的表达式中一般会含有变量,这个变量称为循环控制变量(简称循环变量),在循环体中需要有改变循环变量值的语句,致使循环能朝结束方向发展。

【例 5-1】 求 100 个自然数的和。即：s＝1＋2＋3＋…＋100。

分析 （1）采用累加求和的方法，首先寻找加数与求和的规律。

（2）设加数为 i，它从 1 变到 100，每循环一次，使 i 增 1，直到 i 的值超过 100 为止。i 的初值设为 1。

（3）求和——设变量 sum 存放和，循环求 sum＝sum＋i，直至 i 超过 100。

程序算法如图 5-2 所示。具体程序如下：

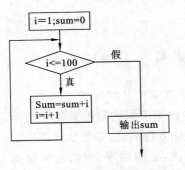

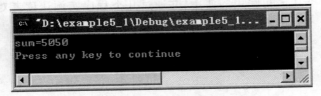

```
#include<stdio.h>
void main()
{  int i,sum;
   i=1;sum=0;
   while(i<=100)
   { sum=sum+i;
      i++;
   }
   printf("sum=%d\n",sum);
}
```

图 5-2　例 5-1 算法流程图

程序运行结果：

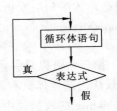

注意：（1）则当 i 的初值＝101 时，循环体一次也不执行。

（2）在循环体中必须有使循环趋向结束的操作 i++；，否则循环将无限进行（死循环）。

（3）在循环体中，语句的先后位置必须符合逻辑，否则会影响运算结果。

思考：循环结束后，输出的 i 的值是多少？

5.2　do-while 语句

do-while 语句的特点是先执行循环体，然后判断循环条件是否成立，称之为直到型循环结构。它的一般形式为：

　　do

　　　　循环体语句；

　　while(表达式)；

其中：do 后面的语句是循环体，while 后面的表达式为循环控制条件。

语句执行过程：先执行一次循环体语句，然后判断表达式，若表达式的值为真（非零），便重复执行一次循环体中的语句，不断重复执行，直至表达式的值为假（零）时，就结束循环。控制流程图如图 5-3 所示。

图 5-3　do-while 语句流程图

说明：

（1）如果 do-while 后的表达式一开始为假，循环体还是要执行一次的。例如：

int a＝101;do printf("a＝,%d",a);while(a<＝100);

运行的结果为 a＝101。

（2）单独的 do 不能构成语句，while(表达式)是该结构的最后一条语句，所以 while(表达式)后面必须加分号，否则产生语法错误。

（3）do-while 和 while 的区别在于 do-while 是先执行后判断，因此 do-while 至少要执行一次循环体。而 while 是先判断后执行，如果条件不满足，则一次也不执行循环体语句。

【例 5-2】 用 do-while 语句求 1 到 100 的和。

程序算法如图 5-4 所示。具体程序如下：

```
#include <stdio.h>
  void main()
{   int i=1,sum=0;
  do
  { sum+=i;
     i++;
  }
  while(i<=100);
  printf("sum=%d\n",sum);
}
```

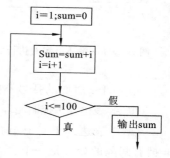

图 5-4　例 5-2 算法流程图

程序运行结果：

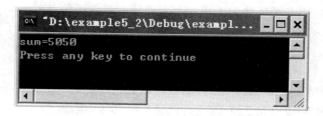

从【例 5-1】和【例 5-2】可以看到：对同一个问题可以用 while 语句处理，也可以用 do-while 语句处理；一般情况下，用 while 语句和用 do-while 语句处理同一个问题时，两者的循环体部分是一样的，结果也是一样的。但是当 while(表达式)中的表达式值一开始为假时，循环执行的次数是不一样的，执行的结构也是不一样的，假如当 i 的初始值大于 100 时，两种循环语句的执行结果就会不一样了，这是因为对 while 循环来说，一次也不执行循环体(表达式为假)，而对 do-while 循环来说则要执行一次循环体。所以编写程序时要考虑和利用这一差别。

5.3　for　语　句

C 语句中使用最灵活的循环语句是 for 语句了。for 语句不仅适应于循环次数事先已经确定的情况，也适用于只知道循环结束条件而循环次数不确定的情况，受到初学者的喜欢。

for 语句的一般格式为：

for(表达式 1;表达式 2;表达式 3)

循环体语句；

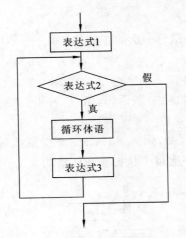

图 5-5　for 循环语句的执行流程

程序执行过程：

（1）求解"表达式 1"（通常是为循环变量赋的初值）。

（2）求解"表达式 2"，若表达式 2 的值为非 0，则执行（3），若为 0，则结束循环。

（3）执行循环体。

（4）求解"表达式 3"（通常是为改变循环变量的值）。

（5）转回执行（2）。

执行过程的控制流程图如图 5-5 所示。

for 循环的最简单、最易于理解的形式是：

　　for(循环变量赋初值;循环条件;循环变量增值)语句

例如：【例 5-1】的 for 循环表示为

　　int i,sum=0;for(i=1;i<=100;i++)sum=sum+i;

说明：

（1）for 后面的括号不能省。

（2）表达式 1 控制循环变量的初始化,表达式 2 控制循环的条件,表达式 3 控制变量的更新。

（3）表达式 1、表达式 2 和表达式 3 都是任选项,可以省掉其中的一个,两个或全部,但其拥有间隔的分号是一个也不能省掉的。

若表达式 1 省略,则在 for 语句前要给变量赋初值,例如：

　　int i=1,sum=0;for(;i<=100;i++)sum=sum+i;

若表达式 2 省略,则不判断循环条件,循环将一直进行,一般这种情况不用。

若表达式 3 省略,则在循环体中要增加改变循环变量的语句,例如：

　　int i,sum=0;for(i=1;i<=100;){sum=sum+i;i++;}

表达式 1 和表达式 3 可以同时省略,只留表达式 2,例如：

　　int i=1,sum=0;for(;i<=100;){sum=sum+i;i++}

（4）表达式一般是关系式（如 i<=100）或逻辑表达式（如 a<b && x<y）,也可以是数值表达式或字符表达式,只要其值为非 0,就可以执行循环体,例如：

　　for(i=0;(c==getchar())! ='\n';i+=c);

它的作用是不断输入字符,加它们的 ASCII 码相加,直到输入一个"换行符"为止。

【例 5-3】　猴子吃桃问题。猴子第一天摘下若干个桃子,当即吃了一半,还不过瘾,又多吃了一个。第二天早上又将剩下的桃子吃掉一半,又多吃了一个。以后每天早上都吃了前一天剩下的一半零一个。到第 10 天早上想再吃时,发现只剩一个桃子了,求猴子第一天究竟摘了多少个桃子?

　　分析　（1）假如第一天有 p 个桃子,猴子吃了一半加一个,就是吃了 p/2+1 个,那么剩余 p-(p/2+1)=p/2-1 个；这样,第二天有 p/2-1 个桃子供当天使用。

（2）根据数学公式的推理,我们可以得出一个规律：今天的桃子个数+1 再乘 2 等于昨天的桃子个数；题目中第 10 天只剩 1 个桃子,则用(1+1)*2 就是第九天的桃子个数为 4,这样就可以得出今天和昨天桃子个数之间的关系即：(今天的桃子个数+1)*2=昨天的桃子个数。

（3）采用数学中的逆推法,只要知道了最后一天的桃子个数,知道了最后一天是第几天,就知道了第一天的桃子个数。本题用 for 循环控制天数,变量 p 保存桃子的个数,从后往前推。

　　具体程序如下：

```
#include <stdio.h>
  void main()
{   int p=1,i;
  for(i=1;i<=9;i++)
  p=(p+1)*2;
  printf("第一天的桃子个数为:%d\n",p);
  }
```

程序运行结果：

5.4 循环嵌套

循环结构的嵌套，指的是在某一种循环结构的语句中，包含有另一个循环结构。执行循环嵌套语句时，由外层循环进入内层循环，并在内层循环终止之后接着执行外层循环，再由外层循环进入内层循环，直到外层循环全部执行完毕，程序结束。

三种循环语句 while、do-while 和 for 可以互相嵌套自由组合。但是在使用循环嵌套结构时，要注意以下几点：

（1）在嵌套的各层循环中，层次要分明，不能交叉，用一对大花括号将每一层循环体语句括起来，保证逻辑上的正确。

（2）内层循环和外层循环不能使用相同的变量名。

【例 5-4】 在屏幕上输出阶梯形式的乘法口诀表。

程序算法如图 5-6 所示。具体程序如下：

```
#include "stdio.h"
  void main()
{   int i,j;
  for(i=1;i<=9;i++)
  {
  for(j=1;j<=i;j++)
  {
  printf("%d * %d=%d\t",j,i,i*j);
  }
  printf("\n");
  }
}
```

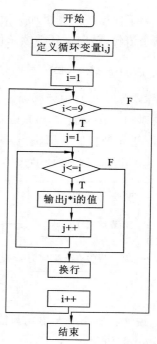

图 5-6　例 5-4 算法流程图

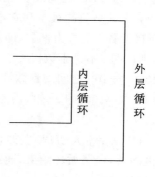

程序运行结果：

```
D:\example5_4\Debug\example5_4.exe
1*1=1
1*2=2    2*2=4
1*3=3    2*3=6    3*3=9
1*4=4    2*4=8    3*4=12   4*4=16
1*5=5    2*5=10   3*5=15   4*5=20   5*5=25
1*6=6    2*6=12   3*6=18   4*6=24   5*6=30   6*6=36
1*7=7    2*7=14   3*7=21   4*7=28   5*7=35   6*7=42   7*7=49
1*8=8    2*8=16   3*8=24   4*8=32   5*8=40   6*8=48   7*8=56   8*8=64
1*9=9    2*9=18   3*9=27   4*9=36   5*9=45   6*9=54   7*9=63   8*9=72   9*9=81
Press any key to continue
```

5.5　break 和 continue 语句

为了使循环控制更加灵活,使用 break 语句强行结束循环,或使用 continue 语句跳过循环体其余语句,转向循环继续条件的判定语句。

5.5.1　break 语句

break 语句是限定转向语句,它是流程跳出所在的循环结构,转而执行该循环体之后的第一条语句。在前面 switch 语句学习时,已经接触到 break 语句,在 case 子句执行完后,通过 break 语句使控制立即跳出 switch 结构。

break 语句对循环语句执行过程的影响如图 5-7 所示。

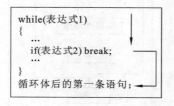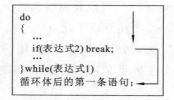

图 5-7　break 语句对循环语句执行的影响示例图

说明:(1) break 语句只能用于由 while 语句、do-while 语句或 for 语句构成的循环结构中和 switch 语句中。

(2) 在嵌套循环的情况下,break 语句只能终止并跳出包含它的最近一层的循环体。

【例 5-5】　求 3～100 之间的所有素数。

分析　(1)素数是只能被 1 和它本身整除的自然数。

(2)判断自然数 i 是否为素数,即用该数依次除以从 2～i−1 的数,只要能被其中的任何一个数整除,则说明 i 不是素数。

(3)要求出 3～100 之间的素数需要用到循环嵌套。外层循环用来控制 3～100 之间的自然数(for(i=3;i<=100;i++)),内层循环用来控制除数的取值从 2～i−1(for(j=2;j<=i−1;j++))。

(4)判断 i%j==0 是否成立,如果成立即存在数 j 可以整除 i,则说明 i 不是素数,j 之后的数不需要再测试,内层循环结束,通过 break 语句跳出循环,转而执行内层循环之外的第一条语句,也就是外层循环的语句。

具体程序如下：

```c
#include <stdio.h>
void main()
{   int i,j;
    for(i=3;i<=100;i++)
    {
            for(j=2;j<=i-1;j++)
                if(i%j==0)break;
            if(i==j)printf("%4d",i);
    }
        printf("\n");
}
```

程序运行结果：

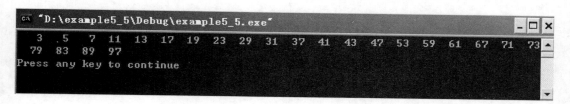

5.5.2　continue 语句

continue 语句被称为继续语句，该语句的功能是使本次循环提前结束，即跳过循环体中 continue 语句后尚未执行的循环体语句，继续进行下一次循环条件的判断。与 break 语句不同，continue 语句只结束本次循环的执行，并不终止整个循环的执行。

continue 语句对循环语句执行过程的影响如图 5-8 所示。

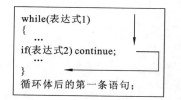 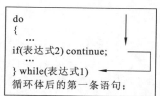 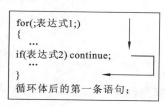

图 5-8　continue 语句对循环语句执行的影响示例图

说明：

（1）continue 语句只能用于由 while 语句、do-while 语句或 for 语句构成的循环结构中。

（2）在嵌套循环的情况下，continue 语句只对包含它的最内层的循环体语句起作用。

【例 5-6】　输入 10 个整数，将正整数累加求和。

分析　（1）多个正整数的和用变量 s 存放；

（2）当遇到输入的值 j<0 时，不累计到 s 中，此时需要使用 continue 语句跳过 s=s+j 的语句，转而进行下一次循环条件的判断。

程序算法流程图如 5-9 所示。具体程序如下：

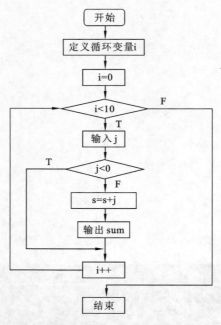

图 5-9　例 5-6 算法流程图

```
#include<stdio. h>
  void main()
{   int i,j,s=0;
 printf("please enter 10 integer");
 for(i=0;i<10;i++)
 {
         scanf("%d",&j);
         if(j<0)continue;
         s=s+j;
 }
      printf("sum is %d",s);
}
```

程序运行结果：

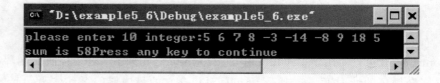

5.6　循环结构程序设计举例

【例 5-7】　从键盘两个整数，求其最大公约数和最小公倍数。

分析　辗转相除法。

（1）以其中一个数作被除数，另一个数作除数，相除求余数。

（2）若余数不为 0，则以上一次的除数作为新的被除数，以上一次的余数作为新的除数，继续求余数。

（3）直至余数为 0 时，对应的除数就是最大公约数。

具体程序如下：

```
# include<stdio.h>
  void main()
{  int m,n,r,g,h,p;
    scanf("%d%d",&m,&n);
        p=m*n;
        while((r=m%n)! =0)        /* 余数不为零时循环 */
        {m=n;                     /* 以上一次的除数作为新的被除数 */
        n=r;                      /* 以上一次的余数作为新的除数 */
        }
        g=n;                      /* 余数为零时的除数即最大公约数 */
        h=p/g;                    /* 两数之积除以最大公约数就是最小公倍数 */
    printf("g=%d,h=%d\n",g,h);
}
```

程序运行结果：

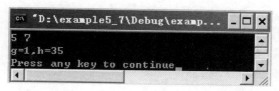

【例 5-8】 求出所有的水仙花数并输出（水仙花数是各位数字立方之和等于该数本身的三位整数，例如：$153=1^3+5^3+3^3$）。

分析 （1）如何分离三位数的每一位是本题的关键。

（2）分离个位上的数字，需将此三位数和 10 求余；分离十位上的数，将此三位数除以 10，然后再将得到的结果和 10 进行求余；分离百位上的数字，只需将此三位数除以 100 即可。

（3）由水仙花的特点知必须要求证每一个三位数是否符合条件，则应选用 for 循环语句控制数字的选取。

具体程序如下：

```
# include<stdio.h>
  void main()
{  int x,a,b,c;
    printf("水仙花数是:\n");
      for(x=100;x<=999;x++)
        {  a=x/100;              /* x 的百位 */
          b=x%100/10;            /* x 的十位 */
          c=x%10;                /* x 的个位 */
        if(a*a*a+b*b*b+c*c*c==x)
          printf("%d\n",x);
        }
}
```

程序运行结果：

【例 5-9】 从键盘输入一批字符（以@结束），按要求加密并输出。

加密规则：

（1）所有字母均转换为小写。

（2）若是字母'a'到'y'，则转化为下一个字母。

（3）若是'z'，则转化为'a'。

（4）其他字符，保持不变。

具体程序如下：

```
#include<stdio.h>
    void main()
{   char ch;
    while((ch=getchar())! ='@')
    {   if(ch>='a'&&ch<='y')
            ch=ch+1;
        else if(ch>='A'&& ch<='Y')
        ch=ch+32+1;
            else if(ch>='z'||ch<='Z')
                ch='a';
        putchar(ch);
        }
    printf("\n");
}
```

程序运行结果：

<h1 align="center">习 题 五</h1>

一、选择题

1. 以下四个关于 C 语言的论述中，一个是错误的是（　　）。

A. 可以用 while 语句实现的循环，一定可以用 for 语句实现

B. 可以用 for 语句实现的循环，一定可以用 while 语句实现

C. 可以用 do-while 语句实现的循环，一定可以用 while 语句实现

D. do-while 语句与 while 语句的区别仅是关键字"while"出现的位置不同

2. 在 while(x)中的 x 与下面条件表达式等价的是（　　）。

　　A. x＝＝0　　　　　B. x＝＝1　　　　　C. x！＝1　　　　　D. x！＝0

3. 执行语句 for(i＝10;i－－＞3;);后,变量 i 的值为（　　）。

　　A. 2　　　　　　　B. 3　　　　　　　C. 4　　　　　　　D. 5

4. 以下不构成无限循环的语句或语句组是（　　）。

　　A. n＝0;　　　　　　　　　　　　　B. n＝0;

　　　　do{＋＋n;}while(n＜＝0);　　　　　while(1){n++;}

　　C. n＝10;　　　　　　　　　　　　　D. for(n＝0,i＝1;;i++)n+＝i;

　　　　while(n);　　　　　　　　　　　　　{n－－;}

5. 若 int a＝5;则执行以下语句后打印的结果为（　　）。

　　do{

　　　　printf("%2d\n",a－－);

　　}while(! a);

　　A. 5　　　　　　　　　　　　B. 不打印任何内容

　　C. 4　　　　　　　　　　　　D. 陷入死循环

6. 阅读以下程序:

```
#include <stdio.h>
void main()
{
    int y=10;
    while(y--);printf("y=%d\n",y);
}
```

程序执行后的输出结果是（　　）。

　　A. y＝0　　　　　　B. y＝－1　　　　　C. y＝1　　　　　D. while 构成无限循环

7. 要求通过 while 循环不断读入字符,当读入字母 N 时结束循环。若变量已正确定义,以下正确的程序段是（　　）。

　　A. while((ch＝getchar())!＝'N')printf("%c",ch);

　　B. while(ch＝getchar()!＝'N')printf("%c",ch);

　　C. while(ch＝getchar()＝＝'N')printf("%c"),ch);

　　D. while((ch＝getchar())＝＝'N')printf("%c",ch);

8. 阅读以下程序:

```
#include "stdio.h"
void main()
{
    int y=9;
    for(;y>0;y--)
        if(y%3==0) printf("%d",--y);
}
```

程序的运行结果是（　　）。

　　A. 741　　　　　　　B. 963　　　　　　C. 852　　　　　D. 875421

9. 阅读以下程序：

```
#include "stdio.h"
void main()
{
    int i=5；
    do
        {if(i%3==1)
            if(i%5==2)
                {printf(" * %d",i);break;}
            i++；
        }while(i! =0)；
    printf("\n")；
}
```

程序的运行结果是( )。

A. * 7   B. * 3 * 5   C. * 5   D. * 2 * 6

10. 阅读以下程序：

```
#include "stdio.h"
void main()
{
    int x=8；
    for(；x>0；x——)
    {if(x%3)
        {printf("%d,",x——)；continue;}
        printf("%d,",——x)；
    }
}
```

程序的运行结果是( )。

A. 7,4,2   B. 8,7,5,2,   C. 9,7,6,4,   D. 8,5,4,2,

11. 阅读以下程序：

```
#include "stdio.h"
void main()
{
    int i,j；
    for(i=3；i>=1；i——)
    {
        for(j=1；j<=2；j++)  printf("%d",i+j)；
        printf("\n")；
    }
}
```

程序的运行结果是( )。

A. 2 3 4   B. 4 3 2   C. 2 3   D. 4 5

      3 4 5   5 4 3   3 4   3 4

                                              4 5   2 3

12. 阅读以下程序：

```
#include <stdio.h>
void main()
{
    int i,j;
    for(i=1;i<4;i++)
    {
        for(j=i;j<4;j++)
            printf("%d*%d=%d",i,j,i*j);
        printf("\n");
    }
}
```

程序运行后的输出结果是(　　)。

A. 1*1=1　　1*2=2　　1*3=3
　　2*1=2　　2*2=4
　　3*1=3

B. 1*1=1　　1*2=2　　1*3=3
　　2*2=4　　2*3=6
　　3*3=9

C. 1*1=1
　　1*2=2　　2*2=4
　　1*3=3　　2*3=6　　3*3=9

D. 1*1=1
　　2*1=2　　2*2=4
　　3*1=3　　3*2=6　　3*3=9

13. 阅读以下程序：

```
#include "stdio.h"
void main()
{
    int i,j,m=55;
    for(i=1;i<=3;i++)
        for(j=3;j<=i;j++)   m=m%j;
    printf("%d\n",m);
}
```

程序的运行结果是(　　)。

A. 0　　　　　　B. 1　　　　　　C. 2　　　　　　D. 3

14. 下面循环体的执行次数是(　　)。

```
main()
{ int i,j;
    for(i=0,j=1;i<=j+1;i+=2,j--)printf("%d\n",i);
}
```

A. 3　　　　　　B. 2　　　　　　C. 1　　　　　　D. 0

15. 以下叙述正确的是(　　)。

A. do-while 语句构成的循环不能用其他语句构成的循环来代替。

B. do-while 语句构成的循环只能用 break 语句退出。

C. 用 do-while 语句构成的循环,在 while 后的表达式为非零时结束循环。

D. 用 do-while 语句构成的循环,在 while 后的表达式为零时结束循环。

16. 阅读以下程序：

```
main()
{ int i,sum;
    for(i=1;i<=3;sum++) sum+=i;printf("%d\n",sum);
}
```

程序的执行结果是(　　)。

    A.6　　　　　　B.3　　　　　　C.死循环　　　　D.0

17. 阅读以下程序:

```
main()
{    int x=23;
    do {printf("%d",x——);}
    while(! x);
}
```

程序的执行结果是(　　)。

    A.321　　　　　　　　　　　B.23

    C.不输出任何内容　　　　　　D.陷入死循环

18. 阅读以下程序:

```
main()
{ int n=9;
    while(n>6){n——;printf("%d",n);}
}
```

程序的输出结果是(　　)。

    A.987　　　　　B.876　　　　　C.8765　　　　D.9876

19. 以下程序执行后 sum 的值是(　　)。

```
main()
{ int i,sum;
    for(i=1;i<6;i++)sum+=i;
    printf("%d\n",sum);}
```

    A.15　　　　　B.14　　　　　C.不确定　　　　D.0

20. 有以下程序段:

```
int x=3;
do
{ printf("%d",x-=2);}while(! (——x));
```

其输出结果是(　　)。

    A.1　　　　　B.3　0　　　　C.1　—2　　　　D.死循环

21. t 为 int 类型,进入下面的循环之前,t 的值为 0。

```
while(t=1)
{……}
```

则以下叙述中正确的是(　　)。

    A.循环控制表达式的值为 0　　　　B.循环控制表达式的值为 1

    C.循环控制表达式不合法　　　　D.以上说法都不对

22. 以下程序的功能是:按顺序读入 10 名学生 4 门课程的成绩,计算出每位学生的平均分并输出。

```
    main()
    {  int n,k;
       float score,sum,ave;
       sum=0.0;
       for(n=1;n<=10;n++)
        { for(k=1;k<=4;k++)
          { scanf("%f",&score);sum+=score;}
          ave=sum/4.0;
          printf("NO%d:%f\n",n,ave);
        }  }
```

上述程序运行后结果不正确,调试中发现有一条语句出现在程序中的位置不正确。这条语句是(   )。

  A. sum=0.0;   B. sum+=score;

  C. ave=sun/4.0;   D. printf("NO%d:%f\n",n,ave);

  23. 若有如下程序段,其中 s、a、b、c 均已定义为整型变量,且 a、c 均已赋值(c 大于 0)

```
       s=a;
       for(b=1;b<=c;b++)s=s+1;
```

则与上述程序段功能等价的赋值语句是(   )。

  A. s=a+b;   B. s=a+c;   C. s=s+c;   D. s=b+c;

  24. 阅读以下程序:

```
    main()
    {  int k=4,n=4;
       for(;n<k;)
       { n++;
         if(n%3!=0) continue;
         k--;}
       printf("%d,%d\n",k,n);}
```

程序运行后的输出结果是(   )。

  A. 1,1   B. 2,2   C. 3,3   D. 4,4

二、填空题

  1. 若有定义:int k;以下程序段的输出结果是＿＿＿＿＿＿＿＿。

  for(k=2;k<6;k++,k++)printf("##%d",k);

  2. 以下程序的输出结果是＿＿＿＿＿＿＿＿。

```
    #include "stdio.h"
    void main()
    {int  n=12345,d;
     while(n!=0){d=n%10;printf("%d",d);n/=10;}
    }
```

  3. 有以下程序段,且变量已正确定义和赋值:

  for(s=1.0,k=1;k<=n;k++) s=s+1.0/(k*(k+1));

  printf("s=%f\n\n",s);

试将下面程序段填充完整,使之与上面的程序段功能完全相同。

```
        s=1.0;k=1;
        while(_____){s=s+1.0/(k*(k+1));_____;}
        printf("s=%f\n\n",s);
```

4. 当执行以下程序时,输入 1234567890<回车>,则其中 while 循环体将执行_____次。

```
#include <stdio.h>
void main()
{
    char ch;
    while((ch=getchar())=='0')   printf("#");
}
```

5. 以下程序的功能是:输出 100 以内(不含 100)能被 3 整除且个位为 6 的所有整数,试将下面的程序段填充完整。

```
#include "stdio.h"
void main()
{
    int i,j;
    for(i=0;_____;i++)
    {
        j=i*10+6;
        if(_____) continue;
        printf("%d",j);
    }
}
```

6. 下面程序的功能是:计算 1~10 之间奇数之和及偶数之和,试将下面的程序段填充完整。

```
#include <stdio.h>
main()
{   int a,b,c,i;
    a=c=0;
    for(i=0;i<10;i+=2)
    {   a+=i;
        _____;
        c+=b;
    }
    printf("偶数之和=%d\n",a);
    printf("奇数之和=%d\n",c-11);
}
```

7. 要使下面的程序段输出 10 个整数,试将程序填充完整。

```
for(i=0;i<=_____;printf("%d\n",i+=2));
```

8. 若输入字符串:abcde<回车>,则以下 while 循环体将执行_____次。

```
While((ch=getchar())=='e')printf("*");
```

9. 以下程序运行后的输出结果是_____。

```
main()
{ int num=0;
```

· 98 ·

```
        while(num<=2)
        { num++;
          printf("%d,",num);
        }
      }
```

10. 若有程序段：

```
      int x=1;
      while(x++<5)
```

则正常结束循环后 x 的值是＿＿＿＿＿＿。

三、读程序写结果

1.
```
    #include<stdio. h>
    void main()
    {
      int i;
      for(i='a';i<'f';i++,i++)
        printf("%c",i-'a'+'A');
      printf("\n");
    }
```

2.
```
    #include <stdio. h>
    void main()
    {
      int k=5,n=0;
      do
      {
        switch(k)
        {
          case 1:case 3:n+=1;break;
          default:n=0;k--;
          case 2:case 4:n+=2;k--;break;
        }
        printf("%d",n);
      }while(k>0&&n<5);
    }
```

3.
```
    #include"stdio. h"
    void main()
    {
      int i;
      long f1,f2;
      f1=1;f2=1;
      for(i=1;i<=4;i++)
      {
        printf("%4ld%4ld",f1,f2);
        if(i%2==0)
```

```
        putchar('\n');
        f1=f1+f2;
        f2=f1+f2;
    }
}
```

4.
```
#include "stdio. h"
void main()
{
   int i,j,sum;
   for(i=3;i>=1;i--)
   {
       sum=0;
       for(j=1;j<=i;j++)sum+=i*j;
   }
   printf("%d\n",sum);
}
```

5.
```
#include"stdio. h"
void main()
{
   int i,j,x=0;
   for(i=0;i<2;i++)
   {
     x++;
     for(j=0;j<=3;j++)
     {
         if(j%2)continue;
         x++;
     }
     x++;
   }
   printf("x=%d\n",x);
}
```

四、编程题

1. 编程求 $1+\dfrac{1}{3}+\dfrac{1}{5}+\cdots+\dfrac{1}{51}$ 的值,并显示出来。

2. 编程求 $\sin(x)=x-\dfrac{x^3}{3!}+\dfrac{x^5}{5!}-\dfrac{x^7}{7!}+\cdots$,直到最后一项的绝对值小于 10^{-6} 时,停止计算。 x 的值由键盘输入。

3. 编程显示如下图形。

```
        *
      *   *
    *   *   *
  *   *   *   *
*   *   *   *   *
```

4. 用一元纸币兑换一分、两分和五分的硬币,要求兑换硬币的总数为 50 枚,问共有多少种换法? 每种换法中各种硬币分别为多少?

5. 编程实现以下功能:计算输入正文中字符个数、行数及单词个数。这里单词个数是指不含有空格符、换行符或制表符的字符串。

6. 编程用牛顿迭代法求方程 $f(x) = 2x^3 - 4x^2 + 3x - 6 = 0$ 在 $x = 1.5$ 附近的根,要求误差小于 10^{-3}。其中:牛顿迭代公式为

$$x_{k+1} = x_k - f(x_k)/f'(x_k)$$
$$f(x) = 2x^3 - 4x^2 + 3x - 6$$
$$f'(x) = 6x^2 - 8x + 3$$

7. 编程实现:显示 200 以内的完全平方数与完全平方数的个数。

(完全平方数是指:将一个三位数用 ABC 表示,则 $A^2 + B^2 = C^2$ 或 $A^2 + C^2 = B^2$ 或 $B^2 + C^2 = A^2$ 时 ABC 称完全平方数)

8. 统计在 [1030-25830] 之间有多少个数能同时被 13 和 27 整除。

第6章 数　组

核心内容：

　1. 一维数组的定义、赋值与引用

　2. 二维数组的定义、初始化与引用

　3. 字符数组的定义、初始化与引用

　4. 字符串的输入、输出和字符串常用函数

6.1 数组的概念

6.1.1 数组的引入

【例 6-1】 编写一个 C 程序，要求处理一个班 30 个学生的计算机基础考试成绩，计算出班级平均成绩，然后统计高于平均成绩的人数。

用前面介绍过的简单变量的使用和循环结构相结合的方法，处理平均成绩程序代码为：

```
{   int i,a;
    float aver,sum;
    sum=0;
    for(i=1;i<=30;i++)
    {
        scanf("%d",&a);
        sum=sum+a;
    }
    aver=sum/30;
}
```

该程序代码处理平均成绩没有问题，但若要统计高于平均成绩的人数，则不能实现。为什么呢？因为代码段中 a 是一个简单变量，只能放一个学生的成绩。在循环体内输入下一个学生的成绩，就把上一个学生的成绩冲掉了。因此，程序运行结束时，a 变量的存储单元中只存放了最后一个学生的成绩。为了求出高于平均成绩的人数，必须把这 30 个学生的成绩都保存在存储器中，在需要使用时直接引用。

若要保存这 30 个学生的成绩，按照前面所学的方法，需要设置 30 个简单变量，分别命名为 a1，a2，…，a30，并分别给它们赋值。且要计算平均成绩，并求出高于平均成绩的人数，则程序的编写工作量将难以忍受，况且，这个题目中，只有 30 个学生，如果是 3000 个、30000 个该如何处理呢？显然用简单变量是不现实的。C 语言提供了一种构造数据类型——数组，利用数组中的下标变量来实现，数组的引入将给程序设计带来很多方便，它与循环语句配合使用，可以使程序简化，对于成批数据的存储和处理尤为有效。

6.1.2　数组的概念

1. 数组和数组元素

数组是有序数据的集合,若干个相同数据类型的变量集合称为数组。实际上数组是由多个有关联的相同数据类型的变量组成。在数组中用一个统一的数组名和下标来唯一地确定数组中的元素。

数组中的每一个变量称为数组元素,也称下标变量。

例如:一个班有 50 个学生,班号是 50 个学生共有的,该班的每一个学生用班号带学号就可以唯一地表示出来。表示数组中元素也是采用类似的方法。

2. 数组的维数

数组中能够唯一确定数组元素的下标个数称为数组的维数。只用一个下标就能区分数组中的不同元素的数组称为一维数组;要用两个下标才能区分数组中的不同元素的数组称为二维数组,如:一个有行有列的表格中的数据就需要用二维数组来表示。若要处理一个空间坐标点,那就需要用三维数组来表示了。

数组中包含的数组元素的个数称为数组的长度,当程序中定义了一个数组后,其数组的长度也就确定了。

3. C 语言的数组分类

根据数组元素的类型,数组可以分为数值型数组、字符型数组、指针型数组和构造类型数组等。

6.2　一维数组的定义和引用

6.2.1　一维数组的定义

在 C 语言中使用数组必须先进行数组定义。一维数组定义的一般形式为:

　类型说明符 数组名[常量表达式];

说明:

• 类型说明符可以是任一种基本数据类型或构造数据类型,它说明了数组的类型,即表明了该数组中的所有数组元素的类型。

• 数组名用标识符表示,由用户自己定义。例如:

int a[10];　　　　　 /* 定义了一个整型数组 a,有 10 个元素 */。

float b[10],c[20];　 /* 定义一个有 10 个元素的实型数组 b,有 20 个元素的实型数组 c */

char ch[20];　　　　 /* 定义字符数组 ch,有 20 个元素 */

这些都是正确的一维数组定义形式。

• 数组名不能与其他变量名相同,例如:

int a;

float a[10];

是错误的,原因是变量 a 与数组 a 同名了。

• 方括号[ ]在数组中是一个运算符,称为下标运算符。

- 常量表达式的值表示数据元素的个数,也称为数组的长度(或体积)。
- 常量表达式可以为整型常数或符号常数,不能是变量。
- 数组定义后,数组的类型、体积、维数就都已经确定了。例如:

```
# define FD 5
main()
{
    int a[3+2],b[7+FD];
    ……
}
```

是合法的。但是下述说明方式是错误的:

```
main()
{
    int n=5;
    int a[n];
    ……
}
```

出错原因是 n 是变量。

- 允许在同一个类型定义中,定义多个数组和多个变量。例如:

```
int a,b,c,d,k1[10],k2[20];
```

是允许的。

6.2.2 一维数组元素的引用

数组必须先定义,后使用,定义的是数组,使用的是数组元素。C 语言规定只能逐个引用数组元素而不能一次引用整个数组。数组元素的标识方法为数组名后跟一个下标。下标表示了元素在数组中的顺序号。数组元素的表示形式为:

数组名[下标]

说明:

- 下标只能为大于或等于 0 的整型常量或整型表达式。如为非整数时,C 编译器将自动取整。例如:a[5],a[i+j],a[i++]都是合法的数组元素。
- C 语言规定数组元素的下标从 0 开始,第一个元素的下标值为 0,第 n 个元素的下标值为 n-1。
- 数组元素的下标值不能超过数组定义时的下标界,若超过后称为下标越界,越界后的数组元素值是不确定的。
- 定义数组时方括号中的下标与引用数组元素时的下标意义是不同的,前者表示的是数组大小,后者表示的是元素在数组中的位置。

【例 6-2】 将指定数组中的元素值逆向输出。

分析 先用 for 循环依次给数组元素赋值为 1 开始的奇数值,再用 for 循环从后到前(下标从大到小)输出数组元素值。

程序流程图如图 6-1 所示。

根据流程图写出程序如下:

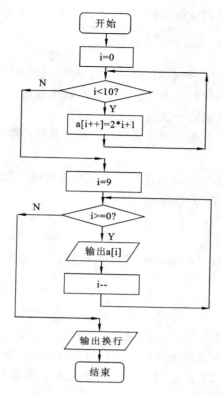

图 6-1　引用一维数组元素程序流程图

```c
#include<stdio.h>
  void main()
{   int i,a[10];
   for(i=0;i<10;) a[i++]=2*i+1;
     for(i=9;i>=0;i--)printf("%3d",a[i]);
           printf("\n");
           return 0;
}
```

程序运行结果：

本例中定义了一个整型数组 a,共有 10 个元素,用一个循环语句

　　for(i=0;i<10;)a[i++]=2*i+1;

给 a 数组各元素送入奇数值。显然,a 数组中的元素值为:

a[0]	a[1]	a[2]	a[3]	a[4]	a[5]	a[6]	a[7]	a[8]	a[9]
1	3	5	7	9	11	13	15	17	19

然后用第二个循环语句实现逆向输出,即按下标从大到小的次序输出各个数组元素。

6.2.3 一维数组的赋值

在定义了一个数组后,数组中的元素的值是不确定的。给数组元素赋值的常用方法有三种:

(1) 在定义数组的同时给数组元素赋值——数组的初始化。

(2) 用赋值语句给数组元素逐个赋值。

(3) 用输入函数从键盘或数据文件中读取数据放入对应的数组元素中——动态赋值。

1. 一维数组的初始化

数组初始化赋值是指在数组定义时给数组元素赋予初值。数组初始化是在编译阶段进行的。这样将减少运行时间,提高效率。

数组初始化的一般形式为:

　　类型说明符 数组名[常量表达式]={值1,值2,……,值n};

在{}中的各数据值即为各元素的初值,各值之间用逗号间隔。例如:

　　int a[10]={0,1,2,3,4,5,6,7,8,9};

结果是:a[0]=0　a[1]=1　a[2]=2　a[3]=3　a[4]=4

　　　　a[5]=5　a[6]=6　a[7]=7　a[8]=8　a[9]=9

C 语言对数组的初始化有以下几点规定:

(1) 可以对数组中的所有元素赋初值。此时{}中的值的个数与数组中元素个数相同。

(2) 可以只给部分元素赋初值。当{}中值的个数少于元素个数时,只给前面部分元素赋值。例如:

　　int a[10]={0,8,3,7,5};

结果是:a[0]=0　a[1]=8　a[2]=3　a[3]=7　a[4]=5

　　　　a[5]=0　a[6]=0　a[7]=0　a[8]=0　a[9]=0

(3) 只能给元素逐个赋值,不能给数组整体赋值。例如给十个元素全部赋 1 值,只能写为:

　　int a[10]={1,1,1,1,1,1,1,1,1,1};

(4) 如果希望一个数组中的全部元素值为 0,可以写为:

　　int a[10]={0};

(5) 如给全部元素赋值,则在数组定义中,可以不给出数组元素的个数。例如:

　　int a[5]={1,2,3,4,5};

可写为:

　　int a[]={1,2,3,4,5};

2. 动态赋值

动态赋值是指在程序执行过程中,利用循环语句配合 scanf 函数逐个对数组元素赋值。

6.2.4 一维数组的输入和输出

一维数组不能整体输入、输出,必须使用循环语句配合输入、输出函数实现。例如一维数组的输入一般形式是:

　　int i,a[10];　　　/*定义循环变量i并定义整型数组 a,其长度是 10*/

　　for(i=0;i<10;i++)scanf("%d",&a[i]);

这里要说明的是:

（1）数组元素（下标变量）可以当作普通变量使用。

（2）在 for 循环语句中，循环变量的初值应该是 0，并且注意循环条件，一般是"循环变量＜数组长度"（本例中是"i＜10"），而不是"循环变量＜＝数组长度"，一般不能加等号。前面已经提到，在数组 a 中不存在 a[10]这个元素，故不能加等号。

一维数组的输出形式与此类似，只不过是把数组元素（下标变量）当做普通变量来使用，使用 printf 函数输出它们。其一般形式是：

```
int i,a[10];
……
for(i=0;i<10;i++)printf("%4d",a[i]);      /* 依次输
出数组中元素 */
```

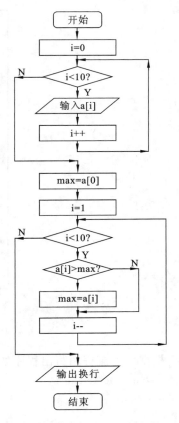

【例 6-3】 对数组元素逐个赋值并输出最大元素。

分析 先将数据从键盘输入到数组 a 中，可以使用 for 循环配合 scanf 函数实现。在程序中设一整型变量 max 存放数组元素最大值，并令其为 a[0]，然后使用 for 循环让数组 a 中的元素逐个与 max 比较，若数组元素比 max 大，则将其送到 max 中。

程序流程图如图 6-2 所示。根据流程图写出程序如下：

```
#include<stdio.h>
main()
{
    int i,max,a[10];
    printf("input 10 numbers:\n");
    for(i=0;i<10;i++) scanf("%d",&a[i]);
    max=a[0];
    for(i=1;i<10;i++)
       if(a[i]>max) max=a[i];
    printf("maximum=%d\n",max);
    return 0;
}
```

图 6-2　给数组元素赋值程序流程图

程序运行结果：

【例 6-4】 从键盘输入数组 10 个元素并按大到小排序并输出。

分析 本题目可以采用选择法排序。排序时采用两层 for 循环嵌套实现，第 i 次外循环处理第 i 个数组元素 a[i]及后面的数组元素，令 p 为 i，q 为 a[i]，然后在内循环中把 a[i]后面的数组元素逐个与 q 比较，若某个数组元素大于 q，则令 p 为该数组元素编号，q 为该数组元素值。内循环结束后，p 指向这些数组元素中的最大者，若 p 不等于 i，交换 q 与 a[i]，这样这些

数组元素的最大者移到 a[i]，并且输出 a[i]。接着下一次外循环处理 a[i+1]及其后面元素。

程序流程图如图 6-3 所示。

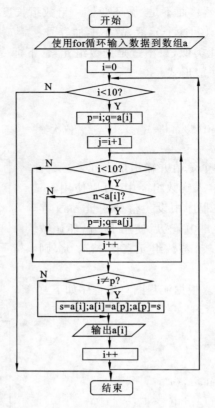

图 6-3 对数组元素排序程序流程图

根据以上流程图写出程序如下：

```c
#include<stdio.h>
main()
{
    int i,j,p,q,s,a[10];                    /*定义数组*/
    printf("input 10 numbers:\n");
    for(i=0;i<10;i++)scanf("%d",&a[i]);     /*输入数组*/
    for(i=0;i<10;i++){
      p=i;                                  /*p为索引,指向要处理的数组元素的第一个*/
      q=a[i];                               /*q为要处理首数组元素值*/
      for(j=i+1;j<10;j++)                   /*找出待处理元素中最大者*/
        if(q<a[j]) {p=j;q=a[j];}            /*p指向该最大元素*/
      if(i! =p)
        {                                   /*如果a[i]不是待处理元素中最大者,则交换*/
        s=a[i];
        a[i]=a[p];
        a[p]=s;
        }
```

```
                printf("%4d",a[i]);                    /* 输出当前最大元素 */
            }
        printf("\n");
        return 0;
    }
```
程序运行结果：

6.3 二维数组的定义和引用

6.3.1 二维数组的定义

在实际问题中有很多量是用一个二维表来表示的，例如矩阵，在 C 语言中用二维数组来处理。二维数组定义的一般形式是：

    类型说明符 数组名[常量表达式1][常量表达式2]；

其中：常量表达式 1 表示第一维下标的长度，常量表达式 2 表示第二维下标的长度。例如：

    int a[3][4]；

定义了一个三行四列的数组，数组名为 a，其元素的类型为整型。该数组的元素共有 3×4 个，即：

    a[0][0],a[0][1],a[0][2],a[0][3],

    a[1][0],a[1][1],a[1][2],a[1][3],

    a[2][0],a[2][1],a[2][2],a[2][3]

习惯上，把所有第一维坐标相同的元素称为行，把所有第二维坐标相同的元素称为列。例如，上面定义的数组中，a[0][0]、a[0][1]、a[0][2]、a[0][3]构成第 0 行，a[1][0]、a[1][1]、a[1][2]、a[1][3]构成第 1 行等。

6.3.2 二维数组在计算机内存中的存放次序

二维数组在概念上是二维的，即是说其下标在两个方向上变化，数组元素在数组中的位置也处于一个平面之中，而不像一维数组只是一个向量。但是，实际上硬件存储器却是连续编址的，也就是说存储器单元是按一维线性排列的。如何在一维存储器中存放二维数组，可有两种方式：一种是按行序优先的次序存放的，即放完一行之后顺次放入下一行；另一种是按列序优先的次序存放的，即放完一列之后再顺次放入下一列。

在 C 语言中，二维数组是按行序优先的次序存放的。例如，对于前面定义的数组 a，按行序优先的次序在内存中的存储映像如图 6-4 所示（假设数组 a 的内存单元的起始地址是 4002）。

对二维数组 a，也可以这样去理解：a 数组是由三个特殊的一维数组 a[0]、a[1]、a[2]组成，元素 a[0]、a[1]、a[2]又分别是一个一维数组，a[0]包括 a[0][0]、a[0][1]、a[0][2]三个元素，依次类推。数组 a 的构成关系可用图 6-5 表示。

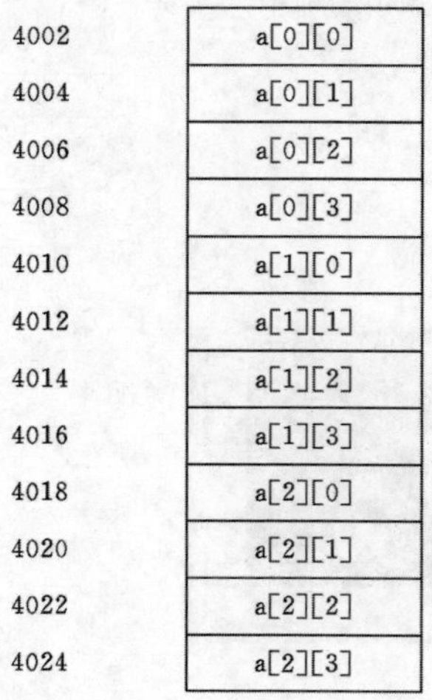

4002	a[0][0]
4004	a[0][1]
4006	a[0][2]
4008	a[0][3]
4010	a[1][0]
4012	a[1][1]
4014	a[1][2]
4016	a[1][3]
4018	a[2][0]
4020	a[2][1]
4022	a[2][2]
4024	a[2][3]

a[0] → a[0][0] a[0][1] a[0][2]
a[1] → a[1][0] a[1][1] a[1][2]
a[2] → a[2][0] a[2][1] a[2][2]

图 6-4　数组 a[3][4] 的存储结构图 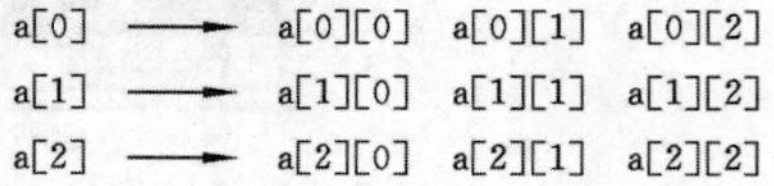　　　图 6-5　数组 a 的构成关系

了解了一维数组、二维数组的定义,就不难推出多维数组的定义。例如:

　　　int b[2][2][3];

定义了一个三维整型数组 b。对三维数组 b,可以认为其是一个广义的一维数组,它有两个元素 b[0]、b[1],每一个元素都是一个 2×3 的二维数组。对元素 b[0],可以把它看成是一个二维数组名,它的 6 个元素分别是:

　　　b[0][0][0]　　b[0][0][1]　　b[0][0][2]
　　　b[0][1][0]　　b[0][1][1]　　b[0][1][2]

同样,也可以把元素 b[1] 看成是一个二维数组名,读者可以自己写出 b[1] 的 6 个元素。

在数组定义时,多维数组的维从左到右第一个“[]”称为第一维,第二个“[]”称为第二维,以此类推。多维数组元素在内存中存储时排列顺序:先变最右边的下标,再依次变化左边的下标。

6.3.3　二维数组元素的引用

二维数组的元素表示的形式为:

　　　数组名[下标][下标]

其中下标应为整型常量或整型表达式,是该元素在数组中的位置标识,可以是常量、变量或表达式。例如:a[3][4] 表示 a 数组三行四列的元素。

与一维数组类似,二维数组的每个元素也都可以作为一个变量来使用。

【例 6-5】　一个学习小组有 5 个人,每个人有三门课的考试成绩,如下表所示。求全组各科的平均成绩和各科总平均成绩。

姓名	高等数学	C 语言程序设计	英语
张三	80	75	92
王芳	61	65	71
李云	59	63	70
赵荻	85	87	90
周林	76	77	85

可设一个二维数组 a[5][3]存放 5 个人三门课的成绩。再设一个一维数组 v[3]存放所求得各科平均成绩，设变量 ls 为全组各科总平均成绩。对二维数组元素常采用两重 for 循环嵌套实现。

程序流程图如图 6-6 所示。

根据流程图写出程序如下：

```c
#include <stdio.h>
main()
{
    int i,j;
    float s=0,ls,v[3],a[5][3];
    printf("Please input score:\n");
    for(i=0;i<3;i++){
        for(j=0;j<5;j++)
        {
            scanf("%f",&a[j][i]);
            s=s+a[j][i];
        }
        v[i]=s/5;
        s=0;
    }
    ls=(v[0]+v[1]+v[2])/3;
    printf(" math:% 4. 1f\nclanguag:% 4. 1f\ndbase:%4.1f\n",v[0],v[1],v[2]);
    printf("total:%4.1f\n",ls);
    return 0;
}
```

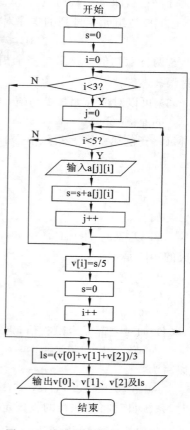

图 6-6　统计学生各科平均成绩和总平均成绩的程序流程图

程序运行结果：

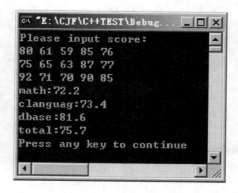

6.3.4　二维数组的初始化

二维数组初始化有下面几种方法。设对数组"int a[5][3]"进行初始化：

（1）分行给二维数组赋初值。可写为

int a[5][3]={{80,75,92},{61,65,71},{59,63,70},{85,87,90},{76,77,85}};

这种赋初值的方法直观，将第一个花括号内的数据给第一行，将第二个花括号内的数据给第二行,……,即按行赋初值。

（2）按数组元素排列的次序对各元素赋初值。可写为

    int a[5][3]={80,75,92,61,65,71,59,63,70,85,87,90,76,77,85};

这两种赋初值的结果是完全相同的,但是第二种方法没有第一种方法直观,不易检查出现的错误。

（3）可以对部分元素赋初值,未赋初值的元素自动取 0 值。例如:

    int a[3][3]={{1},{2},{3}};

是对每一行的第一列元素赋值,未赋值的元素自动取 0 值。形成的矩阵是:

    1 0 0
    2 0 0
    3 0 0

又如:

    int a [3][3]={{0,1},{0,0,2},{3}};

形成的矩阵是:

    0 1 0
    0 0 2
    3 0 0

（4）如对全部元素赋初值,则第一维的长度可以不给出。例如:

    int a[3][3]={1,2,3,4,5,6,7,8,9};

可以写为:

    int a[][3]={1,2,3,4,5,6,7,8,9};

此时,系统自动将第一维的长度定义为 3.

6.3.5 二维数组的输入和输出

与一维数组类似,二维数组也不能整体输入、输出。

二维数组的输入采用 scanf 函数实现,但与一维数组输入不同,要用两重 for 循环嵌套。例如用键盘给二维数组 a[5][3]输入数据可以使用如下形式:

```
int a[5][3];
int i,j;
for (i=0;i<5;i++)
    for (j=0;j<3;j++)
        scanf("%d",&a[i][j]);
```

循环变量的初值为 0,最大值为数组长度减一。

二维数组的输出为使用两重 for 循环配合 printf 语句实现。例如输出二维数组 a[5][3]可以使用如下形式:

```
int a[5][3];
int i,j;
……
for(i=0;i<5;i++)
    for(j=0;j<3;j++)
        printf("%d",a[i][j]);
```

从文件读取数据到数组和将数组数据输出到文件的方法与上面方法类似,只不过采用不

同的输入、输出函数,请读者自行推断。

【例 6-6】 求如下的 4×4 矩阵转置矩阵。

1	3	5	7		1	9	17	25
9	11	13	15	转置→	3	11	19	27
17	19	21	23		5	13	21	29
25	27	29	31		7	15	23	31

分析 使用二维数组来处理矩阵问题很方便,而二维数组经常是使用两重循环来处理矩阵,外循环处理行,内循环处理一行内的元素。定义两个二维数组 a、b 分别存放原矩阵和转置后的矩阵,数组中矩阵输出都用两个 for 循环嵌套配合 printf 语句完成。求转置矩阵也是使用两个 for 循环嵌套完成。

源程序如下:

```c
#include <stdio.h>
main()
{
    int i,j;
    int a[4][4]={{1,3,5,7},{9,11,13,15},{17,19,21,23},
    {25,27,29,31}},b[4][4];
    /* output original matrix */
    printf("the original matrix:\n");
    for(i=0;i<4;i++)
    {
        for(j=0;j<4;j++)printf("%4d",a[i][j]);
        prinft("\n");/* new line */
    }
    for(i=0;i<4;i++)
        for(j=0;j<4;j++)b[j][i]=a[i][j];/* swap */
    printf("the result matrix:\n");
    for(i=0;i<4;i++)/* output */
    {
        for(j=0;j<4;j++)printf("%4d",b[i][j]);
        printf("\n");
    }
    return 0;
}
```

程序运行结果:

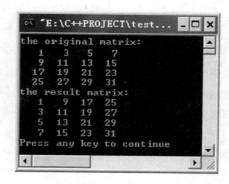

6.4 字 符 数 组

用来存放字符量的数组称为字符数组。字符数组的一个元素存放一个字符。

6.4.1 字符数组的定义

字符数组定义的形式与前面介绍的相同,形式为:

  char 数组名[常量表达式];

例如:

  char c[10];

字符数组也可以是二维或多维数组.二维字符数组的定义形式为:

  char 数组名[常量表达式1][常量表达式2];

例如:

  char c[5][10];

即为二维字符数组。

多维字符数组的定义形式读者可以自行推断出来。

由于字符型和整型通用,也可以定义为

  int c[10];

但这时每个数组元素占2个字节的内存单元,浪费存储空间。

6.4.2 字符数组的初始化

字符数组也允许在定义时作初始化赋值。例如:

  char c[10]={'c',' ','p','r','o','g','r','a','m'};

赋值后各元素的值为:c[0]='c',c[1]=' ',c[2]='p',c[3]='r',c[4]='o',c[5]='g',c[6]='r',c[7]='a',c[8]='m',c[9]='\0',其中 c[9]未赋值,由系统自动赋予 0 值。即如果初值个数小于数组长度,则只将这些值赋给数组前面的那些元素,后面元素自动定为空字符('\0',ASCII 码为 0)。

当对字符数组全体元素赋初值时也可以省去数组长度,例如:

  char c[]={'c',' ','p','r','o','g','r','a','m'};

这时 C 数组的长度自动定为 9,等价于:

  char c[9]={'c',' ','p','r','o','g','r','a','m'};

6.4.3 字符数组元素的引用

字符数组元素的引用与前面引用数组元素的方法相同,形式为:

  数组名[数组元素在数组中编号];

【例 6-7】 用 printf 函数输出二维字符数组中两个字符串的例子。

分析 使用两层 for 循环配合 printf 语句逐个输出二维字符数组 a 中的字符,这样最终在显示器上显示 a 数组中两个单词:Basic、dBASE。

程序流程图如图 6-7 所示。

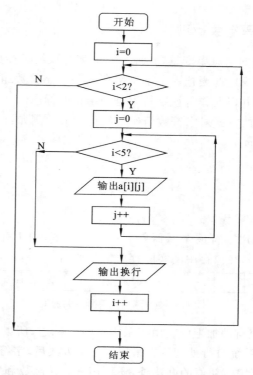

图 6-7　输出二维字符数组中字符串程序流程图

```
#include <stdio.h>
main()
{
    int i,j;
    char a[][5]={{'B','A','S','T','C'},
    {'d','B','A','S','E'}};
    for(i=0;i<2;i++)
    {
        for(j=0;j<5;j++)
            printf("%c",a[i][j]);
        printf("\n");
    }
    return 0;
}
```

程序运行结果：

　　本例的二维字符数组由于在初始化时对全部元素都赋以初值,因此一维下标的长度 2 可以不加以说明。

6.4.4　字符串和字符串结束标志

在 C 语言中没有专门的字符串变量,通常用一个字符数组来存放一个字符串。字符串总是以'\0'作为串的结束符。因此当把一个字符串存入一个字符数组时,也把结束符'\0'存入数组,放在字符串的后面,并以此作为该字符串是否结束的标志。

C 语言允许用字符串的方式对字符数组作初始化赋值。例如:

```
char c[]={"C program"};
```

或去掉{}写为:

```
char c[]="C program";
```

等价于:

```
char c[]={'C',' ','p','r','o','g','r','a','m','\0'};
```

用字符串方式赋值比用字符逐个赋值要多占一个字节,用于存放字符串结束标志'\0'。上面的数组实际长度为 10,在内存中的实际存放情况如图 6-8 所示:

c		p	r	o	g	r	a	m	\0

图 6-8　字符数组 c 存储结构图

'\0'是由 C 编译系统自动加上的。由于采用了'\0'标志,所以在用字符串赋初值时可以不指定数组的长度,而由系统自行处理。在采用字符串方式后,字符数组的输入输出将变得简单方便。除了上述用字符串赋初值的办法外,还可用 printf 函数和 scanf 函数一次性输出、输入一个字符数组中的字符串,而不必使用循环语句逐个地输出、输入每个字符。

【例 6-8】　输出字符数组中字符串的例子。

```
#include <stdio.h>
main()
{
    char c[]="BASIC\ndBASE";
    printf("%s\n",c);
    return 0;
}
```

程序运行结果:

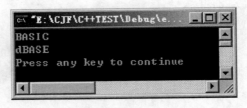

注意在本例的 printf 函数中,使用的格式字符串为"%s",表示输出的是一个字符串,而在输出表列中给出数组名即可,不能写为:

```
printf("%s",c[]);
```

【例 6-9】　使用 scanf 函数输入字符串的例子。

可以用 scanf 函数的%s 格式输入字符串到字符数组中。

```
#include <stdio.h>
main()
```

```
{
    char str[10];
    printf("Please enter a string:\n");
    scanf("%s",str);
    printf("The string is:\n");
    printf("%s\n",str);
    return 0;
}
```

程序运行结果：

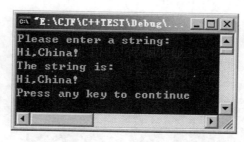

本例中由于定义字符数组 str 长度为 10，因此输入的字符串长度必须小于 10，以留出一个字节用于存放字符串结束标志'\0'。应该说明的是，对一个字符数组，如果不作初始化赋值，则必须说明数组长度。

注意

• 在前面介绍过，scanf 的各输入项必须以地址方式出现，如 &a、&b 等。但在例 6-9 中却是以数组名方式出现的，这是为什么呢？这是由于在 C 语言中规定，数组名就代表了该数组的首元素地址。整个数组的存储区是以首地址对应存储单元开头的一块连续的内存单元。如有字符数组：

char str[10]="C program";

设数组 str 的首地址为 2000，则数组 str 在内存中存储可表示如图 6-9。

数组 str 的首地址为 2000，也就是说 str[0]的存储单元地址为 2000，则数组名 str 就代表这个首元素地址 2000。因此在 str 前面不必再加地址运算符 &，如不必写作 scanf("%s", &str)。在执行函数"printf("%s",str)"时，按数组名 str 找到首地址，然后逐个输出数组中各个字符直到遇到字符串结束标志'\0'为止。

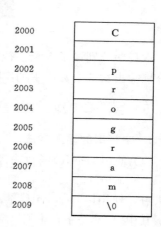

图 6-9 数组 str 的存储结构图

• 当用 scanf 函数输入字符串时，字符串中不能含有空格，否则将以空格作为串的结束符。例如运行例 6-9，假设输入的字符串为：This is a beautiful place，程序运行结果为：

从输出结果可以看出第一个空格以后的字符都未能输入到字符数组 str 中。为了避免这种情况,可多设几个字符数组分段存放含空格的串或用后面要讲到的 gets() 函数。用多个字符数组程序可改写如下:

```
#include <stdio.h>
main()
{
        char str1[10],str2[10],str3[10],str4[10],str5[10];
        printf("Please enter string:\n");
        scanf("%s%s%s%s%s",str1,str2,str3,str4,str5);
        printf("The string is:\n");
        printf("%s %s %s %s %s\n",str1,str2,str3,str4,str5);
        return 0;
}
```

程序运行结果:

本程序分别设了 5 个字符数组,输入的一行字符串的非空格分段分别装入 5 个数组。然后分别输出这 5 个数组中的字符串。

6.4.5　字符串的输入与输出

1. 字符串的输入方法

(1) 使用 scanf() 函数输入字符串。例如:

  char str[14];

可以使用语句"scanf("%s",str);"来输入字符串到数组 str 中。

其中"%s"是字符串格式符,前面已经提到,字符数组名即是字符数组首元素地址即字符数组起始地址,所以输入项地址直接用字符数组名即可。在具体输入时,直接在键盘上输入字符串,最后以回车作为结束输入。系统将输入的字符串的各个字符按顺序赋给字符数组 str 的各元素,直到遇到回车符或空格为止,并自动在字符串后的一个数组元素中填入字符串结束标志'\0'。由于在这种字符串输入方式中,空格是输入结束符,因此无法将包含有空格字符串中空格及以后字符输入到字符数组中。

若按如下方法输入:

  How are you?

则 str 的内容为:How\0,如图 6-10 所示。

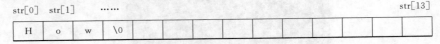

图 6-10　存入字符串后的数组 str 的存储结构图

解决这一问题可以使用 gets( ) 函数。

（2）使用 gets( ) 函数输入字符串。函数原型：char * gets(char * str)；

gets( ) 的原型在 stdio. h 中声明。

调用格式：gets(str)；

str 是一个字符数组（或是后面章节将介绍的字符指针）。

函数功能：从键盘读入一个字符串到 str 中，并自动在末尾加字符串结束标志'\0'。输入字符串时以回车结束输入，故该函数可以读入含空格的字符串。

【例 6-10】 使用 gets 函数输入字符串的例子。

```
#include<stdio. h>
main( )
{
    char str[20],end[20];
    printf("Please enter the string:\n");
    scanf("%s",str);              /* 只能读入第一个空格前面字符串 */
    printf("%s\n",str);           /* 输出 */
    gets(end);                    /* 将键盘缓冲区中字符读完 */
    gets(str);                    /* 可以读入含空格的字符串 */
    printf("%s\n",str);
    return 0;
}
```

程序运行结果为：

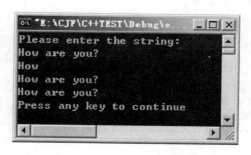

本例中，使用了 scanf( ) 和 gets( ) 两个函数实现字符串的输入，要注意它们的差别，根据需要来选用。scanf( ) 读入的字符串中不能含有空格，如例中第一个 scanf( )，虽然输入为"How are you?"，但由于 How 后是空格，所以 str 中只接收了 How。scanf( ) 可以同时输入多个字符串到不同字符数组中。gets( ) 一次只能输入字符串到一个字符数组中，但输入的字符串中可以含有空格。

2. 字符串的输出方法

（1）使用 printf( ) 输出字符串。可以像一般数组输出一样使用循环，一个元素一个元素地输出字符数组中的元素。也可以整体输出字符串。

【例 6-11】 使用 printf 函数逐字符输出字符串的例子。

分析 使用 for 循环配合 printf 函数逐字符地输出字符数组中的字符串，循环的终止条件是遇到字符串结束标志。

```
#include<stdio.h>
main()
{
    char str[20]="Happy birthday!";
    int i;
    printf("str is:%s\n",str);
    for(i=0;str[i]! ='\0';i++)
        printf("%c",str[i]);
    printf("\n");
    return 0;
}
```

程序运行结果:

例 6-11 中使用了两种方法输出 str 中的内容。第一种方法使用了 printf()的"%s"格式符来输出字符串,执行时从数组 str 的第一个字符开始逐个字符输出,直到遇到'\0'为止;第二种方法是用"%c"格式,按一般数组的输出方法,即用循环实现每个数组元素的输出。

(2) 使用 puts()输出一个字符串。函数原型:int puts(char * str);

puts()的原型在 stdio.h 中声明。

调用格式:puts(str);

函数功能:将字符数组 str 中包含的字符串或 str 所代表的字符串输出,同时将'\0'转换成换行符。因此,用 puts()输出一行时,不必另加换行符'\n',这一点与 printf()的"%s"格式不同,后者不会自动换行。

【例 6-12】 使用 puts 函数输出字符串的例子。

```
#include<stdio.h>
int main()
{
    char str[]="Happy new year!";
    puts(str);
    puts("Thanks");
    return 0;
}
```

程序运行结果:

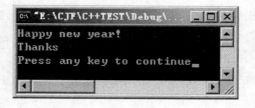

可以看到,puts()函数输出字符串后自动换行。读者可以根据自己需要选用 puts()或 printf(),puts()完全可以被 printf()取代,当要同时输出多个字符串时必须用 printf()。例如,若有定义:

  char s1[]="Happy";

  char s2[]="birthday!"

则语句:

  puts(s1,s2);

是错误的。而语句:

  printf("%s%s",s1,s2);

是允许的。

6.4.6 字符串常用函数

  C 语言提供了丰富的字符串处理函数,大致可分为字符串的输入、输出、合并、修改、比较、转换、复制、搜索几类。使用这些函数可大大减轻编程的负担。用于输入输出的字符串函数,在使用前应包含头文件"stdio. h";使用其他字符串函数则应包含头文件"string. h"。gets()、puts()在前面已介绍,下面介绍几个最常用的字符串函数。

1. 字符串拷贝函数 strcpy

函数原型:

  char * strcpy(char * str1,char * str2);

格式:

  strcpy(字符数组名 1,字符数组名 2);

功能:把字符数组 2 中的字符串拷贝到字符数组 1 中。串结束标志'\0'也一同拷贝。字符数组名 2,也可以是一个字符串常量。这时相当于把一个字符串赋予一个字符数组。需要指出的是,要将字符数组 2 中字符串复制到字符数组 1 中,不能用语句"字符数组 1=字符数组 2;",因为数组不能整体赋值而需要使用 strcpy 函数。

【例 6-13】 字符串拷贝的例子。

```
#include <stdio. h>
#include <string. h>
main()
{
  char st1[15]="Program",st2[]="C Language";
  puts(st1);
  puts(st2);
  strcpy(st1,st2);
  printf("st1:");
  puts(st1);
  printf("st2:");
  puts(st2);
  return 0;
}
```

程序运行结果为:

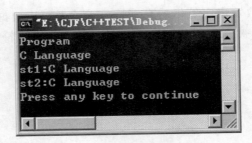

本函数要求字符数组应有足够的长度,否则不能全部装入所拷贝的字符串。

2. 字符串连接函数 strcat

函数原型:

  char * strcat(char * str1,char * str2);

格式:strcat(字符数组名 1,字符数组名 2);

功能:删去字符数组 1 中字符串后的串结束标志'\0',把字符数组 2 中的字符串连同'\0'连接到字符数组 1 中字符串的后面。本函数返回值是字符数组 1 的首地址。例如:

  char st1[10]="very";

  char st2[8]="good";

  strcat(st1,st2);

则图 6-11 显示了连接前后 st1 与 st2 的内容。

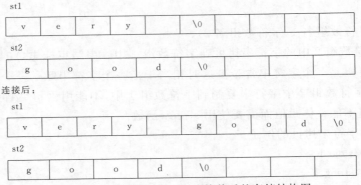

图 6-11 字符数组 st1、st2 连接前后的存储结构图

【例 6-14】 用 strcat 函数进行字符串连接的例子。

```
# include <stdio.h>
# include <string.h>
main()
{
    char st1[10]="very   ",st2[8]="good";
    puts(st1);
    puts(st2);
    strcat(st1,st2);
    printf("st1:");
    puts(st1);
    printf("st2:");
```

```
        puts(st2);
        return 0;
    }
```
程序运行结果：

本程序把两个字符串连接起来。要注意的是,字符数组1应定义足够的长度,否则不能全部装入被连接的字符串。

3. 字符串比较函数 strcmp

函数原型:int strcmp(char * str1,char * str2);

格式:strcmp(字符数组名1,字符数组名2)

功能:按照 ASCII 码顺序逐字符比较两个数组中的字符串,并由函数返回值返回比较结果:

若字符串1=字符串2,返回值为0;

若字符串1>字符串2,返回值为正整数;

若字符串1<字符串2,返回值为负整数。

注意:strcmp 函数比较的是两个字符串中字符的 ASCII 码。具体的比较规则是将两个字符串从左至右逐个字符比较,直到出现不同字符或遇到'\0'为止。如果全部字符相同,函数返回0,认为两个字符串相等;若出现不同字符(串结束标志'\0'也参与比较),则其第一个不同字符的 ASCII 码大者为大。

比较两个字符串是否相等一般用下面的语句形式：

    if(strcmp(str1,str2)==0){…}

而不能直接判断：

    if(str1==str2){…}

本函数也可用于比较两个字符串常量,或比较数组和字符串常量。

【例 6-15】 用 strcmp 函数比较两个字符串的例子。

```
# include <stdio.h>
# include <string.h>
main()
{
    int k;
    char st1[15],st2[]="C Language";
    printf("input a string:\n");
    gets(st1);                  /*输入一个字符串*/
    k=strcmp(st1,st2);          /*比较字符串*/
    if(k==0)printf("st1==st2\n");
    else if(k>0)printf("st1>st2\n");
```

```
            else printf("st1<st2\n");
        return 0;
    }
```

当输入"C Language"，程序运行结果：

当输入"Visual Basic"，由于'V'的 ASCII 码大于'C'的 ASCII 码，故 k>0，程序输出"st1>st2"。程序运行情况如下：

```
input a string：
Visual Basic
st1>st2
```

4. 测试字符串长度函数 strlen

函数原型：unsigned int strlen(char * str);

格式：strlen(字符数组名);

功能：测试字符数组中字符串或字符串常量的长度(不含字符串结束标志'\0')，并作为函数返回值返回。

【例 6-16】 获得字符数组中字符串长度的例子。

```
#include <stdio.h>
#include"string.h"
main()
{
    int k;
    char st[20]="C Language";
    k=strlen(st);
    printf("The length of the string is %d\n",k);
    return 0;
}
```

程序运行结果为：

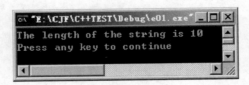

本程序中字符数组 st 中字符串总共有 10 个字符(包括空格但不包括'\0')，故输出字符串长度为 10。

6.5 程序举例

【例 6-17】 用数组处理 Fibonacci 数列问题。

Fibonacci 数列的通式是 $a_{n+2}=a_n+a_{n+1}(n>0)$，其中 $a_0=1,a_1=1$。

分析 Fibonacci 数列放在一维数组 f 中，将 f[0]（即 a_0）和 f[1]（即 a_1）初始化为 1，然后使用 for 循环逐个给后面的数组元素赋值。由 Fibonacci 数列的通式可以知道，从 i＝2 开始 f[i]＝f[i－2]＋f[i－1]。

程序流程图如图 6-12 所示。

其程序如下：

```
# include <stdio.h>
main()
{
    int i,j=0;
    int f[20]={1,1};
    for(i=2;j<20;i++)
      f[i]=f[i-2]+f[i-1];     /* 得到 Fibonacci 数列 */
    for(i=0;i<20;i++)
    {
      printf("%10d",f[i]);
      j++;
      if(j%5==0)printf("\n");    /* 每行显示 5 个数 */
    }
    return 0;
}
```

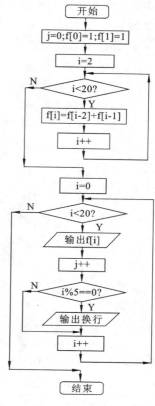

图 6-12 Fibonacci 数列程序流程图

程序运行结果：

```
E:\CJF\C++TEST\Debug\e01.exe
        1           1           2           3           5
        8          13          21          34          55
       89         144         233         377         610
      987        1597        2584        4181        6765
Press any key to continue
```

【**例 6-18**】 用冒泡法对 10 个数由小到大排序。

冒泡法的思路是：将相邻的两个数进行比较，将大的排到后面，如图 6-13 所示。

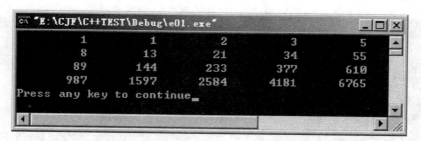

（a）第一次处理交换示意图　　　　　　（b）第二次处理交换示意图

图 6-13

本程序先用 for 循环输入要排序的数到数组 a 中。然后采用两重 for 循环嵌套实现排序。
其程序如下：

```c
#include <stdio.h>
main()
{
    int a[10];                      /* 处理 10 个数 */
    int i,j,temp;
    printf("Please input 10 numbers:\n");
    for(i=0;i<10;i++)scanf("%d",&a[i]);
    for(i=10;i>1;i--)
            for(j=0;j<i-1;j++)
             if(a[j]>a[j+1])
             {
                 temp=a[j];    /* 如果前面元素大于后面元素,交换 */
                 a[j]=a[j+1];
                 a[j+1]=temp;
             }
    printf("The sorted numbers:\n");
    for(i=0;i<10;i++)printf("%4d",a[i]);
    printf("\n");
    return 0;
}
```

程序运行结果：

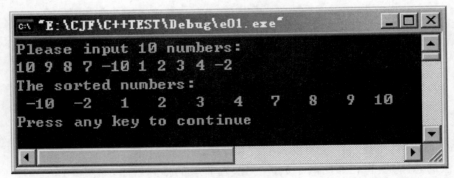

```
E:\CJF\C++TEST\Debug\e01.exe
Please input 10 numbers:
10 9 8 7 -10 1 2 3 4 -2
The sorted numbers:
 -10   -2    1    2    3    4    7    8    9   10
Press any key to continue
```

【例 6-19】 有一个 4×5 的矩阵,要求编程序求出最大的元素的值,并确定最大元素所在的行号、列号。

分析 先让 row 和 col 为零,v 为 a[0][0],即假设 a[0][0]为数组 a 最大元素。然后使用两重 for 循环嵌套将数组 a 的元素逐个与 v 进行比较,若数组元素比 v 大,则让 row、col 分别为该元素的行号和列号,并让 v 取该数组元素的值。循环结束后,v 中即为数组 a 最大元素值,row 和 col 即为该最大元素所在行号和列号。

程序流程图如图 6-14 所示。

其程序如下：

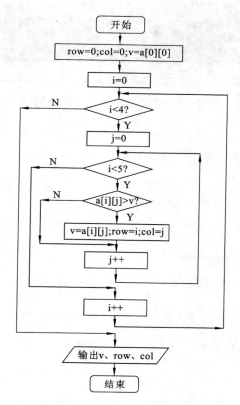

图 6-14 求矩阵最大元素及其位置的程序流程图

```
#include <stdio. h>
main()
{
    int a[4][5]={{23,1,7,-12,8},{22,58,-16,12,20},
    {16,66,-2,19,15},{26,2,10,21,25}};
    int i,j,v,row,col;
    row=0;/* set location of maximum element to(0,0) */
    col=0;
    v=a[0][0];
    for(i=0;i<4;i++)
      for(j=0;j<5;j++)
        if(a[i][j]>v)   /* find more element */
        {
            v=a[i][j];
            row=i;
            col=j;
        }
    printf("The max element %d located at row %d,column %d\n",v,row,col);
}
```

程序运行结果为：

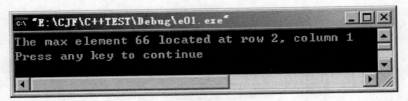

【例6-20】 从键盘上输入两个字符串,若不相等,将短的字符串连接到长的字符串的末尾并输出。

```
#include <stdio.h>
#include <string.h>
main()
{
    char st1[20],st2[20];
    int i,j;
    printf("Please enter two strings:\n");
    gets(st1);
    gets(st2);
    i=strlen(st1);
    j=strlen(st2);
    if(strcmp(st1,st2)! =0)      /* 字符串不相同 */
    {
        if(i>j)                  /* st2 较短 */
        {
            strcat(st1,st2);     /* 将 st2 中字符串连接到 st1 中字符串后 */
            puts(st1);           /* 输出连接了 st2 的 st1 */
        }
        else                     /* st1 较短 */
        {
            strcat(st2,st1);     /* 将 st1 中字符串连接到 st2 中字符串后 */
            puts(st2);           /* 输出连接了 st1 的 st2 */
        }
    }
    return 0;
}
```

输入"Hellow⎵"和"China"后程序运行结果为:

【例6-21】 输入 5 个国家的名称按字母顺序输出。

本题编程思路如下:5 个国家名应由一个二维字符数组来处理。然而 C 语言规定可以把一个二维数组当成多个一维数组处理。因此本题又可以按 5 个一维数组处理，而每一个一维数组就是一个国家名字符串。用字符串比较函数比较各一维数组的大小，并排序。排序采用选择法。最后输出结果即可。

其程序如下：

```c
#include <stdio.h>
#include <string.h>
main()
{
    char st[20],cn[5][20];
    int i,j,k;
    printf("Please enter 5 country names:\n");
    for(i=0;i<5;i++)gets(cn[i]);
    /* sort the array cn */
    for(i=0;i<4;i++)
    {
        k=i;/* k is index of least element */
        for(j=i+1;j<5;j++)
            if(strcmp(cn[k],cn[j])>0)k=j;
        if(k!=i)
        {
            strcpy(st,cn[i]);/* swap cn[i] and cn[k] */
            strcpy(cn[i],cn[k]);
            strcpy(cn[k],st);
        }
    }
    puts("The sorted country name:");
    for(i=0;i<5;i++)/* output sorted array cn */
        puts(cn[i]);
    return 0;
}
```

程序运行结果：

本程序的第一个 for 语句中,用 gets 函数输入 5 个国家名字字符串。上面说过 C 语言允许把一个二维数组按多个一维数组处理,本程序定义 cn[5][20]为二维字符数组,可分为 5 个一维数组 cn[0],cn[1],cn[2],cn[3],cn[4]。因此在 gets 函数中使用 cn[i]是合法的。在第二个 for 语句中又嵌套了一个 for 语句组成双重循环。这个双重循环完成按字母顺序排序的工作。在外层循环中把下标 i 赋予 k,令 k 指向本次循环的首元素。进入内层循环后,把cn[k]与后面的各字符串依次作比较,若有比 cn[k]小者则将其下标赋予 k,令 k 指向本次循环最小的国家名。内循环完成后如 k 不等于 i,说明有比 cn[i]更小的字符串 cn[k]出现,因此交换 cn[i]和 cn[k]的内容。在外循环全部完成之后即完成全部排序,然后输出所有字符串。

习 题 六

一、选择题。

1. 以下对一维整型数组 a 的正确定义是( )。
   A. int a(10);
   B. int n=10,a[n];
   C. int n;
      scanf("%d",&n);
      int a[n];
   D. #define SIZE 10
      int a[SIZE];

2. 若有定义:int a[10];则对 a 数组元素的正确引用是( )。
   A. a[10]　　　　B. a[3.5]　　　　C. a(5)　　　　D. a[10-10]

3. 以下能对一维数组 a 进行正确初始化的语句是( )。
   A. int a[10]=(0,0,0,0,0);
   B. int a[10]={};
   C. int a[]={0};
   D. int a[10]="10 * 1";

4. 以下对二维数组 a 的正确定义是( )。
   A. int a[3][];
   B. float a(3,4);
   C. double a[1][4];
   D. float a(3)(4);

5. 以下能对二维数组 a 进行正确初始化的语句是( )。
   A. int a[2][]={{1,0,1},{5,2,3}};　　B. int a[][3]={{1,2,3},{4,5,6}};
   C. int a[2][4]={{1,2,3},{4,5},{6}};　D. int a[][3]={{1,0,1},{},{1,1}};

6. 执行程序段:
   int k=3,s[2];
   s[0]=k;k=s[1] * 10;
后变量 k 中的值为( )。
   A. 不定值　　　　B. 33　　　　C. 30　　　　D. 10

7. 下列程序执行后的输出结果是( )。
   #include <stdio.h>
   main()
   { char s[]="abcdef";
   s[3]='\0';
   printf("%s\n",s);
   }
   A. ab　　　　B. abc　　　　C. a　　　　D. abcdef

8. 下列程序的输出结果是(　　)。

```
#include <stdio.h>
main( )
{ int a[4][5]={1,2,4,-4,5,-9,3,6,-3,2,7,8,4};
    int i,j,n;
  n=9;
  i=n/5;
  j=n-i*5-1;
  printf("a[%d][%d]=%d\n",i,j,a[i][j]);
}
```

A. a[1][2]=6　　　　B. a[1][3]=-3　　　C. a[0][1]=2　　　D. a[1][1]=3

9. 下列程序执行后的输出结果是(　　)。

```
main( )
{  char arr[2][4];
   strcpy(arr,"you");strcpy(arr[1],"me");
   arr[0][3]='&';
   printf("%s \n",arr);
}
```

A. you&me　　　　　B. you　　　　　　C. me　　　　　　D. err

10. 执行下列程序时输入:123<空格>456<空格>789<回车>,输出结果是(　　)。

```
main( )
{  char s[100];int c,i;
   scanf("%c",&c);scanf("%d",&i);scanf("%s",s);
   printf("%c,%d,%s\n",c,i,s);
}
```

A. 123,456,789　　B. 1,456,789　　　　　C. 1,23,456,789　　D. 1,23,456

11. 有如下程序:

```
main( )
{   int a[3][3]={{1,2},{3,4},{5,6}},i,j,s=0;
    for(i=1;i<3;i++)
      for(j=0;j<i;j++)s+=a[i][j];
    printf("%d\n",s);
}
```

程序的输出结果是(　　)。

A. 18　　　　　　　　B. 19　　　　　　　C. 20　　　　　　　D. 14

12. 以下程序的输出结果是(　　)。

```
main( )
{  int i,k,a[10],p[3];
   k=5;
   for(i=0;i<10;i++)    a[i]=i;
   for(i=0;i<3;i++)    p[i]=a[i*(i+1)];
   for(i=0;i<3;i++)    k+=p[i]*2;
   printf("%d\n",k);}
```

A. 20   B. 21   C. 22   D. 23

13. 下面程序运行的结果是(   )。

```
main()
{ char ch[7]={"65ab21"};
  int i,s=0
  for(i=0;ch[i]>='0'&&ch[i]<='9';i+=2)
    s=10*s+ch[i]-'0';
  printf("%d\n",s);}
```

A. 2ba56   B. 6521   C. 6   D. 62

二、填空题

1. 定义如下变量和数组：

   int k;int a[3][3]={1,2,3,4,5,6,7,8,9};

则下面语句的输出结果是_____。

   for(k=0;k<3;k++)printf("%d",a[k][2-k]);

2. 以下程序执行后输出结果是_____。

```
#include <stdio.h>
void main()
{
    int aa[4][4]={{1,2,3,4},{5,6,7,8},{3,9,10,2},{4,2,9,6}};
    int i,s=0;
    for(i=0;i<4;i++)s=s+aa[i][1];
    printf("%d\n",s);
}
```

3. 设有数组定义：

   char array[]="China";

则数组 array 所占的空间为_____。

4. 以下程序执行后输出结果是_____。

```
#include"stdio.h"
void main()
{
    char ch[7]={"12ab56"};
    int i,s=0;
    for(i=0;ch[i]>='0'&&ch[i]<='9';i=i+2)
        s=10*s+ch[i]-'0';
    printf("%d\n",s);
}
```

5. 下面程序以每行 4 个数据的形式输出 a 数组，请填空。

```
#include"stdio.h"
#define N 20
void main()
{
    int a[N],i;
    for(i=0;i<N;i++)scanf("%d",&a[i]);
```

```
        for(i=0;i<N;i++)
        {
            if(_____)printf("\n");
            printf("%4d   ",a[i]);
        }
        printf("\n");
    }
```

6. 当从键盘输入 18 时,下面程序的运行结果是_____。

```
# include <stdio. h>
void main()
{
    int x,i,a[8],j,u;
    i=0;
    scanf("%d",&x);
    do {
        u=x/2;
        a[i]=x%2;
        i++;
        x=u;
    }while(x>=1);
    for(j=i-1;j>=0;j--)printf("%d",a[j]);
    printf("\n");
}
```

7. 以下程序的输出结果是_____。

```
# include <stdio. h>
main()
{ int a[4][5]={1,2,4,-4,5,-9,3,6,-3,2,7,8,4};
  int i,j,n;
  n=9;
  i=n/5;
  j=n-i*5-1;
  printf("a[%d][%d]=%d\n",i,j,a[i][j]);
}
```

8. 下面程序的功能是:将字符数组 a 中下标值为偶数的元素从小到大排列,其他元素不变。请填空。

```
# include <stdio. h>
# include <string. h>
main()
{   char a[]="clanguage",t;
    int i,j,k;
    k=strlen(a);
    for(i=0;i<=k-2;i+=2)
        for(j=i+2;j<=k;_____)
            if(_____)
            { t=a[i];a[i]=a[j];a[j]=t;}
```

```
            puts(a);
            printf("\n");
        }
```

9. 下列程序段的输出结果是_____。
```
main()
{   char  b[]="Hello,you";
    b[5]=0;
    printf("%s\n",b);
}
```

10. 以下程序运行后的输出结果是_____。
```
main()
{   int i,n[]={0,0,0,0,0};
    for(i=1;i<=4;i++)
    {   n[i]=n[i-1]*2+1;
        printf("%d",n[i]);
    }
}
```

三、编程题

1. 从键盘输入 5 个整数,找出最大数和最小数所在的位置,并把二者对调,然后输出调整后的 5 个数。

2. 从键盘上输入一个字符串存入字符数组,然后将该字符串按逆序存放在该数组中并输出。

3. 编写一个程序,处理某班 3 门课程的成绩,它们是语文、数学和英语。先输入学生人数(最多为 50 个人),然后按编号从小到大的顺序依次输入学生成绩,最后统计每门课程全班的总成绩和平均成绩以及每个学生课程的总成绩和平均成绩。

4. 编写一个程序,将用户输入的十进制整数转换成任意进制的数。

5. 输出以下的杨辉三角(要求输出 10 行)。

```
            1
            1  1
            1  2  1
            1  3  3  1
            1  4  6  4  1
            1  5  10  10  5  1
```

6. 编写一个程序,将一个子字符串 s2 插入到主字符串 s1 中,其起始插入位置为 n.

7. 输出以下图案。

```
        * * * * *
          * * * * *
            * * * * *
              * * * * *
                * * * * *
```

8. 编一程序,将两个字符串连接起来,不要用 strcat 函数。

9. 编写一程序,将一个字符数组中字符串复制到另一个字符数组中。不用 strcpy 函数。

第7章 函　　数

核心内容：

　　1. 函数分类、定义、参数及值

　　2. 函数的调用与嵌套调用以及递归调用

　　3. 数组作为函数参数

　　4. 变量的作用域与存储类型，内部函数与外部函数

7.1　概　　述

　　结构化程序设计的基本思想之一是程序的"模块化"。所谓"模块化"就是把一个较复杂的大程序分解成若干个相对独立的程序模块，每个模块实现一个特定的功能。这种将求解小问题的算法和程序称为"功能模块"。"模块化"的优点是，程序易于编制、修改、调试、扩充和移植，也易于培养软件开发的"团队精神"——将一个大问题分由多人分工合作来完成。在 C 语言中这样的子程序（或称程序模块）被称为函数。

　　如前所述，C 语言源程序都是由函数组成的。虽然在前面各章的程序中都只有一个主函数 main( )，但实用程序往往由多个函数组成。函数是 C 语言源程序的基本模块，通过对函数的调用实现特定的功能。C 语言的函数分为两类：一类是系统提供的标准库函数（如 Turbo C、MS C 都提供了三百多个库函数）；另一类是用户自己定义的函数。用户可把自己的算法编成一个相对独立的函数模块，然后用调用的方式来使用函数。一个 C 程序可由一个主函数和若干个其他函数构成。由主函数调用其他函数，其他函数也可以互相调用，也可以是同一个函数被一个或多个函数调用任意次。

　　应该指出的是：

　　(1) 在 C 语言程序中，函数之间是独立的，没有从属关系，即函数不能嵌套定义。

　　(2) C 语言虽然对函数的排放次序没有限制，但在执行时必须从 main 函数开始，在 main 函数中结束。

　　引例：已知函数 $f(x)=\begin{cases}3x^2+5x-20, & x>=0,\\ \sin(|x|), & x<0。\end{cases}$

求当 a，b，c 为已知数值时 $Y=f(a)+f(3b)-f(c^2)$ 的值。

用已经学过的知识，编写的程序如下：

```
# include <stdio. h>
# include "math. h"
main( )
{ float x,a,b,c,y=0,y1;
  scanf("%f,%f,%f",&a,&b,&c);
  x=a;
  if (x>=0) y1=3*x*x+5*x-20;
          else y1=sin(fabs(x));
  y=y+y1;
```

相同的程序段重复使用

```
        x=b;
        if (x>=0) y1=3*x*x+5*x−20;          ⎫
                 else y1=sin(fabs(x));        ⎬  相同的程序段重复使用
               y=y+y1;                        ⎭

        x=c;
        if (x>=0) y1=3*x*x+5*x−20;          ⎫
                 else y1=sin(fabs(x));        ⎬  相同的程序段重复使用
               y=y+y1;                        ⎭
        printf("\ny=%f\n",y);
    }
```

从上面的程序看到,相同的程序段重复使用,显得程序冗余,不简洁。用模块化的方法实现的源程序如下:

```
# include <stdio. h>                    float f ( float x)
# include "math. h"                     { float y;
main( )                                  if(x>=0)
{   float a,b,c,y;                          y=3*x*x+5*x−20;
    float f(float x);                     else
    scanf("%f,%f,%f",&a,&b,&c);             y=sin(fabs(x));
    y=f(a)+f(3*b)−f(c*c);                 return y;
    printf("\n%f\n",y);                  }
}
```

显然,程序简单多了。

在 C 语言中可从不同的角度对函数进行分类。

从函数定义的角度看,函数可分为库函数和用户自定义函数两种。

1)库函数

由 C 系统提供,用户无需定义,也不必在程序中作类型声明,只需在程序前包含有该函数原型的头文件即可在程序中直接调用。在前面各章的例题中反复用到的 printf、scanf、getchar、putchar、gets、puts、strcat 等函数均属此类。

2)用户自定义函数

由用户按需要编写的函数。对于用户自定义函数,要在程序中定义函数本身,然后才能使用。

C 语言的函数兼有其他语言中的函数和过程两种功能,从这个角度看,又可把函数分为有返回值函数和无返回值函数两种。

1)有返回值函数

此类函数被调用执行完后将向调用者返回一个执行结果,称为函数返回值,如数学函数均属于此类函数。由用户定义的这种要返回函数值的函数,必须在函数定义中明确说明返回值的类型。

2)无返回值函数

此类函数用于完成某项特定的处理任务,执行完成后不向调用者返回函数值。这类函数类似于其他语言的过程。由于函数无需返回值,用户在定义此类函数时可指定它的返回类型为"空类型",空类型的说明符为"void"。

从主调函数和被调函数之间数据传送的角度看又可分为无参函数和有参函数两种。

1）无参函数

函数定义、函数说明及函数调用中均不带参数。主调函数和被调函数之间不进行参数传送。此类函数通常用来完成一组指定的功能，可以返回或不返回函数值。

2）有参函数

也称为带参函数。进行函数调用时，主调函数将把实参的值传送给形参，供被调函数使用。

7.2 函数定义的一般形式

7.2.1 无参函数定义的一般形式

定义无参函数的一般形式是：

［存储类别定义符］［类型标识符］函数名（ ）
{
　　　局部变量定义
　　　语句
}

其中：

• 存储类别定义符可以为 static、extern，也可以省略，缺省为 extern。它表示了该函数可被调用的范围。带有 static 的函数称为内部函数，带有 extern 的函数称为外部函数。顾名思义，内部函数只能在所定义的源文件中被当前源文件中其他函数所调用，外部函数不仅能在所定义的源文件中被其他函数所调用，还可以被程序中其他源文件中函数调用。不指明存储类别的函数缺省为外部函数。

• 类型标识符指明了本函数的类型，即函数返回值的类型。可以是简单数据类型中的任一种。当类型标识符省略时函数类型缺省为 int 类型，若不要求函数有返回值，此时函数类型标识符可以写为 void。

• 函数名是由用户用标识符为函数定义的名字；

• 函数名后有一对圆括号"（ ）"，其中无参数，但不能省略。

• { }中的内容称为函数体。函数体包括：局部变量定义部分和执行部分，定义部分用来定义函数体内将使用到的变量，执行部分是完成实际操作的语句序列。

• 函数体在语法上是一条复合语句。它可以没有变量定义部分，也可以定义部分和执行部分都没有，这种两个部分都没有的函数，称为"空函数"。使用空函数的目的是为以后扩充程序功能而设置流程控制。例如：dummy（ ）{ }。

7.2.2 有参函数定义的一般形式

有参函数定义的一般形式是：

［存储类别定义符］［类型标识符］函数名（形式参数表）
{
　　　局部变量定义
　　　语句
}

其中:形式参数表由参数说明组成,用来说明函数中参数的个数、类型和参数顺序。若有多个参数说明时各参数之间用逗号间隔。在形参表中给出的参数称为形式参数。在进行函数调用时,主调函数将赋予这些形式参数实际的值。

例如,定义一个函数,用于求两个数中的较大者,将大数返回到调用的程序模块中:

```
int max(int a,int b)
{
    int z;
    z=(a>b)? a:b;
    return z;
}
```

分析上述程序段知:

- 第一行说明 max 函数是一个整型函数,其返回的函数值是一个整数;形参为 a、b,其类型为 int。a、b 的具体值是由主调函数在调用时传送过来的。
- 在{}中的函数体内,定义了一个整型变量 z。用来存放 a、b 中较大者,并将较大者通过 z 返回。
- 函数体中的操作语句是:z=(a>b)? a:b;作用是将条件表达式的值赋予 z,还有一条 return 语句,其作用是把 z 作为函数的返回值返回给主调函数。
- z 的类型为整型,max 函数的类型为整型,二者类型一致,将 z 作为函数返回值返回给主调函数。有返回值函数中至少应有一个 return 语句,以便将返回值返回给主调函数。

【例 7-1】 利用调用函数的方法,编写求两个数的最大公约数的程序。

先定义一个无参函数 PrintPrompt,用于在显示器上输出一行提示,再定义一个有参函数 trans,用于求 m 和 n 的最大公约数,并将最大公约数作为函数值返回,接着定义有参函数 output 用于输出最大公约数,然后在 main 函数中依次调用这几个函数,求出输入的两个整数的最大公约数。

```
#include <stdio.h>
void PrintPrompt()              /* 定义无参函数,用于在显示器上输出一行提示 */
{ printf ("Please enter two integer:\n");
}
int trans (int m,int n)        /* trans 用于求 m 和 n 的最大公约数 */
{
    int r;
    while(n! =0)
    {
        r=m%n;m=n;n=r;
    }
    return m;
}
void output(int m)             /* output 用于输出最大公约数 m */
{
    printf("H.C.F=%d\n",m);
}
main()
```

```
    {
        int i,j,k;
        PrintPrompt();                 /* 调用 PrintPrompt 输出一行提示 */
        scanf("%d%d",&i,&j);
        k=trans(i,j);
    /* 调用 trans 求 i 和 j 的最大公约数,将求得的最大公约数作为函数值返回,并将其赋值给 k */
        output(k);                     /* 调用 output 输出保存在 k 中的最大公约数 */
    }
```

程序执行结果:

本程序中定义的 4 个函数的存储类别定义符省略,它们的存储类别缺省为 extern,即为外部函数,可以被程序中其他源文件中函数调用。无参函数 PrintPrompt 的类型标识符为 void,即函数无返回值。函数 trans 为有参函数,它有两个整型的形参 m 和 n,它的类型标识符为 int,表示函数返回的最大公约数为整型数据,在函数 trans 内定义了一个整型局部变量 r,最后的"return m;"语句用于将求得的最大公约数返回主调模块。函数 output 也是一个有参函数。main 函数的类型标识符省略,缺省为 int 型。在 main 函数中调用 PrintPrompt 在显示器上输出一行提示,然后输入两个整数到变量 i 和 j 中,然后以 i 和 j 为参数调用函数 trans 求它们的最大公约数,函数值即为最大公约数。最后调用函数 output 输出最大公约数。

7.3　函数参数和函数的值

7.3.1　函数的参数

众所周知,数学中常常设一个函数,如有关自变量 x 的函数 $f(x)$。若要求当 $x=8$ 时的函数值时,用 8 取代 x,可以用 $f(8)$ 来表示函数值。C 语言中的函数定义、函数的调用也类似数学的方法。例 7-2 中定义了一个函数。

【例 7-2】　一个求两个整数较大值的函数定义。
```
    int max(int a,int b)
    {
        int z;
        z=(a>b)? a:b;
        return z;
    }
```

有了上述函数定义后,要求两个整型值 m 和 n 中的大数,只要用 m 代替 a、n 代替 b 执行一次函数就可以了。可见,C 语言中定义的函数实质上是对不同的数据进行相同处理的通用程序形式,在调用中才会有确定的结果,这时在调用函数和被调用函数之间存在着数据传递关系。

在 C 语言中,把在函数定义时的参数表中列出的参数称为形式参数(简称形参),而把主调函数中调用函数时传递给形参的实际数据称为实际参数(简称实参)。这就表明,形参是函数要处理的数据名(变量),实参是形参的值。

【例 7-3】 从键盘输入两个整数,并输出其中的大者。

定义一个函数 max 用于求两个数的较大者,并将较大者作为函数值返回。

```c
#include <stdio.h>
int max(int a,int b)
{
    int z;
    z=(a>b)? a:b;
    return z;
}
main()
{
    int x,y,m;
    printf("Please enter two numbers:\n");
    scanf("%d%d",&x,&y);
    m=max(x,y);
    printf("The more number is %d\n",m);
}
```

程序运行结果:

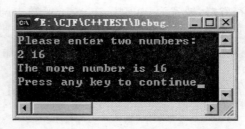

程序的第 2 行至第 7 行为 max 函数定义。程序第 13 行为调用 max 函数,并把 x、y 的值传递给 max 的形参 a、b。max 函数执行的结果(a 的值或 b 的值)将返回给变量 m。最后由主函数输出 m 的值。在函数调用(m=max(x,y))中数据联系如图 7-1 所示。

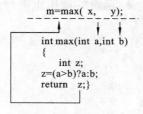

图 7-1　函数调用时形参与实参的对应关系图

关于形参与实参的说明:

(1) 形参只能是简单变量、数组名和指针变量。在定义函数中指定的形参,在未出现函数调用时,它们并不占内存中的存储单元。只有在发生函数调用时,形参才被分配内存单元。在调用结束后,形参所占的内存单元也被释放,下次再发生函数调用时重新给形参分配内存单元。因此,形参只有在函数内部有效。

(2) 实参可以是常量、变量(简单变量或下标变量)或表达式,但变量或表达式必须有确定的值。例如:

int a=30,b=15;max(3,a+b);

(3) 实参与形参的类型应相同或赋值相容。例 7-3 中实参和形参都是整型,这是合法的、正确的。如果实参为整型而形参 x 为实型,或者相反,则先进行赋值转换。例如实参值 x 为 5.2,而形参 a 为整型,则将实数 5.2 转换成整数 5,然后送到形参 a。

(4) 在 C 语言中,若实参和形参都是简单变量,实参对形参的数据传递是"单向的值传递",也就是说,只能由实参传给形参,而不能把形参的值传回给实参。在内存中,实参与形参占用的是不同的单元。

例如:a、b 为实参,x、y 为形参,将 a、b 的值 2、5 传给 x、y,在函数内完成运算后 x、y 的值为 45、56,但这并不会影响 a、b 的值,a、b 的值并不会改变,形参与实参的变化状态如图 7-2 所示。

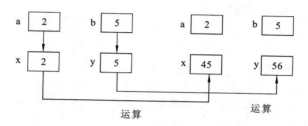

图 7-2　形参与实参间的变化示意图

7.3.2　函数的返回值

函数的返回值是指函数被调用之后,执行函数体中的程序段所取得的并返回给主调函数的一个确定的值,称为函数的返回值。对函数的返回值有以下一些说明:

(1) 如果需要从被调函数中带回一个函数值供主调函数使用,被调函数中必须有 return 语句。

return 语句的一般形式为:

　　return 表达式;

或者

　　return(表达式);

该语句的功能是计算表达式的值,并返回给主调函数。

一个函数中允许有多个 return 语句,但每次调用只能有一个 return 语句被执行,因此只能返回一个函数值。执行到哪一个 return 语句,哪一个语句起作用。

return 语句后面的括号也可以不要,如"return z;"与"return(z);"等价。

return 后面的值可以是一个表达式。例如,【例 7-3】中的函数 max 可以改写如下:

```
int max(int a,int b)
{
    return (a>b? a:b);
}
```

(2) 函数值的类型。函数有返回值,这个值当然应属于某一个确定的类型,该函数值的类型在函数定义语句中被确定。例如:

```
int max(int a,int b)        /* 定义一个名为 max 的函数,函数值为 int 型 */
float area(float radius)    /* 定义一个名为 area 的函数,函数值为 float 型 */
```

当函数值为整型时,在函数定义时可以省去类型说明 int。C 语言规定,凡不加类型说明的函数,自动按整型处理。例如:int max(int a,int b)与 max(int a,int b)是等价的。

（3）在函数定义时函数值的类型应和 return 语句中表达式类型保持一致。

例如：例 7-3 中指定 max 函数值为整型，而变量 z 也被指定为整型，通过 return 语句把 z 的值作为 max 的函数值，由 max 带回主调函数。z 的类型与 max 函数的类型是一致的，是正确的。

若函数值类型和 return 语句中表达式的类型不一致，则以函数类型为准，自动进行类型转换。即函数类型决定返回值类型。

【例 7-4】 输入两个浮点数 x,y,调用 max 函数，返回 x,y 的最大值。

定义函数 max,其类型为 int 型,返回值 z 为浮点型,二者类型不一致,程序执行时系统自动将 z 转换为整型返回。

```
#include <stdio.h>
int max(float a,float b)
{
    float z;
    z=(a>b)? a:b;
    return z;                /*返回值为浮点型,函数类型为整型,不一致,自动转换成整型*/
}
main()
{
    int m;
    float x,y;
    printf("Please enter two numbers:\n");
    scanf("%f%f",&x,&y);
    m=max(x,y);
    printf("The more number is %d\n",m);
}
```

程序运行结果：

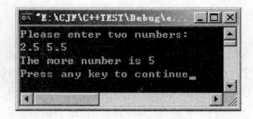

函数 max 定义为整型，而 return 语句中的 z 为实型，二者不一致，按上述规定，先将 z 转换为整型，然后 max(2.5,5.5)带回一个整型值 5 返回主调函数 main。如果将 main 函数中的 m 定义为实型，用%f 格式符输出，也是输出 5.000000。

有时，可以利用这一特点进行类型转换。但这种方法往往使程序不清晰，可读性、可维护性、可靠性降低，建议初学者不要使用这种方法，而是使函数类型与返回值类型一致。

（4）不返回函数值的函数，可以明确定义为"空类型"，类型说明符为"void"。如例 7-1 中函数 PrintPrompt( )并不向主函数返回函数值，因此可定义为：

```
void PrintPrompt()
{
    printf("Please enter two integer:\n");
}
```

一旦函数被定义为空类型后，就不能在主调函数中使用被调函数的函数值了。例如，在定义 PrintPrompt( )为空类型后，在主函数中写下述语句"sum＝PrintPrompt( );"就是错误的。为了使程序有良好的可读性并减少出错，凡不要求返回值的函数都应定义为空类型。

7.4　函数的调用

7.4.1　函数调用的一般形式

C 语言规定，除 main 函数以外的其他函数都必须通过 main 函数或其他函数的调用来执行。函数调用的一般形式为：

　　　函数名(实参表)；

说明：

（1）实参表中的实参若有多个，两两之间用逗号分隔，且实参的类型、个数与排列次序必须与形参表中的形参一致。

（2）若无实参，函数名后的圆括号内为空，但圆括号不能省略。

（3）对于有返回值的函数调用，函数调用一般以表达式的形式出现。即希望得到的函数值是参加表达式的运算的。例如：【例 7-3】中 main 函数中的语句：m＝max(x,y)；

（4）调用函数时，可以将函数调用作为一条语句，即函数语句。这种调用一般是不需要使用函数返回值，通常只是要完成某种操作。

【例 7-5】　利用函数完成下列简单图形的绘制。

　　　　　　******************************
　　　　　　Hellow,china!
　　　　　　******************************

这类问题的思路是：定义两个函数 pintstar( )和 printword( )，分别用来输出一行"****************************"和一行文字，例如"Hellow,china!"。由于这两个函数只完成输出操作而无需计算求值，所以将这两个函数的类型指定为 void，main 函数调用这两个函数后不会把任何值带回到 main 函数中，调用语句为 printstar( )和 printword( )。程序如下：

```
#include <stdio.h>
void printstar()
{
    printf(" ****************************** \n");
}
void printword()
{
    printf("Hellow,china! \n");
}
main()
{
    printstar();
    printword();
    printstar();
}
```

（5）在函数调用中还应该注意的一个问题是实参求值顺序的问题。所谓实参求值顺序是指对实参表中各量是自左至右使用呢，还是自右至左使用。对此，各系统的规定不一定相同。如介绍 printf 函数时已提到过，这里从函数调用的角度再强调一下。

【例 7-6】 printf 函数调用实参求值顺序程序。

```
# include <stdio. h>
main()
{
    int i=8;
    printf("%d\n%d\n",++i,i);
}
```

如按照从右至左的顺序求值。【例 7-6】的运行结果应为：

```
9
8
```

如对 printf 语句中的++i,i 从左至右求值，结果应为：

```
9
9
```

应特别注意的是，无论实参是从左至右求值，还是自右至左求值，其输出顺序都是不变的，即输出顺序总是和实参表中实参的顺序相同。由于 Turbo C 和 Visual C++ 6.0 规定是自右至左求值，所以结果为 9,8。请读者务必注意，应该避免这种容易引起混淆的情况。如果希望自左至右求实参的值，可以改写成：

```
j=++i;
printf("%d\n%d\n",j,j);
```

如果希望自右至左求值，可以改写成：

```
k=i;
j=++i;
printf("%d\n%d\n",j,k);
```

（6）函数调用也可以作为另一个函数调用的实参，也就是说，函数调用中的某一个实参又是一个函数调用。这种情况是把该函数的返回值作为实参进行传送，因此要求该函数必须是有返回值的。例如："printf("%d",max(x,y));"即是把 max 调用的返回值作为 printf 函数的实参来使用的。

7.4.2 对被调用函数的声明和函数原型

C 语言的源程序中，函数的排列次序是任意的，即允许主调函数放在被调函数的前面中，也允许主调函数放在被调函数的后面。C 语言规定：如果函数定义在调用之后，在主调函数中调用该函数之前应对该被调函数进行声明，作声明的目的是使编译系统知道被调函数返回值的类型及形参个数与类型，以便在主调函数中按此种类型对函数调用的实参和返回值作相应的处理，使编译系统能正确识别函数并检查调用是否合法。

【例 7-7】 对被调用函数的声明举例。

在 main 函数里先声明函数 mult，再调用 mult 函数，函数 mult 的定义在调用后面。

```
# include <stdio. h>
main()
```

```
{
    float mult(float x,float y);          /* 对函数 mult 进行声明 */
    float a,b,m;
    printf("Please enter two numbers:\n");
    scanf("%f%f",&a,&b);
    m=mult(a,b);                          /* 调用函数 mult 用来计算 a 与 b 的乘积 */
    printf("%.1f * %.1f=%f\n",a,b,m);
}
float mult(float x,float y)               /* 函数 mult 用来计算实数 x 与 y 的乘积 */
{
    float z;
    z=x * y;
    return z;
}
```

程序运行结果：

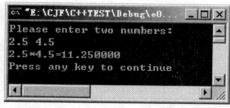

从程序中可以看到，对函数 mult 的调用在 mult 函数的定义之前，所以需要对 mult 函数进行声明，声明语句是：

    float mult(float x,float y);

对函数进行声明的语句称为函数原型（function prototype）。

函数原型的一般格式为：

（1）类型定义符　函数名（类型定义符，类型定义符，……）；

（2）类型定义符　函数名（类型定义符 形参1，类型定义符 形参2，……）；

这两种形式是等价的。例如：例【7-7】中的声明：

    float mult(float x,float y);

也可以写为：

    float mult(float,float);

使用函数原型是 ANSI C 的一个重要特点。通过使用函数原型能告诉编译系统函数的形参的个数和类型，编译系统就能通过函数原型知道调用函数时的实参的个数与类型正确与否，函数调用是否正确在编译阶段就可以确定，从而及早发现问题，便于程序的编写与开发。

对函数声明的说明：

（1）对函数的"定义"和函数的"声明"是不一样的。函数定义必须有函数体，函数声明只有一条语句。

（2）必须保证函数声明与函数定义中的函数头部写法上一致，即函数类型、函数名、形参个数、形参类型与顺序必须相同。函数调用时函数名、实参个数、顺序应与函数声明一致。实参类型必须与函数声明中的形参类型赋值兼容，按前面章节介绍的赋值规则自动转换。如果不兼容，就按出错处理。

（3）C 语言中又规定在以下几种情况时可以省去主调函数中对被调函数的函数声明。

· 当被调函数的定义出现在主调函数之前时,在主调函数中可以不必对被调函数进行声明而直接调用。

例如例【7-7】中,如果将 mult 函数的定义放在 main 函数之前,那么在 main 函数中可以省去对被调函数 mult 的函数声明。改写后的程序如下:

```
#include <stdio. h>
float mult(float x,float y)          /* 函数 mult 定义放在 main 函数之前 */
{
    float z;
    z=x * y;
    return z;
}
main()
{
    /* float mult(float x,float y); */
    float a,b,m;
    printf("Please enter two numbers:\n");
    scanf("%f%f",&a,&b);
    m=mult(a,b);                 /* 调用函数 mult,但未对 mult 进行声明 */
    printf("%.1f * %.1f=%f\n",a,b,m);
}
```

被调函数 mult 的定义在调用的前面,故在 main 函数中不必再对其进行声明,直接进行调用即可。

· 如果被调函数的返回值是整型或字符型,可以不对被调函数作声明,而直接调用。

例如:

```
#include <stdio. h>
main()
{
    int m,x,y;                   /* 未对函数 maximum 进行声明 */
    printf("Please enter two numbers:\n");
     scanf("%d%d",&x,&y);
    m=maximum(x,y);
    printf("The more number is %d\n",m);
}
int maximum(int a,int b)         /* 定义整型函数 */
{
    int z;
    z=a>b? a:b;
    return z;
}
```

使用这种方法,编译系统不知道要调用函数的情况,无法对函数参数的个数和类型进行检查。若函数调用的实参出错,在编译时也不会报错,而在运行时出错。而且,用 Visual C++时,如果函数定义在调用之后,要求对所调用的函数进行声明,上面的程序在 Visual C++中通不过。因此，在编程时，应该对所有函数进行声明，以保证程序的可靠性、清晰性和可移植性。读者在看已有的 C 程序时，可能会遇到上面类似的程序，应能理解和修改。

• 如果在文件开头（在所有函数定义之前），已预先对本文件中所调用的各个函数进行了声明，则在以后的各主调函数中，可不必对被调函数再作声明。例如：

```
char chr(int a);                 /* 声明 chr 函数 */
float f(float b);                /* 声明 f 函数 */
main()                           /* 在 main 函数中要调用 chr 和 f 函数 */
                                 /* 不必再对其要调用的 chr 函数和 f 函数进行声明 */
{
    char ch;
    float x,y;
    int n;
    scanf("%d%f",&n,&y);
    ……
    ch=chr(n);
    x=f(y);
    ……
}
char chr(int a)                  /* 函数 chr 定义 */
{
    ……
}
float f(float b)                 /* 函为和 f 定义 */
{
    ……
}
```

其中第一、二行对 chr 函数和 f 函数预先作了声明，因此在以后各函数中无需对 chr 和 f 函数再作声明就可直接调用。

• 对库函数的调用不需要再作声明，但必须把该函数对应的头文件用 include 命令包含在源文件前部。

7.5　函数的嵌套调用

C 语言中不允许作嵌套的函数定义。因此各函数之间是平行的。但是 C 语言允许在一个函数的定义中出现对另一个函数的调用。这样就出现了函数的嵌套调用，即在被调函数中又调用其他函数。其程序执行过程可用图 7-3 表示。

图 7-3　有函数嵌套调用的执行过程示意图

图 7-3 表示了两层嵌套的情形。其执行过程是:执行 main 函数中调用 a 函数的语句时,即转向执行 a 函数,在 a 函数执行中遇到调用 b 函数语句时,又转向执行 b 函数,b 函数执行完毕返回 a 函数的断点(调用 b 函数的语句)继续执行,a 函数执行完毕返回 main 函数的断点继续执行,直至程序执行结束。

【例 7-8】 编写程序计算 s＝$(2^2)!+(3^2)!$ 的值,要求将求 m^2 和 n! 写成一个通用函数。

本例要求编写两个函数,一个是用来计算平方值的函数 f1,另一个是用来计算阶乘值的函数 f2。主函数先调用函数 f1,在函数 f1 中计算出平方值,再在 f1 中以平方值为实参,调用 f2 计算其阶乘值,然后返回 f1,再返回主函数,利用循环计算累加和。

```c
#include<stdio.h>
#include<math.h>
long f1(int p)
{ int k;
  long r;
  long f2(int);
  k=p*p;
  r=f2(k);
  return r;
}
long f2(int q)
{      long c=1;
       int i;
       for(i=1;i<=q;i++) c=c*i;
       return c;
}
main()
{ int i;
  long s=0;
  for(i=2;i<=3;i++)
            s=s+f1(i);
  printf("\ns=%ld\n",s);
}
```

程序运行结果:

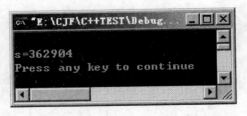

s=362904
Press any key to continue

在程序中,定义的两个函数 f1、f2 是互相独立的,并不互相从属。函数 f1 和 f2 均为长整型,都在主函数之前定义,故不必再在主函数中对 f1 和 f2 加以声明。在主函数中,执行循环程序依次将 i 值作为实参调用函数 f1。在 f1 中又发生对函数 f2 的调用,这时是把 i^2 的值作为实参去调用 f2,在 f2 中完成求 $(i^2)!$ 的计算。f2 执行完毕把 c 值(即 $(i^2)!$)返回给 f1,再由 f1 返回给主函数实现累加。

思考:为什么将函数 f1 和 f2 的类型和函数体内的变量 r、c 的类型都定义为长整型?

7.6 递归函数和函数的递归调用

C 语言中,允许函数直接或间接地调用自己,这种在它的函数体内调用它自身的调用方式称为递归调用。含有递归调用的函数称为递归函数。如果在执行一个函数时要调用的函数是自身,这种调用方式称为直接递归调用,如图 7-4 所示。如果在执行一个函数 f 中调用了另一个函数 g,但 g 函数中又调用了 f 函数,这种调用方式称为间接递归调用,如图 7-5 所示。

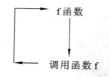

图 7-4　直接递归调用示意图　　　　　图 7-5　间接递归调用示意图

在数学中,有很多存在递归关系的函数。

例如:$n!$ 的递归定义

$$n! = \begin{cases} n(n-1)! & n>1 \\ 1 & n=0,1 \end{cases}$$

Fibonacci 数列的定义:

$$f(n)=f(n-1)+f(n-2)(n=0,1,2,\cdots\cdots),\quad \text{其中 } f(0)=0,f(1)=1;$$

都可以用递归函数和递归调用来实现。

从上面两例看出,递归存在的两个条件是:

(1) 递归的形式,要有一个递归的公式。例如:$f(n)=f(n-1)+f(n-2)$

(2) 递归的结束条件,要有一个最后的确定值。例如:$f(0)=0$;$f(1)=1$

在程序算法设计时,要抓住递归的特点:即通过递推和回溯两个过程来实现。也就是说,要经过若干有限"递推"步骤到初始值后,再由初始值经过相同次数步的"回溯"才能得到要求的值。因为每求一个值都要经过"递推"和"回溯",所以递归算法要经历一个比较缓慢执行过程。

【例 7-9】 写一个用递归法计算 $n!$ 的 C 程序。

$n!$ 的递归公式表示为:

$$n! = \begin{cases} 1 & (n=0,1) \\ (n-1)! \times n & (n>1) \end{cases}$$

定义一个递归函数 f,实现求阶乘。程序如下:

```
#include <stdio.h>
long f (int n)
{
    long y=1;
    if(n<0) printf("n<0,input error");      /* 负数不能计算阶乘 */
```

```
        else if(n==0) y=1;                /*递归终止条件*/
        else y=n*f(n-1);
        return(y);
    }
    main()
    {
        int n;
        long y;
        printf("Please input a integer number:\n");
        scanf("%d",&n);
        y=f(n);
        printf("%d! =%1d\n",n,y);
    }
```

程序运行结果：

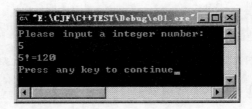

当 $n=5$ 时，递归调用的运行过程如图 7-6 所示。

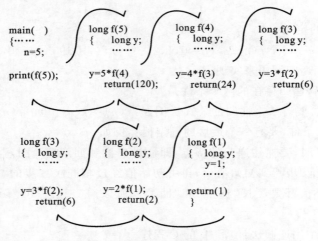

图 7-6   5! 递归过程示意图

从上面的程序设计中，可以总结出递归的条件是：

• 有完成函数任务的语句：

```
long f (int n)
{
    long y=1;
    if(n<0) printf("n<0,input error");
    else if(n==0) y=1;             /*递归测试*/
    else y=n*f(n-1);               /*递归调用语句*/
```

```
        return(y);
    }
```

- 有一个确定是否能避免递归调用的测试。
- 有一个递归调用语句:y＝n＊f(n−1)
- 要先测试,后递归调用。

在递归函数定义中,必须先测试,后递归调用。也就是说,递归调用是有条件的,满足了条件后,才可以递归调用。

递归调用的特点:

(1)递归调用不是重新复制该函数,每次调用它时,新的局部变量和形参会在内存中被重新分配内存单元,并以新的变量重新开始执行;每次递归返回时,当前调用层的局部变量和形参被释放,并返回上次调用自身的地方继续执行。

(2)递归调用一般并不节省内存空间,因为每次调用都要产生一组新的局部变量,从而不破坏上层的局部变量。

(3)递归调用一般并不能加快程序的执行速度,因为每次调用都要保护上层局部变量(现场),而返回时又要恢复上层局部变量,占用执行时间。

(4)递归函数中,必须有结束递归的条件。

(5)递归调用的优点是能解决一些迭代算法难以解决的问题、简化程序设计且程序的可读性好。

7.7 数组作为函数参数

数组可以作为函数的参数使用,进行数据传送。数组用作函数参数有两种形式,一种是把数组元素作为实参使用,这时数组元素与普通变量没有区别;另一种是把数组名作为函数的形参和实参使用。

7.7.1 数组元素作函数实参

数组元素作为实参时,它与普通变量并无区别。因此它作为函数实参使用与普通变量是完全相同的,在发生函数调用时,把作为实参的数组元素的值传送给形参,实现单向的值传送。【例 7-10】说明了这种情况。

【例 7-10】 判别一个整数数组中各元素的值,若大于 0 则输出该值,若小于等于 0 则输出 0 值。

分析 定义函数 nzp,函数 nzp 根据形参 v 的值在显示器上输出不同的结果,若 v 大于 0 则输出 v,若 v 小于或等于 0,则输出 0。在 main 函数中在一个 for 循环内依次用数组 a 的各个元素为实参调用函数 nzp,在显示器上得到相应信息。

编程如下:

```
# include <stdio. h>
void nzp(int v)
{
    if(v>0) printf("%d   ",v);
    else printf("%d   ",0);
}
```

```
void main()
{
    int a[5],i;
    printf("Input 5 numbers\n");
    for(i=0;i<5;i++)
    {
        scanf("%d",&a[i]);
        nzp(a[i]);
    }
    printf("\n");
}
```

程序运行结果：

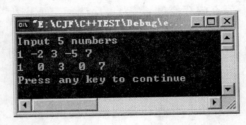

本程序中首先定义一个无返回值函数 nzp,并说明其形参 v 为整型变量。在函数体中根据 v 值输出相应的结果。在 main 函数中用一个 for 语句输入数组各元素值,每输入一个就以该元素值作实参调用一次 nzp 函数,即把 a[i]的值传送给形参 v,供 nzp 函数使用。

7.7.2　数组名作为函数参数

此时形参与实参都应使用数组名,分别在被调函数与主调函数中说明数组类型,并且要求实参与形参数组的类型相同、维数相同。在进行参数传递时是地址传递,即实参数组的首地址传给形参数组,而不是将实参数组的每个元素一一送给形参的各数组元素。这种情况不同于基本类型变量作函数参数的值传递。

【例 7-11】 用冒泡法将 10 个数按由小到大排序。

冒泡法的思想在上一章已经讲述,这里再简单介绍一下:相邻两数比较,若前面的数大,则两数交换位置,直至最后一个元素被处理,最大的元素就"冒"到最上面,即在最后一个元素位置。这样,如有 n 个元素,共进行 $n-1$ 轮,每轮让剩余元素中最大的元素"冒"到上面,从而完成排序。事实上,$n-1$ 轮是最多的排序轮数,而只要在某一轮排序中没有进行元素交换,则说明已排好序,可以提前退出外循环,结束排序。本例通过设置标志变量 flag 来实现,其初值为0,有交换,flag=1,否则,flag=0 不变,用 break 提前结束排序过程。

```
#include <stdio.h>
#define N 100
main()
{
    int a[N];
    int i,m;
    void sort(int b[],int k);       /*声明函数*/
    void print(int b[],int k);      /*声明函数*/
```

```
        printf("Input m(<100);");
        scanf("%d",&m);                  /*输入要排序的元素个数*/
        for(i=0;i<m;i++)
            scanf("%d",&a[i]);           /*输入 m 个元素到数组 a 中*/
        sort(a,m);
        print(a,m);
    }
    void sort(int b[],int k)
    {
        int i,j,t,flag;
        for(j=0;j<k-1;j++)
        {
            flag=0;
            for(i=0;i<k-j-1;i++)
              if(b[i]>b[i+1])
                {                             /*相邻元素交换位置*/
                    t=b[i];
                    b[i]=b[i+1];
                    b[i+1]=t;
                    flag=1;                   /*有元素交换位置,标志置 1*/
                }
            if(flag==0) break;                /*没有交换元素,结束循环*/
        }
    }
    void print(int b[],int k)
    {
        int i;
        for(i=0;i<k;i++)
        {
            if(i%4==0) printf("\n");
            printf("%6d",b[i]);
        }
        printf("\n");
    }
```

程序运行结果:

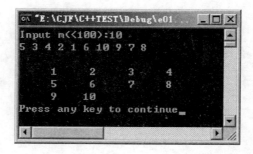

sort( )实现排序,其形参数组 b 没有说明长度,而是通过另一形参 k 来决定处理元素的个数,但 k 的值不能超过实参数组大小。由于数组名作为函数参数时,传递的是数组的起始地址,形参接受实参数组的起始地址值,形参与实参共用相同的存储区域,sort( )中将数组 b 排好序,也就是将 a 排好了序。这也是数组作为参数与其他基本类型变量作为参数所不同的。采用函数实现的另一个好处是,函数处理排序时不是针对特定的数组,只要当调用函数 sort( )时采用不同的实参,就可以完成对不同的数组进行排序。

【例 7-12】 输出如下的杨辉三角形(输出不超出 10 行)。

```
1
1   1
1   2   1
1   3   3   1
1   4   6   4   1
1   5   10   10   5   1
     ⋮
```

这个问题的关键是要仔细分析杨辉三角形生成的特点,找出每个数的形成规律。

分析:

(1) 三角形最左边和最右边的元素总是 1,各行的中间各值是上一行对应值与上一行对应位置左边值的和。可以定义一个二维数组 a 来保存杨辉三角形的各个值。则 i 行第一个与最后一个元素的值分别为 $a[i][0]=a[i][i]=1$,中间某元素(i 行 j 列)的值为:

$$a[i][j]=a[i-1][j-1]+a[i-1][j]$$

(2) 定义函数 yh(int a[][N],int n)生成杨辉三角形,a 是二维数组,n 决定生成多少行。

(3) 在主函数中函数调用语句"yh(b,n);"的参数传递是将实参数组 b 的首地址传给形参数组 a,a 共用 b 的存储单元,因此,虽然是在函数中将杨辉三角形的值生成在数组 a 中,实际上也是在数组 b 中。

程序如下:

```c
#include <stdio.h>
#define N 10
main()
{
    int i,j,m,b[N][N];
    void yh(int a[N][N],int n);        /*函数声明*/
    printf("Please enter n:");
    scanf("%d",&m);
    yh(b,m);
    for(i=0;i<m;i++)
    {
        for(j=0;j<=i;j++)
            printf("%4d",b[i][j]);
        printf("\n");
    }
}
```

```
        void yh(int a[][N],int n)
        {
            int i,j;
            for(i=0;i<n;i++)                    /*生成三角形边上的元素*/
            {
                a[i][0]=1;                      /*即0列与i行i列的元素为1*/
                a[i][i]=1;
            }
            for(i=2;i<n;i++)
                for(j=1;j<i;j++)
                    a[i][j]=a[i-1][j-1]+a[i-1][j];
        }
```

程序运行情况:

说明:

(1) 形参数组和实参数组的类型必须一致。如形参数组和实参数组维数相同、元素类型相同。

(2) 实参数组与形参数组大小可以不一致。C语言编译时和程序执行时不检查形参数组大小。

(3) 一维形参数组可以不指定大小,在定义数组时在数组名后跟一个空的方括号。为在被调用函数中处理数组元素的需要,可以另设一参数来传递数组元素的个数。对二维形参数组,只有第一维的大小可以省略,第二维的大小必须指定。

(4) 当用数组名作函数参数时是把实参数组的起始地址传给了形参数组,由于实际上形参和实参为同一数组,形参数组共用实参数组的内存空间,因此当形参数组发生变化时,实参数组也随之变化。利用这一特点,可以将函数处理中得到的多个结果返回主调函数。如上例中,生成的杨辉三角形各值保存在数组a中,而b是a的实参,b与a有相同的值。

(5) 用多维数组作为函数参数时,形参数组的第一维大小可以不指定,但第二维及高维必须指定。例如【例7-12】中函数声明可写为:

```
        void yh(int a[][N],int n);
```

但不能写为:

```
        void yh(int a,int n);
```

因为这样 C 语言编译系统会认为在调用该函数时类型不匹配。

7.8　变量的作用域与存储方式

在讨论函数的形参变量时曾经提到,形参变量只在函数被调用期间才被分配内存单元,调用结束立即释放。这一点表明形参变量只有在函数内才是有效的,离开该函数就不能再使用了。这种变量有效性的范围称为变量的作用域(scope)。C 语言中所有的量都有自己的作用域。变量定义的方式不同,其作用域也不同。C 语言中的变量,按作用域范围,变量可以分为局部变量(local variable)和全局变量(global variable)。

1. 局部变量

局部变量也称为内部变量。局部变量是在函数内部定义的。其作用域仅限于函数内,离开该函数后该变量不能被引用。例如:

```
int f1(int a) / * 函数 f1 * /
{
  int b,c;                    变量 b,c 和形参 a 在函数 f1 中有效
  ……
}
int f2(int x) / * 函数 f2 * /
{
  int y,z;                    变量 y,z 和形参 x 在函数 f2 中有效
  ……
}
mina()
{
  int m,n;                    变量 m,n 在 main 中有效
  ……
}
```

在函数 f1 内定义了三个变量,a 为形参,b、c 为一般变量。在 f1 的范围内 a、b、c 有效,或者说 a、b、c 变量的作用域限于 f1 内。同理,x、y、z 的作用域限于 f2 内,m、n 的作用域限于 main 函数内。

有关局部变量的作用域的说明:

(1)包括 main 函数在内的所有函数中定义的变量只能在所定义的函数中使用。

(2)函数中的局部变量和形参在函数被调用时才被分配内存单元且离开函数后释放,所有形参也是局部变量。实参是主调函数中的局部变量。

(3)不同函数中可以定义相同名字的变量(称为同名量),彼此之间互不干扰且互无联系,各自代表不同的对象,分配不同的内存单元。

(4)可以在一个函数内部的复合语句中定义变量,其作用域仅限于本复合语句,离开此复合语句后引用无效。例如:

```
main()
{
    int s,a;
    ……
    {
        int b=6;
        s=a+b;              变量 b 的作用域              变量 s、a 的作用域
        ……
    }
    ……
}
```

【例 7-13】 局部变量作用域示例。

```
#include <stdio.h>
main()
{
    int i=2,j=3,k;
    k=i+j;                      /*计算出的 k=5*/
    {
        int k=8;
        i=3;
        printf("k=%d\n",k);     /*输出的 k=8*/                变量 i、j、k 的作用域,但 k 为同名量
    }
    printf("i=%d,k=%d\n",i,k);  /*输出的 k=5*/
}
```

程序执行结果：

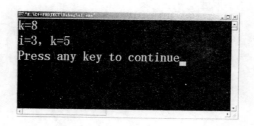

本程序在 main 中定义了 i,j,k 三个变量,而在复合语句内又定义了一个同名变量 k,并赋初值为 8。在复合语句外由 main 中定义的 k 起作用,而在复合语句内则由在复合语句内定义的 k 起作用。因此程序第 5 行的 k 为 main 中所定义,其值应为 5。第 9 行输出 k 值,该行在复合语句内,由复合语句内定义的 k 起作用,其初值为 8,故输出值为 8,第 11 行输出 i、k 值。i 是在整个程序中有效的,第 8 行对 i 赋值为 3,故 i 值输出为 3。而第 11 行已在复合语句之外,输出的 k 应为 main 中所定义的 k,此 k 值由第 5 行已获得为 5,故输出 k 值为 5。

2. 全局变量

在函数外部定义的变量,称为全局变量,又称为外部变量。全局变量可以为本文件中其他函数所共用,其有效范围是从定义变量的位置开始到本源文件结束。若在程序最开始定义全局变量,则该变量可以被整个源文件中的各个函数使用;若在程序中其他位置定义的全局变量,则该变量可以被在定义位置以后的各个函数使用。

全局变量不属于哪一个函数,它属于一个源程序文件,其作用域是整个源程序文件。在函

数中使用全局变量,如果全局变量的定义在使用之后,应作全局变量声明。只有在函数内经过声明的全局变量才能使用。全局变量的声明符为 extern。但在一个函数之前定义的全局变量,在该函数内使用可不再加以说明。例如:

```
int a,b;
void f1()
{
    ……
}
float x,y;
int f2()
{
    ……
}
main()
{
    ……
}
```

全局变量 x、y 的作用域

全局变量 a、b 的作用域

【例 7-14】 输入正方体的长宽高 l、w、h,求体积及三个面 x＊y、x＊z、y＊z 的面积。

程序如下:

```
# include <stdio. h>
int s1,s2,s3                    /＊定义三个全局变量＊/
int vs(int a,int b,int c)
{
    int v;
    v＝a＊b＊c;
    s1＝a＊b;                    /＊使用全局变量＊/
    s2＝b＊c
    s3＝a＊c;
    return v;
}
main()
{
    int v,l,w,h;
    printf("Please input length,width and height:\n");
    scanf("%d%d%d",&l,&w,&h);
    v＝vs(l,w,h);
    printf("v＝%d s1＝%d s2＝%d s3＝%d\n",v,s1,s2,s3);
}
```

程序运行结果:

```
cx "E:\CJF\C++TEST\Debug\e01.exe"
Please input length,width and height:
2 3 5
v=30 s1=6 s2=15 s3=10
Press any key to continue
```

本程序中定义了三个外部变量 s1、s2、s3,用来存放三个面积,其作用域为整个程序。函数 vs 用来求正方体体积和三个面积,函数的返回值为体积 v。由主函数完成长、宽、高的输入及结果输出。由于 C 语言规定函数返回值只能有一个,当需要增加函数的返回数据时,用外部变量是一种很好的方法。本例中,如不使用外部变量,在主函数中就不可能取得 v、s1、s2、s3 四个值,而采用了外部变量,在函数 vs 中求得的 s1、s2、s3 值在 main 中仍然有效。因此外部变量是实现函数之间数据通信的有效手段。

对于全局变量还有以下几点说明:

(1) 定义的全局变量在某一函数中发生改变,则该变量的值将影响到其他函数。

(2) 可以利用全局变量从被调函数中返回多个值。

(3) 若全局变量与函数中的局部变量同名,则在局部变量的作用范围内,全局变量不起用。例如:

```
#include <stdio.h>
int a=3,b=5;
int max(int a,int b)
{int c;
    c=a>b? a:b;          形参 a、b 的作用域,全局变量 a、b 不起作用
    return(c);
}
                                                              全局变量 a、b 的作用域
void main( )
{   int a=8;
    printf("%d",max(a,b));   局部变量 a 的作用域,全局变量 a 不起作用
}
```

程序运行后的结果是:8

(4) 过多使用全局变量不仅加大了系统"开销",因为全局变量在程序全部执行过程中都占用存储单元,而且使程序的可读性降低。因此要限制使用全局变量,在不必要时尽量不要使用全局变量。

(5) 若要在全局变量定义之前使用全局变量,可在使用前用 extern 进行声明。

【例 7-15】 分析下面程序执行的结果。

```
#include <stdio.h>
extern int l,w,h;                    /* 全局变量定义在后面,使用前需声明 */
int vs(int l,int w)
{
    int v;
    v=l*w*h;
    return v;
}
void main()
{
    int l=5;
    printf("v=%d\n",vs(l,w));          /* l 是 main 内定义的 l,w 是全局变量 */
}
int l=3,w=4,h=5;                       /* 定义三个全局变量 */
```

程序执行结果:

本例程序中,外部变量在最后定义,因此在前面必须对要用的外部变量 l、w、h 进行声明。外部变量 l、w 和 vs 函数的形参 l、w 同名。外部变量都作了初始化赋值,main 函数中也定义了局部变量 l 并对 l 作了初始化赋值。执行程序时,在 printf 语句中调用 vs 函数,实参 l 应为 main 中定义的局部变量 l,等于 5,外部变量 l 在 main 内不起作用,被 main 内局部变量 l 所"屏蔽",实参 w 为外部变量 w,值为 4,进入 vs 后这两个值传送给形参 l、w,外部变量 l、w 在函数 vs 中无效,被函数 vs 的形参 l、w 所"屏蔽",vs 函数中使用的 h 为外部变量,其值为 5,因此 v 的计算结果为 100,返回主函数后输出。

*7.9 变量的存储类型

7.9.1 动态存储方式与静态存储方式

各种变量的作用域不同,就其本质来说是因为变量的存储类型不相同。所谓存储类型是指变量占用内存空间的方式,也称为存储方式。变量的存储方式可分为"静态存储"和"动态存储"两种。

静态存储变量通常是在变量定义时就分配固定存储单元并一直保持不变,直至整个程序结束。7.8 节中介绍的全局变量即属于此类存储方式。动态存储变量是在程序执行过程中,使用它时才分配存储单元,使用完毕立即释放。典型的例子是函数的形式参数,在函数定义时并不给形参分配存储单元,只是在函数被调用时,才予以分配内存单元,调用函数完毕立即释放。如果一个函数被多次调用,则反复地分配、释放形参变量的存储单元。从以上分析可知,静态存储变量是一直存在的,而动态存储变量则时而存在时而消失。我们又把这种由于变量存储方式不同而产生的特性称变量的生存期。生存期表示了变量存在的时间。生存期和作用域是从时间和空间这两个不同的角度来描述变量的特性,这两者既有联系,又有区别。一个变量究竟属于哪一种存储方式,并不能仅从其作用域来判断,还应有明确的存储类型说明。

在 C 语言中,对变量的存储类型说明有以下四种:

auto	自动变量
register	寄存器变量
extern	外部变量
static	静态变量

自动变量和寄存器变量属于动态存储方式,外部变量和静态变量属于静态存储方式。在介绍了变量的存储类型之后,可以知道对一个变量的定义不仅应定义其数据类型,还应定义其存储类型。因此变量定义的完整格式为:

存储类型说明符 数据类型说明符 变量名 1,变量名 2,…;

其中:存储类型说明符为 auto、register、extern 和 static 中的任一种;对于全局变量缺省值为 extern;对于局部变量缺省值为 auto。例如:

```
static int a,b;                    /* 定义 a、b 为静态整型变量 */
auto char c1,c2;                   /* 定义 c1、c2 为自动字符变量 */
static int a[5]={1,2,3,4,5};       /* 定义 a 为静态整型数组 */
extern int x,y;                    /* 定义 x、y 为外部整型变量 */
```

7.9.2 自动变量

自动变量的类型说明符为 auto。这种存储类型是 C 语言程序中使用最广泛的一种类型。C 语言规定,函数内凡未加存储类型说明的变量均视为自动变量,也就是说自动变量可省去说明符 auto。在前面各章的程序中所定义的变量凡未加存储类型说明符的都是自动变量。例如:

```
{
    int i,j,k;
    char c;
    ……
}
```

等价于:

```
{
    auto int i,j,k;
    auto char c;
    ……
}
```

自动变量具有以下特点:

(1) 自动变量的作用域仅限于定义该变量的个体内。在函数中定义的自动变量,只在该函数内有效。在复合语句中定义的自动变量只在该复合语句中有效,例如:

```
int kv(int a)            /* 变量 a 作用域开始 */
{
    auto int x,y;        /* 变量 x、y 作用域开始 */
    {
        auto char c;     /* 变量 c 作用域从此开始 */
        ……
    }                    /* 变量 c 作用域结束 */
    ……
}                        /* 变量 a、x、y 作用域结束 */
```

(2) 自动变量属于动态存储方式,只有在使用它,即定义该变量的函数被调用时才给它分配存储单元,开始它的生存期。函数调用结束,释放存储单元,生存期结束。因此函数调用结束之后,自动变量的值不能保留。在复合语句中定义的自动变量,在退出复合语句后也不能再使用,否则将引起错误。例如以下程序:

```
#include <stdio.h>
main()
{
    auto int a;
    printf("Please input a number:\n");
```

```
        scanf("%d",&a);
        if(a>0){
            auto int s,p;
            s=a+a;
            p=a*a;
        }
        printf("s=%d p=%d\n",s,p);
    }
```

s、p 是在复合语句内定义的自动变量,只在该复合语句内有效。而程序的第 12 行却是在退出复合语句之后用 printf 语句输出 s、p 的值,这显然会引起错误。

(3) 由于自动变量的作用域和生存期都局限于定义它的个体内(函数或复合语句内),因此不同的个体中允许使用同名的变量而不会混淆。即使是函数内定义的自动变量也可与该函数内部的复合语句中定义的自动变量同名。【例 7-16】表明了这种情况。

【例 7-16】 自动变量同名示例。

```
#include <stdio.h>
main()
{
    auto int a,s=100,p=100;        /*定义自动变量 s、p*/
    printf("Please input a number:\n");
    scanf("%d",&a);
    if(a>0)
    {
        auto int s,p;              /*定义另两个自动变量 s、p*/
        s=a+a;
        p=a*a;
        printf("s=%d p=%d\n",s,p);
    }
    printf("s=%d p=%d\n",s,p);
}
```

程序运行结果:

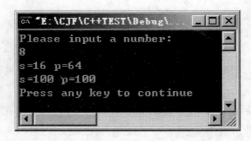

本程序在 main 函数和复合语句内两次定义变量 s、p 为自动变量。按照 C 语言的规定,在复合语句内,应由复合语句中定义的 s、p 起作用,故 s 的值应为 a+a,p 的值为 a*a。退出复合语句后的 s、p 应为 main 中所定义的 s、p,其值在初始化时给定,均为 100。从输出结果可以分析出两个 s 和两个 p 虽变量名相同,但却是两个不同的变量。

7.9.3 外部变量

外部变量的类型说明符为 extern。在前面介绍全局变量时已介绍过外部变量。外部变量的作用域是从变量定义处开始,到本程序文件的末尾。在此作用域内,外部变量可以被程序中的各个函数所使用。

有时候需要用 extern 来声明外部变量,以扩展外部变量的作用域。

应该说明的是,外部变量和全局变量是对同一类变量的两种不同角度的提法。全局变量是从它的作用域提出的,外部变量是从它的存储方式提出的,表示了它的生存期。

1. 在一个文件内声明外部变量

如果外部变量不在文件的开头定义,其有效的作用范围是从变量定义到文件结束。在定义点之前的函数如果想使用该变量,就应该在使用前用关键字 extern 对该变量作"外部变量声明",表示该变量是一个已经定义的外部变量。有了此声明,就可以从"声明"处开始,合法地使用该变量。

【例 7-17】 用 extern 声明外部变量,扩展其作用域。

```
#include <stdio.h>
int mult(int a,int b)
{
    int z;
    z=a*b;
    return z;
}
main()
{
    extern int A,B;                /*声明外部变量 A、B,扩展其作用域*/
    printf("%d * %d=%d\n",A,B,mult(A,B));
}
int A=5,B=6;                       /*定义外部变量 A、B*/
```

程序执行情况:

在 main 函数后定义外部变量 A、B,为了在 main 函数中使用外部变量 A、B,故在 main 函数开始用 extern 关键字声明 A、B,这样在 main 函数中就可以合法地使用外部变量 A、B。在 main 函数中用外部变量 A、B 作 printf 函数和 mult 函数的实参调用这两个函数,输出 A、B 和 mult 函数返回的 A、B 的积。当然,如果将外部变量 A、B 的定义放在程序开头,在所有函数定义前面定义外部变量 A、B,那么在后面的函数中就可以不用 extern 关键字声明它们而直接使用它们。

用 extern 声明外部变量时,可以省略变量类型,例如上面程序中的外部变量 A、B 的声明"extern int A,B;"也可以写成:

```
extern A,B;
```

2. 在多文件的程序中声明外部变量

当一个源程序由若干个源文件组成时,在一个源文件中定义的外部变量在其他的源文件中也有效。例如有一个源程序由源文件 f1. c 和 f2. c 组成,文件 f1. c 的内容为:

```
int a,b;              /*外部变量定义*/
char c;               /*外部变量定义*/
main()
{
    ......
}
```

文件 f2. c 的内容为:

```
extern int a,b;       /*外部变量声明*/
extern char c;        /*外部变量声明*/
int func (int x,y)
{
    ......
}
```

在 f1. c 和 f2. c 两个文件中都要使用 a、b、c 三个变量。在 f1. c 文件中把 a、b、c 都定义为外部变量。在 f2. c 文件中用 extern 把三个变量声明为外部变量,表示这些变量已在其他文件中定义,并把这些变量的类型和变量名通知编译系统,编译系统便不再为它们分配内存空间。对构造类型的外部变量,如数组等可以在定义时作初始化赋值,若不赋初值,则系统自动定义它们的初值为 0。

7.9.4　静态变量

静态变量的类型说明符是 static。静态变量当然属于静态存储方式,但是属于静态存储方式的量不一定就是静态变量。例如外部变量虽属于静态存储方式,但不一定是静态变量,必须由 static 加以定义后才能成为静态外部变量,或称静态全局变量。对于自动变量,前面已经介绍它属于动态存储方式。但是也可以用 static 定义它为静态变量,或称静态局部变量,从而成为静态存储方式。

由此看来,一个变量可由 static 进行定义,使其使用静态存储方式。

1. 静态局部变量

在局部变量的定义前再加上 static 说明符就构成静态局部变量。例如:

```
static int a,b;
static float array[5]={1,2,3,4,5};
```

【例 7-18】　自动变量与静态局部变量的例子。

```
#include <stdio.h>
main()
{
    int i;
    void f();                    /*函数声明*/
    for(i=1;i<=5;i++) f();       /*函数调用*/
}
void f()                         /*函数定义*/
```

```
{
    auto int j=0;                          /*定义自动变量 j*/
    ++j;
    printf( * %d\n",j);
}
```

程序运行结果：

程序中定义了函数 f,其中的变量 j 定义为自动变量并赋予初始值为 0。当 main 中多次调用 f 时,j 均赋初值为 0,故每次输出值均为 1。现在把 j 改为静态局部变量,程序如下：

```
#include <stdio. h>
main()
{
    int i;
    void f();
    for (i=1;i<=5;i++) f();
}
void f()
{
    static int j=0;
    ++j;
    printf("%d\n",j);
}
```

程序运行结果：

在函数 f 中,将变量 j 定义成静态局部变量。在 main 函数中,执行 for 循环第一次调用 f 函数时,给 j 分配存储单元,并且执行初始化语句"static int j=0;"将 j 赋值为 0。然后每次 f 函数调用结束后静态局部变量 j 的存储空间并不被系统收回,其中保留 f 函数调用结束时的值,故每次输出的 j 值递增。请注意第二次及以后调用 f 函数时初始化语句"static int j=0;"不再执行,j 以上次 f 函数调用结束时的值参与运算。main 函数结束时 j 的存储单元才被收回。

静态局部变量属于静态存储方式,它具有以下特点:

(1) 静态局部变量在函数内定义,但不像自动变量那样,当调用时就存在,退出函数时就消失。静态局部变量始终存在着,也就是说它的生存期为整个源程序。

(2) 静态局部变量的生存期虽然为整个源程序,但是其作用域仍与自动变量相同,即只能在定义该变量的函数内使用该变量。退出该函数后,尽管该变量还继续存在,但不能使用它。

(3) 对于基本类型的静态局部变量若在定义时未赋以初值,则系统自动赋予 0 值。而对自动变量不赋初值,其值是不定的。且与自动变量不同,静态局部变量的初始化语句只在第一次调用定义它的函数时执行,以后不管调用这个函数多少次,这个初始化语句都不再执行,该静态局部变量保持上一次该函数调用结束时的值。根据静态局部变量的特点,可以看出它是一种生存期为整个源程序的量。虽然离开定义它的函数后不能使用它,但再次调用定义它的函数时,它又可继续使用,而且保存了前次定义它的函数被调用后留下的值。因此,当多次调用一个函数且要求在调用之间保留某些变量的值时,可考虑采用静态局部变量。虽然用全局变量也可以达到上述目的,但全局变量有时会造成意外的副作用,因此仍以采用静态局部变量为宜。

【例 7-19】 求 $n!$。

分析 定义求阶乘函数 cal,在 cal 函数中定义一个静态长整型局部变量 m,利用静态局部变量的值在函数执行完毕仍保留的特点,可以利用上次计算结果求下一个阶乘。在 main 函数中调用函数 cal 求得连续阶乘。

```
#include <stdio.h>
long cal(int n)
{
    static long m=1;
    m=m*n;
    return m;
}
main()
{
    int k,i;
    printf("Please enter a number:\n");
    scanf("%d",&k);
    for(i=1;i<=k;i++)
        printf("%d! =%ld\n",i,cal(i));
}
```

程序运行结果:

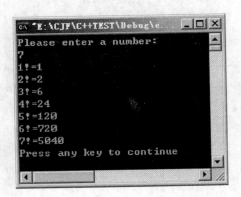

在函数 cal 中定义了一个静态变量 m,每次函数 cal 调用结束后 m 的值都保留,下次调用 cal 函数时继续使用 m 存储单元中保留的值。程序具体执行过程请读者自行分析。

2. 静态全局变量

全局变量(外部变量)的定义之前再冠以 static 就构成了静态的全局变量。全局变量本身就是静态存储方式,静态全局变量当然也是静态存储方式。这两者在存储方式上并无不同。这两者的区别在于普通全局变量的作用域是整个源程序,当一个源程序由多个源文件组成时,全局变量在各个源文件中都是有效的。而静态全局变量则缩小了其作用域,即只在定义该变量的源文件内有效,在同一源程序的其他源文件中不能使用它。由于静态全局变量的作用域局限于某一个源文件,只能为该源文件内的函数使用,因此可以避免在其他源文件中引起错误。把全局变量改变为静态全局变量后改变了它的作用域,限制了它的使用范围。例如:

```
file1.c(源文件一)          file2.c(源文件二)
static int B;             extern int B;
void main()              void main()
{                        {
    …                        …
}                            B=B*10;
                             …
                         }
```

在 file1.c 中定义 B 为静态全局变量,故其作用域为 file1.c,在其他文件中无法引用它,虽然在 file2.c 中用了"extern int B;"语句,在 file2.c 中仍然无法使用 file1.c 中静态全局变量 B。

7.9.5　寄存器变量

上述各类变量都存放在内存储器内,因此当对一个变量频繁读写时,必须要反复访问内存储器,从而花费大量的存取时间。为此,C 语言提供了另一种变量,即寄存器变量。这种变量存放在 CPU 的寄存器中,使用时,不需要访问内存,而直接从寄存器中读写,由于对寄存器的存取速度远高于对内存的存取速度,因此这样可提高效率。寄存器变量的说明符是 register。对于循环次数较多的循环控制变量及循环体内反复使用的变量均可定义为寄存器变量。

【例 7-20】　求 $\sum_{i=1}^{200} i$。

分析　循环控制变量 i 和 s 都将被频繁使用,将它们定义为寄存器变量。

```
#include <stdio.h>
main()
{
    register int i,s=0;
    for(i=1;i<=200;i++)
        s=s+i;
    printf("s=%d\n",s);
}
```

程序运行结果:

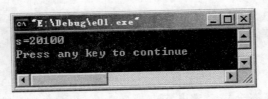

本程序循环 200 次，i 和 s 都将被频繁使用，因此定义为寄存器变量。

对寄存器变量还要说明以下几点：

（1）只有局部自动变量和形式参数才可以定义为寄存器变量。因为寄存器变量属于动态存储方式，凡需要采用静态存储方式的量不能定义为寄存器变量，例如，静态局部变量不能定义为寄存器变量，形如：

    register static int a,b,c;

的定义是错误的。

（2）即使在能真正使用寄存器变量的机器中，由于 CPU 中寄存器的个数是有限的，因此使用寄存器变量的个数也是有限的，不能定义任意多个寄存器变量。不同系统对寄存器变量的处理方法是不同的，在 Turbo C、MS C 等微机上使用的 C 语言中，实际上是把寄存器变量当成自动变量处理的，因此速度并不能提高，而在程序中允许使用寄存器变量只是为了与标准 C 保持一致。有的系统只允许将 int、char 和指针型变量定义为寄存器变量。

7.9.6　存储类别小结

（1）数据的两种属性：数据类型和存储类别。

（2）从作用域角度分，有局部变量和全局变量。局部变量包括自动变量、静态局部变量、寄存器变量和形参；全局变量包括静态全局变量和非静态全局变量。

（3）从变量生存期来区分，有动态存储和静态存储两种类型。动态存储包括自动变量、寄存器变量和形参；静态存储包括静态全局变量、静态局部变量和非静态全局变量。

（4）从变量值存放的位置来区分，可分为内存的静态存储区和内存的动态存储区及 CPU 中的寄存器。内存的静态存储区包括静态全局变量、静态局部变量和外部变量；内存的动态存储区包括自动变量和形参；CPU 中的寄存器包括寄存器变量。

*7.10　内部函数和外部函数

函数一旦定义后就可被其他函数调用。但当一个源程序由多个源文件组成时，在一个源文件中定义的函数能否被其他源文件中的函数调用呢？为此，C 语言又把函数分为两类：内部函数和外部函数。

7.10.1　内部函数

如果在一个源文件中定义的函数只能被本文件中的函数调用，而不能被同一源程序其他文件中的函数调用，这种函数称为内部函数。定义内部函数的一般形式是：

    static 类型说明符 函数名（形参表）

    {

        ……

    }

例如：

```
    static int  f(int  a,int  b)
    {
        ……
    }
```

　　内部函数也称为静态函数。但此处静态 static 的含义已不是指存储方式，而是指对函数的调用范围只局限于本文件。因此在不同的源文件中定义同名的静态函数不会引起混淆。

7.10.2　外部函数

　　外部函数在整个源程序中都有效，其定义的一般形式为：
　　　　extern 类型说明符　函数名(形参表)
例如：
　　　　extern int f(int a,int b)
　　如在函数定义中没有说明 extern 或 static 则隐含为 extern。也就是说，定义外部函数时extern 可以省略。在一个源文件的函数中调用其他源文件中定义的外部函数时，应用 extern声明被调函数为外部函数。例如：

```
    # include <stdio. h>
    main( )
    {
        extern int f1(int i);      /* 外部函数声明,表示 f1 函数在其他源文件中定义 */
        ……
    }
    file2. c
    # include <stdio. h>
    extern int f1(int i)            /* 外部函数定义 */
    {
        ……
    }
```

　　在 file1. c 文件 main 函数中要调用 file2. c 源文件中定义的外部函数 f1,故在该 main 函数中用 extern 关键字声明 f1 函数,告诉编译器该函数在另一个源文件中定义。

　　【例 7-21】　输入任何一个整数,将其转换为二进制、八进制、十六进制数并且显示出来。

　　分析　本例采用模块化方法解决,在不同的文件中定义 main 函数、函数 input、函数convert、函数 output,它们分别是主函数、输入函数、转换函数、输出函数。由于这些函数都不在同一个文件中,所以在源文件 e1. c 中需要用 extern 关键字声明后面三个函数。将一个整数转换为二进制数、八进制数、十六进制数时所做的工作是类似的,只是在转换过程中用不同的基数去除被转换整数,所以定义函数 convert,将要转换的数和要转换的进制及存放结果的数组作为参数传给函数 convert,这样函数 convert 可以将某个整数转换为任意进制数。函数convert 的返回值为结果位数。在 main 函数中调用这几个函数,完成输入、转换、输出转换结果。

　　本程序部分流程图如图 7-7 所示。

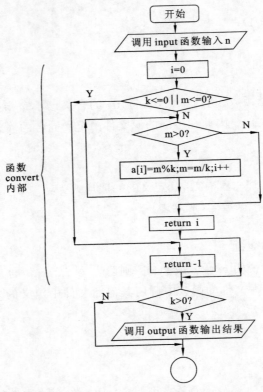

图 7-7　将整数转换成 2、8、16 进制数部分流程图

源文件：e1.c
```c
#include <stdio.h>
extern int input(char prompt[]);              /*外部函数声明*/
extern int convert(int m,int k,int a[]);      /*外部函数声明*/
extern void output(int a[],int k,int j);      /*外部函数声明*/
main()
{
    int n,k;
    int a[32];                                /*存放转换结果的数组*/
    n=input("Please input a number");         /*输入要转换的数*/
    k=convert(n,2,a);                         /*将 n 转换为 2 进制数并存放在数组 a 中*/
    if(k>0) output(a,k,2);                    /*如果转换成功(k>0)输出 a 中的结果*/
    k=convert(n,8,a);                         /*将 n 转换为 8 进制数并存放在数组 a 中*/
    if(k>0) output(a,k,8);
    k=convert(n,16,a);                        /*将 n 转换为 16 进制数并存放在数组 a 中*/
    if(k>0) output(a,k,16);
}
```

源文件 e2.c
```c
#include <stdio.h>
/*本函数在屏幕上输出提示 prompt,输入一个整数*/
```

```c
                                    /* 并将该整数作为函数值返回 */
int input(char prompt[])
{
    int m;
    printf("%s:\n",prompt);          /* 输出提示内容 */
    scanf("%d",&m);                  /* 从键盘上输入数据 */
    return m;                        /* 返回键盘上输入的数据 */
}
```

源文件 e3. c

```c
#include <stdio.h>
/* 将 m 转换为 k 进制数,转换后的结果存放在数组 a 中 */
/* 返回转换后的位数 */
int convert(int m,int k,int a[])
{
    int i=0;
    if(k<=0||m<=0)                   /* 参数无效则直接返回 */
    {
        printf("error parameter\n");
        return -1;
    }
    while(m>0)
    {
        a[i]=m%k;                    /* 求余 */
        m=m/k;                       /* 整除 */
        i++;                         /* i指向用来存放下一个转换结果的数组元素 */
    }
    return i;                        /* i的值即为数组 a 中有效数据的个数 */
}
```

源文件 e4. c

```c
#include <stdio.h>
/* 本函数输出在数组 a 中的 k 个数 */
/* j 是进制的基数 */
void output(int a[],int k,int j)
{
    int i;
    printf("when base is %d the result is:\n",j);
    for(i=k-1;i>=0;i--)              /* 从高位到低位输出转换结果 */
    if(a[i]<10) printf("%c",a[i]+'0');
    else                             /* 输出十六进制的 A、B、C、D、E、F */
        switch(a[i])
        {
            case 10:printf("%c",'A');
                    break;
            case 11:printf("%c",'B');
                    break;
```

```
              case 12:printf("%c",'C');
                      break;
              case 13:printf("%c",'D');
                      break;
              case 14:printf("%c",'E');
                      break;
              case 15:printf("%c",'F');
                      break;
              default:printf("Error data");
                      break;
          }

          printf("\n");
      }
```

程序运行结果：

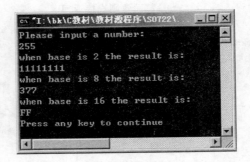

通过此例可知：使用 extern 声明就能够在一个文件中调用其他文件中定义的外部函数，或者说将该函数的作用域扩展到本文件。extern 声明的形式就是 extern 关键字加外部函数的首部和分号。由于经常需要声明外部函数，故 C 语言规定声明外部函数时可以省略 extern。【例 7-21】的 e1.c 文件中对 input 函数的声明可以写为：

```
      int input(char prompt[]);
```

即可以直接使用函数原型。

从以上分析可知，通过函数原型（不必使用 extern）能够把函数的作用域扩展到定义该函数的文件之外。只要在使用该函数的每一个文件中包含该函数的原型即可。使用函数原型通知编译系统：该函数在本文件的后面或别的文件中定义。

使用 inlude 包含头文件来扩展函数的作用域即是这样的例子。在前面几章中曾多次使用 include 预编译语句包含头文件。某函数对应的头文件包含该函数的原型，例如，math.h 头文件给出了系统库函数 sin 的原型，用户要调用 sin 函数时，只需用 include 命令将 math.h 头文件包含到本文件中，这样就在本文件中给出了 sin 函数的原型，sin 函数的作用域就扩展到本文件，编程人员在函数中直接调用 sin 函数即可。

7.11　程序举例

【例 7-22】　用调用函数的方法完成：在屏幕的第 20 列位置处显示图案：

```
          *  *  *  *  *  *  *
          *  *  *  *  *  *  *
          *  *  *  *  *  *  *
          *  *  *  *  *  *  *
```

本例要求在第 20 列绘图,所以通过 printer1( )函数确定起始位置。调用 printer2( )函数输出一行"＊ ＊ ＊ ＊ ＊ ＊ ＊"。

具体程序如下:

```
# include <stdio. h>
int main()
{
    void printer1();
    void printer2();
    int i;
    for(i=1;i<5;i++)
    {
        printer1();
        printer2();
        printf("\n");
    }                              /* main 函数的循环体每执行一次后输出一行星号 */
}
void printer1()                    /* 该函数用来定位,即先输出 20 个空格将函数类型定义为 void */
{
    int j;
    for(j=0;j<20;j++)
      printf(" ");
}
void printer2()                    /* 在一行内绘制"＊"号将函数类型定义为 void */
{
    int j;
    for(j=0;j<7;j++)
      printf("＊");
}
```

【例 7-23】 求矩阵 $A = \begin{pmatrix} 1 & 2 \\ 3 & 4 \\ 5 & 6 \end{pmatrix}$ 的转置矩阵。

分析 在求矩阵 A 的转置矩阵时,只需扫描下三角阵,并且将 b[i][j] 与 b[j][i] 两两交换。函数 trans( ) 处理的是形参数组 b,实际处理的是实参数组 a。

程序如下:

```
# include <stdio. h>
main()
{
  void trans(intb[][3]);              /* 声明函数 */
  int a[3][3]={{1,2},{3,4},{5,6}};
```

```
    int i,j;
    printf("original array:\n");
    for(i=0;i<3;i++)
    {
        for(j=0;j<2;j++)
            printf("%d",a[i][j]);
        printf("\n");
    }
    trans(a);                              /* 调用函数,改变数组 a */
    printf("transformed array:\n");
    for(i=0;i<2;i++)                       /* 输出改变后的数组 a */
    {
        for(j=0;j<3;j++)
            printf("%d ",a[i][j]);
        printf("\n");
    }
}
void trans(int b[][3])
{
    int i,j,temp;
    for(i=0;i<3,i++)
        for(j=0;j<i;j++)
        {
            temp=b[i][j];
            b[i][j]=b[j][i];
            b[j][i]=temp;
        }
}
```

程序运行结果:

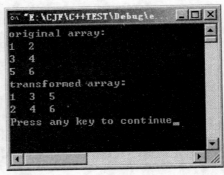

【例 7-24】 Hanoi(汉诺)塔问题。

　　一块板上有三根针 A、B、C。A 针上套有 64 个大小不等的圆盘,大的在下,小的在上。如图 7-8 所示(图中 A 针上仅画了 4 个圆盘)。要把这 64 个圆盘从 A 针移到 C 针上,每次只能移动一个圆盘,移动可以借助 B 针进行,但在任何时候,任何针上的圆盘都必须保持大盘在下,小盘在上。求移动的步骤。

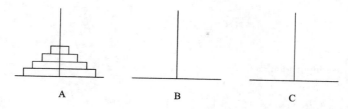

图 7-8　汉诺塔示意图

本题算法分析如下,设 A 上有 n 个盘子。

如果 $n=1$,则将圆盘从 A 直接移动到 C。

如果 $n=2$,则:

(1) 将 A 上的 $n-1$(等于 1)个圆盘移到 B 上。

(2) 再将 A 上的一个圆盘移到 C 上。

(3) 最后将 B 上的 $n-1$(等于 1)个圆盘移到 C 上。

如果 $n=3$,则:

A. 将 A 上的 $n-1$(等于 2,令其为 n')个圆盘移到 B(借助于 C)。步骤如下:

(1) 将 A 上的 $n'-1$(等于 1)个圆盘移到 C 上。

(2) 将 A 上的一个圆盘移到 B。

(3) 将 C 上的 $n'-1$(等于 1)个圆盘移到 B。

B. 将 A 上的一个圆盘移到 C。

C. 将 B 上的 $n-1$(等于 2,令其为 n')个圆盘移到 C(借助 A)。步骤如下:

(1) 将 B 上的 $n'-1$(等于 1)个圆盘移到 A。

(2) 将 B 上的一个圆盘移到 C。

(3) 将 A 上的 $n'-1$(等于 1)个圆盘移到 C。

到此,完成了三个圆盘的移动过程。

从上面分析可以看出,当 n 大于等于 2 时,移动的过程可分解为三个步骤:

第一步　把 A 上的 $n-1$ 个圆盘借助 C 移到 B 上;

第二步　把 A 上的一个圆盘移到 C 上;

第三步　把 B 上的 $n-1$ 个圆盘借助 A 移到 C 上;

其中第一步和第三步是类同的。当 $n>=3$ 时,第一步和第三步与原问题性质相同,即把 $n-1$ 个圆盘从一个针借助其中一个针移到另一个针上,又分解为类同的三步。显然这是一个递归过程,据此算法可编程如下:

```c
#include <stdio.h>
void move(int n,int x,int y,int z)
{
    if(n==1) printf("%c-->%c\n",x,z);
    else
    {
        move(n-1,x,z,y);
        printf("%c-->%c\n",x,z);
        move(n-1,y,x,z);
    }
}
```

```
main()
{
    int h;
    printf("Please input number:\n");
    scanf("%d",&h);
    printf("the step to moving %2d diskes:\n",h);
    move(h,'a','b','c');
}
```

从程序中可以看出，move 函数是一个递归函数，它有四个形参 n,x,y,z。n 表示圆盘数，x,y,z 分别表示三根针。move 函数的功能是把 x 针上的 n 个圆盘借助 y 针移动到 z 针上。当 $n=1$ 时，直接把 x 针上的圆盘移至 z 针上，输出"x→z"。如 $n>1$ 则分为三步：递归调用 move 函数，把 $n-1$ 个圆盘从 x 针借助 z 针移到 y 针上；将 x 针上唯一圆盘移到 z 针上，即输出"x→z"；递归调用 move 函数，把 $n-1$ 个圆盘从 y 针借助 x 针移到 z 针上。在递归调用过程中 $n=n-1$，故 n 的值逐次递减，最后 $n=1$ 时，终止递归，逐层返回。当 $n=4$ 时程序运行的结果为：

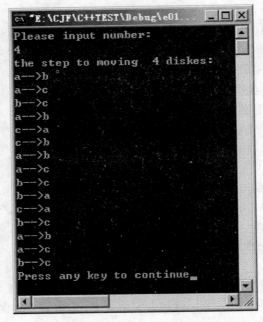

运行结果中"a→b"等表示移动圆盘的方案。移动过程请读者自行分析。

习　题　七

一、选择题

1. 以下正确的函数定义形式是(　　　)。

　　A. double fun(int x,int y)　　　　　　B. double fun(int x;int y)

　　C. double fun(x,y)　　　　　　　　　D. double　fun(int x,y)

2. C 语言规定，简单变量做实参时，它和对应形参之间的数据传递方式为(　　　)。

　　A. 地址传递　　　　　　　　　　　　B. 单向值传递

　　C. 由实参传给形参，再由形参传回给实参　D. 由用户指定传递方式

3. 已有以下数组定义和 f 函数调用语句,则在 f 函数的定义中,对形参数组 array 的错误定义方式为(   )。

    int a[3][4];
    f(a);
    A. int f(int array[6][4])   B. int f(int array[3][])
    C. int f(int array[][4])   D. int f(int array[2][4])

4. 以下正确的函数定义形式是(   )。

    A. double   fun(int x,int y)   B. fun(int x,y)
        {z=x+y;return z;}   {int z;
                                                  return z;}

    C. fun(x,y)   D. double fun(int x,int y)
        {int x,y;double z;   {double z;
          z=x+y;double z;}   z=x+y;return z;}

5. 在 C 语言中,以下正确的说法是(   )。

    A. 实参和与其对应的形参各占用独立的存储单元
    B. 实参和与其对应的形参共占用一个存储单元
    C. 只有当实参和与其对应的形参同名时才共占用存储单元
    D. 形参是虚拟的,不占用存储单元

6. 有如下函数调用语句:

    Func(rec1,rec2+rec3,(rec4,rec5));

该函数调用语句中,含有的实参个数是(   )。

    A. 3   B. 4   C. 5   D. 有语法错

7. 有如下程序:

    int func(int a,int b)
    {return (a+b);}
    main()
    {
        int x=2,y=5,z=8,r;
        r=func(func(x,y),z);
        printf("%d\n",r);
    }

该程序的输出结果是(   )。

    A. 12   B. 13   C. 14   D. 15

8. 若有以下调用语句,则不正确的 fun 函数的首部是(   )。

    A. void fun(int m,int x[])   B. void fun(int s,int h[41])
    C. void fun(int p,int * s)   D. void fun(int n,int a)
    main()
    { …
        int a[50],n;
        …
        fun(n,&a[9]);
        …
    }

9. 下列程序执行后的输出结果是（　　）。

```
#define MA(x)  x*(x-1)
main()
{int a=1,b=2;printf("%d \n",MA(1+a+b));}
```

 A. 6   B. 8   C. 10   D. 12

10. 有如下程序：

```
int func(int a,int b)
{ return(a+b);}
main()
{  int x=2,y=5,z=8,r;
   r=func(func(x,y),z);
   printf("%d\n",r);
}
```

该程序的输出的结果是（　　）。

  A. 12   B. 13   C. 14   D. 15

11. 以下程序的输出结果是（　　）。

```
fun(int x,int y,int z)
{  z=x*x+y*y;}
main()
{ int a=31;
  fun(5,2,a); printf("%d",a);
}
```

  A. 0   B. 29   C. 31   D. 无定值

12. 以下程序的输出结果是（　　）。

```
long fun( int n)
{  long s;
   if(n==1 || n==2) s=2;
   else s=n-fun(n-1);
   return s;
}
main()
{  printf("%ld\n",fun(3));}
```

  A. 1   B. 2   C. 3   D. 4

13. 以下程序的输出结果是（　　）。

```
#define SQR(X) X*X
main()
{  int a=16,k=2,m=1;
   a/=SQR(k+m)/SQR(k+m);
   printf("d\n",a);}
```

  A. 16   B. 2   C. 9   D. 1

14. 以下函数值的类型是（　　）。

```
fun( float x)
{ float y;y=3*x-4;
```

```
        return y;
    }
    A. int              B. 不确定           C. void              D. float
```

15. 设有以下函数：

```
    f( int a)
    {  int b=0;
        static int c =3;b++; c++;
        return(a+b+c);
    }
```

如果在下面的程序中调用该函数,则输出结果是(   )。

```
    main()
    { int a =2,i;
        for(i=0;i<3;i++) printf("%d\n",f(a));
    }
```

A. 7	B. 7	C. 7	D. 7
8	9	10	7
9	11	13	7

16. 下列程序执行后的输出结果是(   )。

```
    void func1(int i);
    void func2(int i);
    char st[]="hello,friend!";
    void func1(int i)
    {   printf("%c",st[i]);
        if(i<3){i+=2;func2(i);}
    }
    void func2(int i)
    {   printf("%c",st[i]);
        if(i<3){i+=2;func1(i);}
    }
    main()
    {   int i=0;func1(i);printf("\n");}
```

A. hello   B. hel   C. hlo   D. Hlm

二、填空题

1. 以下程序的功能是根据输入的"y"("Y")与"n"("N"),在屏幕上分别显示出"This is YES."与"This is NO.",请填空,将程序补充完整。

```
    #include <stdio. h>
    void YesNo(char ch)
    {
        switch(ch)
        {
          case 'y':
          case 'Y':printf("\nThis is YES. \n");_____;
          case 'n':
```

```
          case 'N':printf("\nThis is NO.\n");_____;
        }
    main()
    {
        char ch;
        printf("\nEnter a char y,Y or n,N:");
        ch=_____;
        printf("ch:%c",ch);
        YesNo(ch);
    }
```

2. 阅读下面的程序段,若输入一个整数10,则程序运行结果是_____。

```
    main()
    {
        int a,e[10],c,i=0;
        printf("输入一整数\n");
        scanf("%d",&a);
        while(a! =0)
        {
          c=sub(a);
          a=a/2;
          e[i]=c;
          i++;}
        for(;i>0;i--)printf("%d",e[i-1]);
    }
    int sub(int a)
    {
        int c;
        c=a%2;
        return c;
    }
```

3. 阅读下面的程序段,回答问题。

```
    #include <stdio.h>
    int f(int n)
    {
        int i,j,k;
        i=n/100;
        j=n/10-i*10;
        k=n%10;
        if(i*100+j*10+k==i*i*i+j*j*j+k*k*k)  return n;
        else return 0;
    }
    main()
    {
```

```
    int n,k;
    printf("output\n");
    for(n=100;n<1000;n++)
    {
      k=f(n);
      if(k! =0)
        printf("%d   ",k);}
    printf("\n");
  }
```
程序的功能是＿＿＿＿＿＿＿＿。

4. 以下程序是用来输出如下图形的,请填空,将程序补充完整。

```
            *
          *   *   *
        *   *   *   *   *
      *   *   *   *   *   *   *
        *   *   *   *   *
          *   *   *
            *
```

```
#include <stdio.h>
void a(int i)
{
  int j,k;
  for(j=0;j<=7-i;j++) printf(" ");
  for(k=0;k<_____;k++) printf(" * ");
  printf("\n");
}
main( )
{
  int i;
  for(i=0;i<3;i++)_____;
  for(i=3;i>=0;i--)_____;
}
```

5. 以下程序的功能是求三个数的最小公倍数,请填空,将程序补充完整。

```
#include <stdio.h>
int max(int x,int y,int z)
{
  if(x>y&&x>z)return(x);
  else if(_____)return(y);
  else return(z);
}
main( )
{
  int x1,x2,x3,i=1,j,x0;
  printf("Input 3 number:");
```

```
    scanf("%d%d%d",&x1,&x2,&x3);
    x0=max(x1,x2,x3);
    while(1)
    {
      j=x0 * i;
      if(_____)break;
      i=i+1;
    }
    printf("The result is %d\n",j);
}
```

6. 阅读下面的程序,写出程序的运行结果是_____。

```
main()
{ int i=2,x=5,j=7;
  fun(j,6);
  printf("i=%d,j=%d,x=%d",i,j,x);
}
fun(int i,int j)
{ int x=7;
  printf("i=%d,j=%d,x=%d\n",i,j,x);
}
```

7. 阅读下面的程序,写出程序的运行结果是_____。

```
#include<stdio.h>
int x=1;
f(int p)
{ int x=3;
  x+=p++;
  printf("%d,",x);
}
main()
{ int m=2;
  f(m);
  x+=m++;
  printf("%d\n",x);
}
```

8. 阅读下面的程序,写出程序的运行结果是_____。

```
void fun()
{
  static int a=0;
  a+=2;
  printf("%d",a);
}
main()
{
  int cc;
```

```
        for(cc=1;cc<4;cc++) fun();
        printf("\n");
    }
```

9. 阅读下面的程序,写出程序的输出结果是＿＿＿＿＿＿＿＿。

```
#include"stdio.h"
main( )
{ int a=0,b=1;
  int mm(int,int);
  printf("%d,",mm(a,b));
  printf("%d",mm(a,b));
  return(1);
}
int mm(int m,int n)
{ static int s=1;
  s++;
  return(s*(m+n));
}
```

10. 阅读下面的程序,写出程序的运行结果是＿＿＿＿＿＿＿＿。

```
#define MAX(x,y) (x)>(y)?(x):(y)
main()
{  int a=5,b=2,c=3,d=3,t;
   t=MAX(a+b,c+d)*10;printf("%d\n",t);
}
```

11. 以下 fun 函数的功能是:累加数组元数中的值。n 为数组中元素的个数,累加的和值放入 x 所指的存储单元中,请填空。

```
fun(int b[ ],int n,int * x)
{  int k,r=0;
   for(k=0;k<n;k++)r=＿＿＿＿＿＿＿＿
   ＿＿＿＿＿＿＿＿=r;
}
```

12. 阅读下面的程序,写出程序的运行结果是:＿＿＿＿＿＿＿＿

```
int sub(int n)
{
  return(n/10+n%10);
}
main( )
{ int x,y;
  scanf("%d",&x);
  y=sub(sub(sub(x)));
  printf("%d\n",y);
}
```

三、编程题

1. 写出两个函数,分别求两个整数的最大公约数和最小公倍数,用主函数调用这两个函数。两个整数由键盘输入。

2. 写一个判素数的函数,在主函数中输入一个整数,判断其是否为素数。

3. 试写一个函数,求方阵(行数等于列数)的转置矩阵并输出。

4. 试写函数实现,从键盘输入一个字符串,使输入的一个字符串按反序存放,然后输出。

5. 试写函数实现,将两个字符串连接。

6. 试写函数实现,由实参传来一个字符串,统计此字符串中字母、数字、空格和其他字符的个数,在主函数输入字符串以及输出上述的结果。

7. 输入 5 个学生 5 门课的成绩,分别用函数实现下列功能:

(1) 计算每个学生的平均分;

(2) 计算每门课的平均分;

(3) 找出所有 25 个分数中最高的分数所对应的学生和课程;

(4) 利用下面给出的公式,求计算平均分方差:

$$\delta = \frac{1}{n} \sum x_i^2 - \left(\frac{\sum x_i}{n} \right)^2$$

8. 试写函数实现,输入一个十六进制数,输出相应的十进制数。

9. 用递归法将一个整数 n 转换成字符串。例如,输入 568,应输出字符串"568"。

10. 用递归和非递归两种方法定义一个求 $n!$(n 为自然数)的函数,求:

$$c_m^n = \frac{m!}{n!\,(m-n)!} \quad \text{(其中 } m \text{、} n \text{ 在主函数中通过键盘输入)}$$

第8章 指 针

核心内容:
1. 掌握指针变量的定义和基本用法
2. 掌握利用指操作数组
3. 掌握指针与函数的组合应用
4. 掌握利用指针处理字符串
5. 掌握指针数组的使用

8.1 指针和指针变量

8.1.1 指针的概念

我们知道,计算机所运行的程序和处理的数据都必须装入内存,内存是 CPU 能直接访问到的存储空间,它可以看成是以字节为单位的一片连续的空间。为了便于访问,给每个字节单元一个编号,编号从 0 开始,第一个字节单元的编号为 0,其后的各个单元按顺序连续编号,这些编号就是内存单元的地址,这样就可以根据某个地址去访问该地址所对应的内存单元,就像生活中根据房间编号来使用各个房间一样。

如果在程序中定义了一个变量,在编译时就根据该变量的类型不同,为其分配一定字节数的内存单元。如有下列定义:

    int a＝99;

    char b,c;

    float x=3.14159;

则给整型变量 a 分配两个字节的存储空间,给字符变量 b、c 各分配 1 个字节,给变量 x 分配 4 个字节的存储空间,存储空间分配如图 8-1 所示。

分配给变量的存储空间的首字节的地址称为该变量的地址。如图 8-1 中,变量 a 的地址为 8000,其内存单元中存放整数 99(以补码形式),b 的地址为 8002,x 的地址为 8004,其内存单元存放 3.141 59(以浮点数表示法存放,占 32 位)。

程序经过编译以后,每个变量都通过变量名与相对应的存储单元相联系,编译系统会完成变量名到对应内存单元地址的变换,变量的类型决定了所分配存储空间的大小,变量的值则是指相应存储单元的内容。

在程序中,一般我们很少直接利用存储单元的地址来直接访问内存单元,通常是通过变量名来对内存单元进行存取操作的,实际上,程序经过编译以后,已经将变量名转换为变量的地

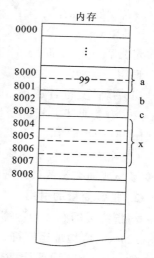

图 8-1　存储空间分配示意图

址,对变量值的存取都是直接通过地址进行的。这种直接按变量名或者地址存取变量值的方式称为直接存取方式。

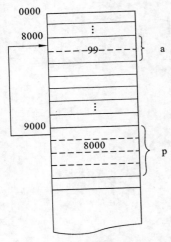

图 8-2　间接存取示意图

与直接存取方式相对应的是间接存取方式。我们可以通过定义一种特殊的变量,存放其他变量(或内存)的地址,这样就可以先访问这个特殊的变量,取出其值(地址值),然后根据取出的地址值再去访问相对应存储单元,如图 8-2 所示。系统为特殊变量 p(用于存放地址)分配的存储空间地址是 9000,p 中保存的是变量 a 的地址,即 8000,当要读取变量 a 的值 99 时,不是直接通过变量 a 的地址 8000 去访问,而是先通过变量 p 得到 p 的值 8000,即 a 的地址,再根据地址 8000 去访问它所指向存储单元的值 99。这种间接的通过特殊变量 p 得到变量 a 的地址,然后再存取变量 a 的值的方式称为间接存取。通常称变量 p 指向变量 a。

由于通过地址就能找到所需的变量单元,所以形象地将地址称为指针,一个变量的指针就是该变量的地址,如 8000 就是指向变量 a 的指针。专门存放地址的变量,称为指针变量。如 p 即是一个指针变量,它存放的是变量 a 的地址 8000。

注意:指针变量的存储空间需要连续的 4 个字节单元,因为系统的地址是 32 位的,所以指针变量的值固定是 32 位,需要 4 个字节来保存该值。

8.1.2　指针变量的定义与初始化

1. 指针变量的定义

指针变量仍应遵循先定义,后使用的原则。

指针变量定义的一般形式如下:

　　基类型 * 指针变量名;

其中:" * "表示定义指针变量,"基类型"表示该指针所指向的变量的类型。例如:

　　int * p1, * p2;

　　float * fp1, * fp2;

定义后,p1、p2 都是指向整型变量的指针变量;fp1、fp2 都是指向浮点型变量的指针变量。

说明:

(1) 指针变量名是 p1、p2,不是 * p1、* p2。

(2) 基类型不是指针变量本身的数据类型,而是指针变量所指向的变量的数据类型。如 fp1、fp2 只能指向 float 类型的变量(或者说只能存放 float 类型变量的地址)。

(3) 指针变量本身的值是 32 位的地址值。而普通变量保存的是该变量本身的值,这是指针变量与普通变量的最显著的差别。

2. 指针变量的引用

与指针引用有关的运算符为:& 和 * 。

(1) &:取地址运算符;

(2) * :指针运算符,或称间接访问运算符,它的作用是通过指针变量来访问它所指向的存储单元的值。例如:

```
int a=5, * p;          /* 定义了一个变量 a 和一个指针变量 p */
p=&a;                  /* 将变量 a 的地址赋值给指针变量 p */
```

说明：&a 为变量 a 的地址，第二条语句说明将指针 p 指向 a，接下来就可以可以用 * p 来引用 a(间接引用)，* p 和 a 都是对变量 a 的引用，它们是等价的。

* p 表示指针变量 p 所指向的变量 a 的值，即 5。

说明：(1) & 和 * 都是单目运算符，优先级高于所有的双目运算符。结合性均为自右向左(右结合性)。

(2) 运算符 & 只能用于变量，不能用于表达式或者常量。

(3) p、&a 与 & * p 完全等价。即下列 3 个语句等价：
```
scanf("%d",&a);
scanf("%d",p);
scanf("%d",& * p);
```

(4) a、* p 与 * &a 完全等价，即下列 3 个语句等价：
```
printf("%d",a);       /* 直接访问 */
printf("%d",* p);     /* 间接访问 */
printf("%d",* &a);
```

【例 8-1】 指针的使用。
```
#include"stdio. h"
void main()
{
int a=10,b, * pa, * pb;
pa=&a;       /* 将变量 a 的地址赋给指针变量 pa */
b= * pa+5;
printf("a=%d,b=%d\n",* pa,b);
pb=pa;       /* 将指针变量 pa 的值赋给指针变量 pb */
b=++ * pb;
printf("a=%d,b=%d\n",a,b);
}
```
程序运行结果：

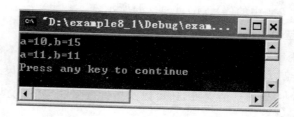

程序说明：

第一行定义了整型变量 a、b 季指针变量 pa、pb。注意：此时 pa、pb 还没有被赋值，因此 pa、pb 的值是不确定的，因而指向一个不确定的单元，若这时引用指针变量，可能产生不可预料的后果(破坏程序或数据)。此时如图 8-3(a)所示。

第二行将变量 a 的地址赋给指针变量 pa，使 pa 指向了变量 a。这样变量 a 可以表示为

* pa，如图 8-3(b)所示。

第三行通过 pa 间接引用变量 a，并将表达式的值赋给 b，此时 b 被赋值为 15。

第五行，pb、pa 都是整型指针变量，它们之间可以相互赋值，此时将指针变量 pa 的值赋给指针变量 pb，此时 pa、pb 都指向变量 a，a、* pa、* pb 是等价的，如图 8-3(c)所示。

第六行通过 pb 间接引用变量 a，这里 * pb 相当于 a。

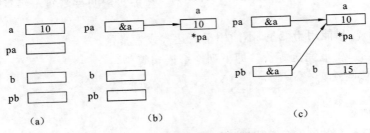

图 8-3　指针地址赋值示意图

【例 8-2】　通过指针变量实现交换两个变量的值。

```
#include "stdio.h"
main()
{ int a=1,b=2,t;
int * pa=&a,* pb=&b;
t=* pa; * pa=* pb; * pb=t;
printf("a=%d,b=%d\n",a,b);
printf(" * pa=%d, * pb=%d\n", * pa, * pb); }
```

程序运行结果：

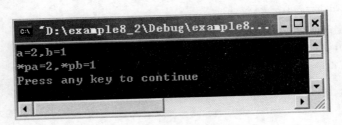

程序执行过程如图 8-4 中的(a)、(b)、(c)、(d)所示。

3. 给指针变量赋空值

指针变量和普通变量一样，如果在定义之后没有赋初值，其值是不确定的，也就是说其指向一个不确定的单元，若这时引用指针变量，可能产生不可预料的结果。为了避免此问题，除了在指针定义时赋予确定的地址值之外，还可以给指针变量赋空值，说明该指针不指向任何存储单元。

空指针值用 NULL 表示，NULL 是在头文件 stdio.h 中定义的常量，其值为 0，在使用时应加上对 stdio.h 文件的包含，如：

```
#include <stdio.h>
pa=NULL;
```

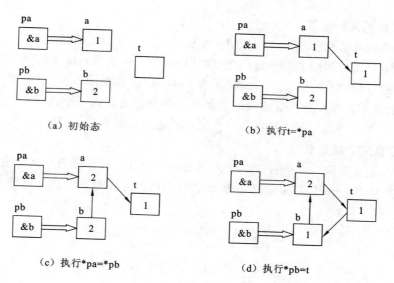

(a) 初始态　　　　　　　　　　　　(b) 执行t=*pa

(c) 执行*pa=*pb　　　　　　　　　(d) 执行*pb=t

图 8-4　例 8-2 程序执行过程

8.1.3　指针变量的运算

1. 指针变量的算术运算

一个指针变量可以加、减一个整数 n，其结果不是指针值直接加或减 n，而是与指针所指对象的数据类型有关。指针变量的值（地址值）应增加或减少"n＊sizeof(指针类型)"，例如：

int a, * p;

p＝&a；

假设 a 变量的起始地址为 9000，即 p 的内容是 9000

在 Visual C++ 6.0 中，整型数据占 4 个字节，地址按字节编址，p 是指向整型的指针，p 的值是 9000。

p＝p+1；

表示指针向下移动一个整型变量的位置，p 的值为 9000＋1＊sizeof(int)＝9000＋1＊4＝9004，而不是 9001，因为整型变量占 4 个字节，如图 8-5 所示。

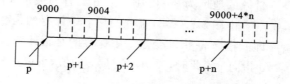

图 8-5　整形数据存储单元

可以直观地理解为：

p＝p+n 表示 p 向高地址方向移动 n 个存储单元块（一个单元块是指指针所指向的变量所占的存储空间）。

p＝p−n 表示 p 向低地址方向移动 n 个存储单元块。

p++，++p 表示把当前指针 p 向高地址移动一个存储单元块。

p−−，−−p 表示把当前指针 p 向低地址移动一个存储单元块。

2. 指针变量的关系运算

使用关系运算符$<$、$<=$、$>$、$>=$、$==$和!$=$可以比较指针值的大小。

如果 p 和 q 是指向相同类型的指针变量,并且 p 和 q 指向同一段连续的存储空间,p 的地址值小于 q 的地址值,则表达式 p$<$q 的结果为 1;否则,表达式 p$<$q 的结果为 0。

注意:一般说来参与关系运算的指针变量必须指向确定的同一个连续的内存空间(如:指向同一个数组),并且只有相同类型的指针变量才能进行比较。

3. 指针变量的减法运算

如果 p 和 q 定义为同一类型的指针变量,且指向确定的一段连续的存储空间,p 的地址值小于 q 的值,则表达式 q$-$p 的结果是从 p 到 q 之间的数据存储单元个数。如图 8-6 所示,q$-$p 的值是 3。

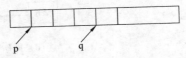

图 8-6　指针变量的减法运算示意图

8.1.4　多级指针

指针不但可以指向基本类型变量,还可以指向指针变量。如果是说一个指针变量中保存的是另一个指针变量的地址,这种指向指针变量的指针变量称为指针的指针,或称多级指针。

下面以二级指针为例来说明多级指针的定义与使用。

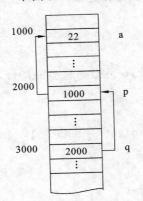

图 8-7　二级指针示意图

二级指针的定义形式如下:

　　数据类型 $*$ $*$指针变量名;

例如:

　　int a,$*$ p,$*$ $*$ q;

　　a$=$100;

　　p$=$&a;

　　q$=$&p;

假若变量 a 的地址为 1000,指针变量 p 的地址为 2000,指针变量 q 的地址为 3000,则 a、p、q 三者的关系如图 8-7 所示。

由图 8-7 可知,指针变量 p 中保存的是变量 a 的地址值(1000),即 p 指向 a;指针变量 q 中保存的是指针变量 p 的地址值(2000),即 q 指向 p。此时,要引用变量 a 的值,可以用 $*$p,也可以用 $*$ $*$q。

【例 8-3】　二级指针的使用。

```
#include<stdio.h>
void main( )
{
    int i=100;              /* 定义整型变量 i */
    int * p;                /* 定义指针变量 p */
    int * * pp;             /* 定义二级指针变量 pp */
    p=&i;                   /* p 指向 i */
    pp=&p;                  /* pp 指向 p */
```

```
            * p=99;                      /* 通过指针 p 将变量 i 赋值为 99 */
        printf("i=%d\n",i);              /* 直接寻址 */
        printf("* p=%d\n", * p);         /* 一级间接寻址 */
        printf("* * pp=%d\n", * * pp);   /* 二级间接寻址,相当于 *(* pp) */
    }
```

程序运行结果:

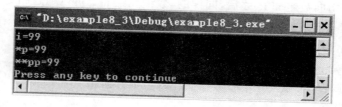

注意:不能将普通变量的地址赋值给二级指针变量,如语句 pp=&i;是错误的,因为 pp 是二级指针,它只能存放一级指针的地址。可以这样来理解二级指针的定义:(数据类型 *)* 指针变量名;这里可以看出二级指针的基类型是一级指针类型的。

8.2   指针与数组

8.2.1   指针与一维数组

数组在内存中是一片连续的区域,数组名代表了数组的起始地址(也就是第一个数组元素的地址),每一个数组元素也都有自己的地址。可以用指针变量指向数组和数组元素,由于数组的各元素在内存中是连续存放的,所以利用指向数组的指针来使用数组将更加灵活、快捷。

定义一个指向数组元素的指针变量的方法与前面介绍的指向变量的指针变量相同,如:

```
int a[5]={10,20,30,40,50}, * p;
p=&a[0];
printf("%d", * p);              /* 等价于 printf("%d",a[0]); */
```

当一个指针指向数组后,对数组元素的访问,就既可以使用数组下标,也可以使用指针。并且利用指针访问数组元素,程序的效率更高。

```
int a[10];          /* 定义一个数组 a */
int * p;            /* 定义指针变量 p */
p=a;                /* 将数组 a 的首地址赋给 p,等价的语句是:p=&a[0]; */
```

注意:数组名 a 代表了数组的首地址,是地址常量,或者称为常量指针,p 是指针变量。虽然两者此时都指向数组 a 的首地址,但它们有明显的区别。a 是常量指针,其值在数组定义时就已确定,以后不能改变,不能进行 a++,a=a+1 等类似操作。而 p 是指针变量,其值可以改变,当赋给 p 不同元素的地址值时,p 就指向数组中不同个元素,如下操作是合法的:

```
p++;p+=2;
```

根据指针的算术运算规则,若 p 指向数组 a(即 p 指向数组 a 的第一个元素),则 p+1 指向数组元素 a[1],p+2 指向数组元素 a[2],p+i 指向数组元素 a[i],如图 8-8 所示。

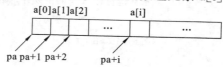

图 8-8   pa+i 与 a[i]的对应关系

在前面的章节中,我们对数组元素的引用是采用的所谓下标法,如数组 a 的 5 个元素分别表示为 a[0],a[1],a[2],a[3],a[4],即对于数组 a[n]的任意一个元素,可以表示为 a[i],其中 i 为数组元素的下标,i=0,1,…,n−1。

除此之外,数组元素 a[i]还可以通过指针表示为:*(a+i),其中 i=0,1,…,n−1。这里 a+i 表示的是第 i 个元素的地址。

若指针变量 p 指向数组 a[n]之后,同样的,数组元素 a[i]可以通过指针变量 p 表示为:

*(p+i)   i=0,1,…,n−1

这样,数组 a[n]的元素 a[i]就可以表示成三种等价的形式:

a[i],*(a+i),*(p+i)   其中 i=0,1,…,n−1

【例 8-4】 编写程序,输入 5 个整数存储在数组中并输出。

方法一 （指针法）

```c
#include <stdio.h>
void main( )
{
    int a[5];                    /*定义一个数组 a*/
    int *p;                      /*定义指针变量 p*/
    int i;
    p=a;                         /*p 取数组 a 的首地址*/
    printf("请输入 5 个整数:");
    for(i=0;i<5;i++)
        scanf("%d",p+i);         /*从键盘输入 5 个整数存入数组 a*/
    for(i=0;i<5;i++)
        printf("%d",*(p+i));     /*输出数组 a*/
}
```

程序运行结果:

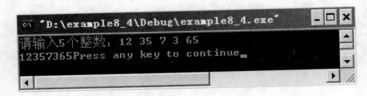

方法二 （指针法,使用数组名）

```c
for(i=0;i<5;i++)
    scanf("%d",a+i);         /*从键盘输入 5 个整数存入数组 a*/
for(i=0;i<5;i++)
    printf("%d",*(a+i));     /*输出数组 a*/
```

方法三 （下标法）

```c
for(i=0;i<5;i++)
    scanf("%d",&a[i]);       /*从键盘输入 5 个整数存入数组 a*/
for(i=0;i<5;i++)
    printf("%d",a[i]);       /*输出数组 a*/
```

方法四 （下标法）

```c
for(i=0;i<5;i++)
```

```
        scanf("%d",&p[i]);                    /* 从键盘输入 5 个整数存入数组 a */
        for(i=0;i<5;i++)
            printf("%d",p[i]);                /* 输出数组 a */
```

方法五 （指针法）

```
        for(;p<a+5;p++)
            scanf("%d",p);                    /* 从键盘输入 5 个整数存入数组 a */
        for(p=a;p<a+5;p++)
            printf("%d",*p);                  /* 输出数组 a */
```

从上面 5 种解法可以看出：

（1）p+i 和 a+i 都表示数组元素 a[i]的地址，所以，*(p+i)和*(a+i)和 a[i]都是表示第 i 个元素。

（2）可以将指向数组首地址的指针变量用下标方式操作，即 a[i]和 p[i]等价。则下面 4 项是等价的：

$$a[i] \Leftrightarrow p[i] \Leftrightarrow *(p+i) \Leftrightarrow *(a+i)$$

（3）指针变量 p 的值可以变化，如 p++是有意义的，但不能进行 a++操作，因为 a 作为数组名是静态指针，其值是不能修改的。

所以，下面的写法是错误的：

```
        for(;a<p+5;a++)
            scanf("%d",a);                    /* 从键盘输入 5 个整数存入数组 a */
        for(a=p;a<p+5;a++)
            printf("%d",*a);                  /* 输出数组 a */
```

方法六

```
        #include <stdio.h>
        void main( )
        {
            int a[5];                         /* 定义一个数组 a */
            int *p;                           /* 定义指针变量 p */
            int i;
            p=a;                              /* p 取数组 a 的首地址 */
            printf("请输入 5 个整数:");
            for(i=0;i<5;i++)
                scanf("%d",p++);              /* 从键盘输入 5 个整数存入数组 a */
            p=a;                              /* 将 p 重新指向数组 a 的第一个元素 */
            for(i=0;i<5;i++)
                printf("%d",*(p++));          /* 输出数组 a */
        }
```

（4）*p++相当于*(p++)，因为*与++优先级相同，且结合方向从右向左，其作用是先获得 p 指向变量的值，然后执行 p=p+1。

（5）*(p++)与*(++p)意义不同，后者是先 p=p+1，再获得 p 指向的变量值。若 p=a，则输出*(p++)是先输出 a[0]，再让 p 指向 a[1]；输出*(++p)是先使 p 指向 a[1]，再输出 p 所指向的 a[1]。

（6）(*p)++表示的是将 p 指向的变量的值加 1。

8.2.2 指针与二维数组

1. 二维数组的地址

设有短整型二维数组 a[3][4]如下：

```
1  2  3  4
5  6  7  8
9  10 11 12
```

其定义为：

short int a[3][4]={{1,2,3,4},{5,6,7,8},{9,10,11,12}};

设数组 a 的首地址为 1000,各元素的首地址和值如图 8-9 所示。

a[0][0] 1000 1	a[0][1] 1002 2	a[0][2] 1004 3	a[0][3] 1006 4
a[1][0] 1008 5	a[1][1] 1010 6	a[1][2] 1012 7	a[1][3] 1014 8
a[2][0] 1016 9	a[2][1] 1018 10	a[2][2] 1020 11	a[2][3] 1022 12

图 8-9　各下标变量的首地址及其值

对于二维数组,我们可以这样理解:它可以看成是一个一维数组,只不过其数组元素又是一个一维数组。因此,数组 a 可以分解为 3 个一维数组,即 a[0]、a[1]、a[2],每个一维数组又含有 4 个元素,如图 8-10 所示。

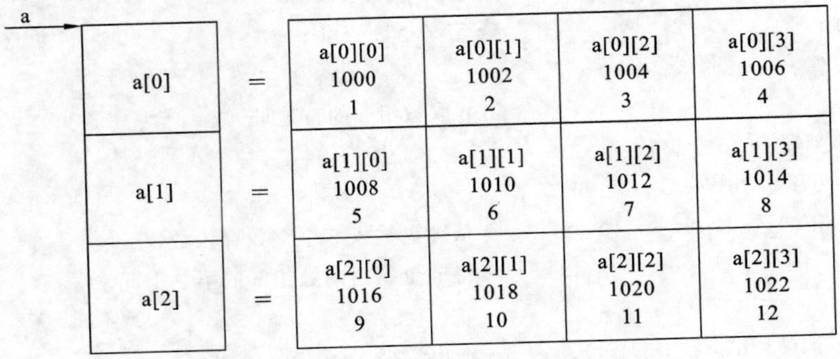

图 8-10　数组 a 分解为三个一维数组

例如:a[0]数组,含有 a[0][0]、a[0][1]、a[0][2]、a[0][3]四个元素。

数组及数组元素的地址表示如下:

从二维数组的角度来看,a 是数组名,a 代表整个二维数组的首地址,也就是二维数组首行(第 0 行)的首地址,等于 1000。a+1 代表第 1 行的首地址,因为第 0 行有 4 个短整型数据(每个短整型数据占 2 字节),所以 a+1 的地址值为:a+4*2=1008。同理,a+2 代表第 2 行的首地址,值为 1016。这种地址称为行地址,如图 8-11 所示。

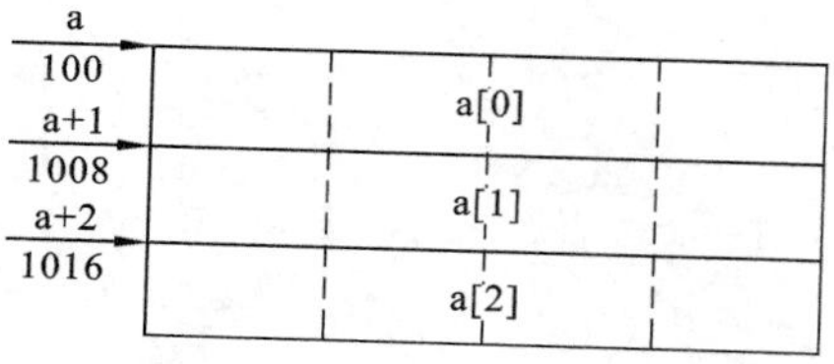

图 8-11　行地址

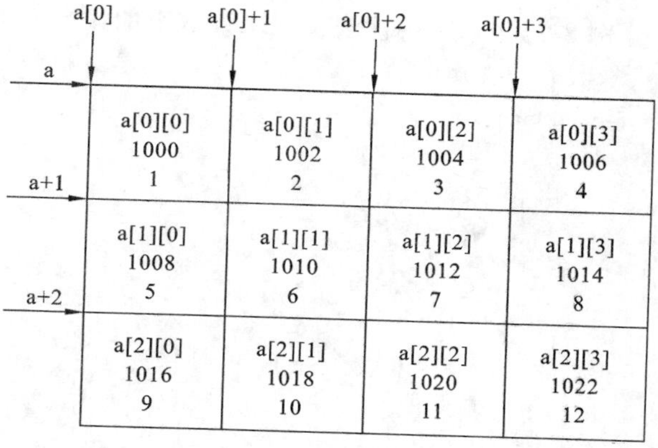

图 8-12　a[i][j]的地址及其值

a[0]是第一个一维数组的数组名,所以 a[0]代表一维数组 a[0]的首地址,即 a[0]中第 0 列元素的地址,也就是 &a[0][0],值为 1000,同样,a[1]代表第一维数组 a[1]的首地址,与 &a[1][0]等价,值为 1008;a[2]与 &a[2][0]等价,值为 1016。那么 a[0][1]的地址可以表示为:a[0]+1,a[0][2]的地址可表示为 a[0]+2。这种地址称为列地址。

注意:虽然 a 和 a[0]的值都是 1000,但其含义是不一样的,如图 8-12 所示。

行地址+1(如 a+1)表示下一行的首地址,即"跳过"了一行。所以,a+1 在 a(值为 1000)的基础上"跳过"一行,即 4 个短整型元素(即第一个一维数组 a[0]),这样 a+1 的值为:1000+4*2=1008。

列地址+1(如 a[0]+1)表示下一列的地址。所以,a[0]+1 将在 a[0](值为 1000)的基础上"跳过"一列,即 1 个短整型数据(即 a[0][0]),这样 a[0]+1 的值为:1000+1*2=1002,与 &a[0][1]是等价的,也就是说 a[0]+1 表示在 a[0]这个一维数组中跳到下一个元素。同理,a[1]+1 与 &a[1][1]等价,a[1]+2 与 &a[1][2]等价,以此类推可知:a[i]+j 与 &a[i][j]等价。

前面提到,a[0]等价于*(a+0),a[1]等价于*(a+1),a[i]等价于*(a+i),所以 a[0]+1 和*(a+0)+1 等价,都是 &a[0][1](值为 1002)。a[1]+2 和*(a+1)+2 等价,都是 &a[1][2](即 1012)。a[i]+j 和*(a+i)+j 等价,都是 &a[i][j]。

因此,要访问二维数组元素 a[i][j]的值,可以有下列几种方式:

下标法　　　a[i][j]
指针法　　　*(a[i]+j)
指针法　　　*(*(a+i)+j)

归纳总结见表 8-1。

表 8-1　二维数组 a 的性质

表示形式	含义	地址
a	二维数组名,指向一维数组 a[0],即 0 行首地址,属于行地址	1000
a[0],&a[0][0],*a,*(a+0)	0 行 0 列元素地址,属于列地址	1000
a+1,&a[1]	1 行首地址,属于行地址	1008
*(a+1),a[1]	1 行 0 列元素 a[1][0]的地址,属于列地址	1008
a[1]+2,*(a+1)+2,&a[1][2]	1 行 2 列元素 a[1][2]的地址,属于列地址	1012
(a[1]+2),(*(a+1)+2),a[1][2]	1 行 2 列元素 a[1][2]的值	

【例 8-5】 利用指针法实现二维数组的输入输出。

```c
#include"stdio.h"
void main( )
{
    int a[2][3];
    int i,j;
    for(i=0;i<2;i++)
        for(j=0;j<3;j++)
            scanf("%d",*(a+i)+j);
    printf("\n");
    for(i=0;i<2;i++)
        for(j=0;j<3;j++)
        {
            printf("%d",*(*(a+i)+j));
            printf("\n");
        }
}
```

程序运行结果：

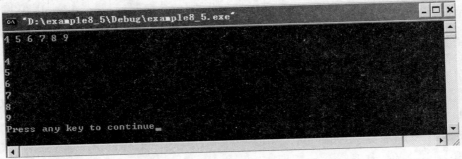

2. 指向二维数组的指针变量

指向二维数组的指针变量有两种情况：

(1) 直接指向数组元素的指针变量；

(2) 指向二维数组的一行(也就是指向一个一维数组)的指针变量。

注意：这两种指针变量的用法是不同的。

(1) 指向数组元素的指针变量。这种变量的定义与普通的指针变量定义相同,其指向类型与数组的元素的类型相同。

【例 8-6】 二维数组在内存中是连续的内存单元,我们可以定义一个指向内存单元起始地址的指针变量,然后依次拨动指针,这样就可以遍历二维数组的所有元素。

```c
void main( )
{
    float a[2][3]={1.0,2.0,3.0,4.0,5.0,6.0},*p;
    int i;
    for(p=*a;p<*a+2*3;p++)
    printf("\n%f",*p);
}
```

程序运行结果：

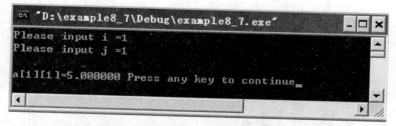

在上述例子中，定义了一个指向 float 型变量的指针变量。语句 p=*a 将数组第 1 行，第 1 列元素的地址赋给了 p，p 指向了二维数组第一个元素 a[0][0] 的地址。根据 p 的定义，指针 p 的加法运算单位正好是二维数组一个元素的长度，因此语句 p++ 使得 p 每次指向了二维数组的下一个元素，*p 对应该元素的值。

【例 8-7】 根据二维数组在内存中存放的规律，我们也可以用下面的程序找到二维数组元素的值：

```
void main( )
{
    float a[2][3]={1.0,2.0,3.0,4.0,5.0,6.0},*p;
    int i,j;
    printf("Please input i=");
    scanf("%d",&i);
    printf("Please input j=");
    scanf("%d",&j);
    p=a[0];
    printf("\na[%d][%d]=%f",i,j,*(p+i*3+j));
}
```

程序运行结果：

输入下标 i 和 j 的值后，程序就会输出 a[i][j] 的值。这里我们利用了公式 p+i*3+j 计算出了 a[i][j] 的首地址。计算二维数组中任何一个元素地址的一般公式：设数组是一个 m 行 n 列的数组，则

$$loc(i,j)=loc(0,0)+i*n+j$$

其中：loc(i,j) 为第 i 行、j 列元素地址；loc(0,0) 为二维数组首地址；n 为二维数组列数。

上述的指针变量指向的是数组具体的某个元素，因此指针加法的单位是数组元素的长度。

（2）指向一维数组（二维数组的一行）的指针变量，也称行指针。其定义形式为：

数据类型（*指针变量名）[一维数组长度]；

说明：(1) 括号一定不能少，否则[]的运算级别高，指针变量名和[]先结合，结果就变成了后续章节要讲的指针数组。

(2) 指针加法的内存偏移量单位为：数据类型的字节数＊一维数组长度。

例如，下面的语句定义了一个指向 long 型一维、5 个元素数组的指针变量 p：

```
long(＊p)[5];
long a[3][5];
```

定义了一个指针变量 p，p 可以指向一个有 5 个元素的一维数组（行数组）。若 p 指向数组 a 的第 0 行 a[0]，即 p＝&a[0]（或 p＝a＋0），则 p＋1 不是指向数组中的下一个元素 a[0][1]，而是指向下一行 a[1]。p 的值应以数组一行所占用的存储字节数为单位进行调整。

【例 8-8】 利用指向一维数组的行指针输出二维数组，并将数组中最大的元素及所在行列号输出。

```
#include<stdio.h>
void main( )
{
    int i,j,m,n,max;
    int a[3][4]={{1,2,3,4},{5,6,7,8},{9,10,11,12}}
    int(＊p)[4];              /＊定义 p 为指向一个有 4 个元素的一维数组的指针变量＊/
    p＝a;                     /＊p 指向数组 a 的第 0 行＊/
    max＝＊＊p;                /＊将 a[0][0]赋给 max,＊＊p 相当于＊(＊(p＋0)＋0)
    for(i=0;i<3;i++){
        printf("\n");
        for(j=0;j<4;j++){
            printf("%5d",＊(＊(p+i)+j));
            if(max<＊(＊(p+i)+j)){max=＊(＊(p+i)+j);
                m=i;n=j;
            }
        }
    }
    printf("\nmax:a[%2d][%2d]=%5d",m,n,max);
}
```

程序运行结果：

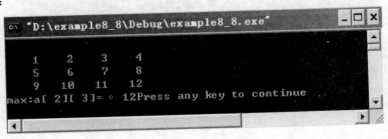

说明：(1) p 定义为一个指向 int 型、一维、4 个元素数组的指针变量 p。

(2) 语句 p＝a 将二维数组 a 的首地址赋给了 p。根据 p 的定义，p 加法的单位是 3 个 int 型单元，因此 p＋i 等价于 a＋i，＊(p＋i)等价于＊(a＋i)，即 a[i][0]元素的地址，也就是该元素的指针。

（3）＊（p＋i）＋j 等价于 ＆a[i][0]＋j，即数组元素 a[i][j]的地址；

（4）＊（＊（p＋i）＋j）等价于（＊（p＋i））[j]，即 a[i][j]的值。

（5）p 在定义时，对应数组的长度应该和 a 的列长度相同。否则编译器检查不出错误，但指针偏移量计算出错，导致错误结果。

8.3 指针与函数

8.3.1 指针或者数组名作为函数的参数

在前面数组一章中已经介绍过，如果形参是数组类型，实参就应该是数组名，调用函数与被调用函数存取的将是同一数组空间，原因是实参传给形参的是数组空间是首地址，从而在函数调用后，实参数组的元素值可能会发生变化。

指针变量也可作为函数参数，在函数调用过程中，实参指针变量将其值（地址）传给对应的形参（指针变量），这样形参和实参实际上就是指向了同一存储空间，与数组名作参数类似。

又根据前面介绍的指针与数组的关系，形参和实参的对应关系可以有 4 种组合，见表 8-2。

表 8-2 形参和实参的对应关系

形参	实参	形参	实参
数组名	数组名	指针变量	数组名
数组名	指针变量	指针变量	指针变量

（1）形参是数组名，实参也是数组名。

```
main( )                   f(int b[])
{                           {
    int a[5];
    f(a);
}                           }
```

（2）形参是数组名，实参是指针变量。

```
main( )                   f(int b[])
{  int a[5], * pa＝a;        {
    f(pa);
}                           }
```

（3）形参是指针变量，实参是数组名。

```
main( )                   f(int * p)
{   int a[5];               {
    f(a);
}                           }
```

（4）形参是指针变量，实参也是指针变量。

```
main( )                   f(int * p)
{   int a[5], * pa＝a;       {
    f(pa);
}                           }
```

以上四种方法，实质上都是地址的传递。

【例 8-9】 将数组 a 中 n 个整数按相反顺序存放,如图 8-13 所示。

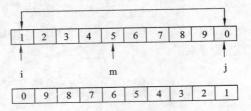

图 8-13 将数组逆序

解此题的算法为:将 a[0]与 a[n−1]对换,再将 a[1]与 a[n−2]对换,…,直到将 a[int(n−1)/2]与 a[n−int((n−1)/2)−1]对换。用循环处理此问题,设两个"位置指示变量"i 和 j,i 的初值为 0,j 的初值为 n−1。将 a[i]与 a[j]交换,然后使 i 的值加 1,j 的值减 1,再将 a[i]与 a[j]对换,直到 i=(n−1)/2 为止。程序如下:

```c
void inv(int x[],int n)          /* 形参 x 是数组名 */
{
  int temp,i,j,m=(n−1)/2;
  for(i=0;i<=m;i++)
  {
    j=n−1−i;
    temp=x[i];x[i]=x[j];x[j]=temp;
  }
}
void main()
{
  int i,a[10]={1,2,3,4,5,6,7,8,9,0};
  printf("The original array:\n");
  for(i=0;i<10;i++) printf("%d,",a[i]);
  printf("\n");
  inv(a,10);
  printf("The array has been inverted:\n");
  for(i=0;i<10;i++) printf("%d,",a[i]);
  printf("\n");
}
```

运行情况结果:

```
"D:\example8_9\Debug\example8_9.exe"
The original array:
1,2,3,4,5,6,7,8,9,0,
The array has been inverted:
0,9,8,7,6,5,4,3,2,1,
Press any key to continue
```

程序分析:

main 函数中数组名为 a,函数 inv 中的形参数组名为 x,形参 n 用来接收实际需要处理的数组元素个数,函数调用语句"inv(a,10);",表示将实参组 a 首地址传给形参数组 x,10 传给 n,表明对数组的前 10 个元素进行处理。

这个程序可以作一些改动,将函数 inv 中的形参 x 改成指针变量。实参仍为数组名 a,即数组 a 首元素的地址,将它传给形参指针变量 x,这时 x 就指向 a[0]。改动的程序如下:

```
void inv(int * x,int n)
{
  int * p,temp, * i, * j,m=(n-1)/2;
  i=x;j=x+n-1;p=x+m;
  for(;i<=p;i++,j--)
  {
    temp= * i; * i= * j; * j=temp;
  }
}
void main( )
{
  int i,a[10]={3,7,9,11,0,6,7,5,4,2};
  printf("The original array:\n");
  for(i=0;i<10;i++) printf("%d,",a[i]);
  printf("\n");
  inv(a,10);
  printf("The array has been inverted:\n");
  for(i=0;i<10;i++) printf("%d,",a[i]);
  printf("\n");
}
```

运行情况与前一程序相同。

【例 8-10】 用选择法对 10 个整数按由大到小顺序排序。

程序如下:

```
#include<stdlib. h>
#include "stdio. h"
void sort(int x[],int n);
void main()
{
int * p,i,a[10];
p=a;
for(i=0;i<10;i++) scanf("%d",p++);
p=a;
sort(p,10);
for(p=a,i=0;i<10;i++)
{
printf("%d ", * p);p++;
}
}
void sort(int x[],int n)
{
int i,j,k,t;
for(i=0;i<n-1;i++)
```

```
{
k=i;
for(j=i+1;j<n;j++)
        if(x[j]>x[k]) k=j;
if(k! =i){
t=x[i];x[i]=x[k];x[k]=t;
}
}
}
```

输入 10 个整数：

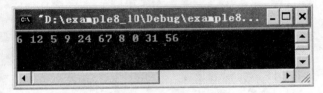

程序运行结果：

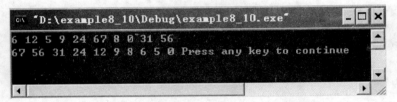

这里函数 sort 中用数组名做形参，用下标法引用形参数组元素。当然可以改用指针变量作形参，这时 sort 函数的首部可以改写为：

```
void sort(int * x,int n)
```

其他完全不需改变，程序运行结果不变，由此可见，即使在函数 sort 中将 x 定义指针变量，在函数中仍可用 x[i]、x[k]这样的形式表示数组元素。

上面的 sort 函数也可完全使用指针变量来操作，程序如下：

```
void sort(int * x,int n)
{
    int i,j,k,t;
    for(i=0;i<n-1;i++)
    {
    k=i;
    for(j=i+1;j<n;j++)
    if( * (x+j)> * (x+k)) k=j;
    if(k! =i)
    {
        t= * (x+i); * (x+i)= * (x+k); * (x+k)=t;
    }
    }
}
```

8.3.2　返回指针的函数

函数的返回值可以是各种基本数据类型,如整型、字符型和浮点型等,也可以是指针类型。
定义返回指针值的函数的一般形式为:

　　　数据类型 * 函数名(参数列表)

如:int * f(int x,int y)

这里定义了一个函数 f,其形参为 x、y,均为整型,其返回类型为指向整型数据的指针,也就是说 f 的返回值是一个指向整型数据的指针(地址值)。

注意:f 的两边分别是运算符 * 和运算符( ),而( )的优先级高于 * ,所以 f 先和( )结合,这显然是函数的形式。 * 表示此函数是指针型函数(即函数的返回值是指针)。

【**例 8-11**】　求 10 个学生成绩的最高分,要求用指针函数实现。

```
#include"stdio.h"
void main( )
{   int data[]={62,87,51,93,76,90,80,77,85,81};
    int * p;
    int * max(int * data,int n);              /* 声明函数 */
    p=max(data,10);                          /* 将 max 的返回值赋值给指针 p */
    printf("最高分为:%d\n", * p);             /* 输出最高分 */
}
int * max(int * data,int n)
{int i,k=0;
    for( i=1;i<n;i++){
       if( *(data+k)< *(data+i))k=i;         /* k 记录最高分的下标 */
    }
    return data+k;                           /* 返回最高分元素的地址 */
}
```

程序运行结果:

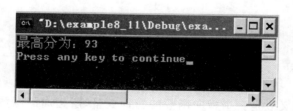

8.3.3　指向函数的指针

C 语言中的指针,不仅仅可以指向整型、字符型和指针类型的变量,而且还可以指向函数。
程序中的每一个函数经过编译后,其目标代码在内存中是连续存放的,该代码的首地址就是函数执行的入口地址。和数组名类似,函数名本身就代表着该函数的入口地址。

可以定义一个指针变量,其值等于该函数的入口地址,指向这个函数,这样通过这个指针变量也能调用这个函数。这种指针变量称为指向函数的指针变量。

定义指向函数的指针变量的一般形式如下:

　　　数据类型(* 指针变量名)( );

"数据类型"是指函数返回值的类型，"参数表"是该函数指针所指向的函数的形参。如：

    int(* fp)( );

它说明了 fp 是一个函数指针，此函数的返回值的类型是整型，也就是说 fp 所指向的函数只能是返回值为整型的函数。

刚定义的指向函数的指针变量，也象其他指针变量一样需要赋予地址值才能引用。将某个函数的入口地址赋给指向函数的指针变量，就可以利用该指针变量调用所指向的函数了。函数名代表了函数的入口地址，所以只需将要通过指针调用的函数的函数名赋给函数指针变量即可。如：

    int f(int n);   / * 声明函数 * /
    int(* fp)( );   / * 声明函数指针 * /
    fp=f;   / * fp 指向函数 f * /

fp=f;表示 fp 指向函数 f( )，即将函数 f( )的入口地址赋给指针变量 fp。

注意：在给指向函数的指针变量赋值时只需给出函数名，无需考虑函数参数。下面的语句是不合适的：

    fp=f(n);

这里 f(n)是函数调用，其返回值是整型值，不是指针，所以不能赋给指针变量 fp。

通过函数指针对函数的调用形式如下：

    (* 指针变量名)(实参);

如：a=(* fp)(10);   / * 等价于：a=f(10); * /

下面的程序说明了函数指针调用函数的方法：

```
#include <stdio.h>
int max(int x,int y){return(x>y? x:y);}
void main( )
{
    int( * p)( );
    int a,b,c;
    p=max;
    scanf("%d,%d",&a,&b);
    c=( * p)(a,b);
    printf("a=%d,b=%d,max=%d",a,b,c);
}
```

其中"int(* p)( );"定义 p 是一个指向函数的指针变量，所指向的函数应该是返回整型的返回值。

注意：* p 两边的( )不能省，表示 p 先与 * 结合，是指针变量，然后再与后面的( )结合，表示此指针指向函数。如果写成"int * p( );"，则由于( )优先级高于 * ，它就成了声明一个函数了(该函数的返回值是指向整型变量的指针)。

赋值语句"p=max;"的作用是将函数 max 的入口地址赋给指针变量 p，以后就可以用 p 来调用该函数，实际上 p 和 max 都指向同一个入口地址，不同就是 p 是一个指针变量，不像函数名称那样是死的，它可以指向任何函数，在程序中把哪个函数的地址赋给它，它就指向哪个函数，然后用指针变量调用它，因此可以先后指向不同的函数。不过注意，指向函数的指针变量没有＋＋和－－运算，使用时要小心。

【例 8-12】 函数 max( )用来求一维数组中元素的最大值,在主调函数中分别用函数名调用该函数和用函数指针调用该函数。

具体程序如下:

```
#include <stdio.h>
#define N 10
void main()
{
float sumf, sump;
float a[N]={11.0,2.0,3.0,5.0,6.0,7.2,8.0,9.0,11.5,12.0};
float (*p)(float a[], int n);          /*定义指向函数的指针 p*/
float max(float a[], int n);           /*函数声明*/
p=max;                    /*函数名赋值给指针 p,即 p 指向函数 max*/
sump=(*p)(a,N);        /*用指针方式调用函数*/
sumf=max(a,N);         /*用函数名调用 max()*/
printf("sump=%.2f\n",sump);
printf("sumf=%.2f\n",sumf);
}

float max(float a[], int n)
{
int k;
float s;
s=a[0];
for(k=0;k<n;k++)
if(s<a[k]) s=a[k];
    return s;
}
```

程序运行结果:

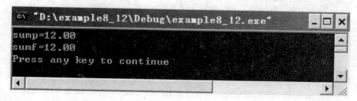

【例 8-12】使用了函数指针引用和函数名调用两种方法,这两种方式实参的使用形式相同,所得运行结果相同。注意:在使用函数指针调用函数时,实参一定要和指针所指的函数的形参类型一致。

函数指针变量常用的用途之一是把指针作为参数传递到其他函数,当函数指针每次指向不同函数时,实现对不同的函数进行调用的功能。

【例 8-13】 设计一个 CallMyFun 函数,这个函数可以通过参数中的函数指针值不同来分别调用 MyFun1、MyFun2、MyFun3 这三个函数(注:这三个函数的定义格式应相同)。

```
#include <stdio.h>
void main(int argc,char *argv[])
{
```

```
    void MyFun1(int x);                            /* 函数声明 */
    void MyFun2(int x);                            /* 函数声明 */
    void MyFun3(int x);                            /* 函数声明 */
    void CallMyFun(void( * Fun)(int),int x);       /* 函数声明 */
      CallMyFun(MyFun1,10);                         /* 通过 CallMyFun 函数调用函数 MyFun1 */
      CallMyFun(MyFun2,20);                         /* 通过 CallMyFun 函数调用函数 MyFun2 */
      CallMyFun(MyFun3,30);                         /* 通过 CallMyFun 函数调用函数 MyFun3 */
}
void CallMyFun(void( * Fun)(int),int x)            /* */
{
  ( * Fun)(x);
/* 通过函数指针 Fun 执行传递进来的函数,注意 Fun 所指的函数是有一个参数的 */
}
void MyFun1(int x)                                 /* 函数定义 */
{
  printf("函数 MyFun1 中输出:%d\n",x);
}
void MyFun2(int x)                                 /* 函数定义 */
{
  printf("函数 MyFun2 中输出:%d\n",x);
}
void MyFun3(int x)                                 /* 函数定义 */
{
  printf("函数 MyFun3 中输出:%d\n",x);
}
```

程序运行结果:

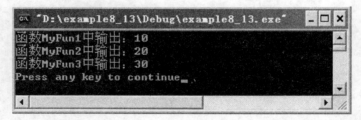

　　MyFun1、MyFun2、MyFun3 是已定义的 3 个函数,在 main 函数中第一次调用 CallMyFun 函数时,除了将 10 作为实参传递给 CallMyFun 的形参 x 外,还将函数名 MyFun1 作为实参将其入口地址传给 CallMyFun 函数中的形参 Fun(Fun 是指向函数的指针变量),这时 CallMyFun 函数中的(* Fun)(x)相当于 MyFun1(x)。同样,第二次调用 CallMyFun 函数时,将函数名 MyFun2 传给 CallMyFun 函数中的形参 Fun,这时 CallMyFun 函数中的(* Fun)(x)相当于 MyFun2(x)。第三次调用 CallMyFun 函数的情况类似。

　　从本例可以看到,无论调用 MyFun1、MyFun2 还是 MyFun3,函数 CallMyFun 一点都没有改动,只是在调用 CallMyFun 函数时将实参函数名改变而已。这样就增加了函数使用的灵活性。

8.4 指针与字符串

8.4.1 字符串指针

我们知道,C 语言中字符串是保存在字符数组中,如:
  char str[]="Hello";
定义了一个字符数组 str,初值为"Hello"。利用输入输出语句可以对其进行整体操作,如 printf("%s",str),也可以利用数组的性质单独访问其中的某一个字符,如用 str[0]来引用第 0 个字符,值为'H'。字符数组 str 在内存中的分配如图 8-14 所示。

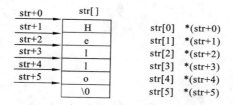

图 8-14　字符数组存储示意图

字符串存放于字符数组中,数组名同样是该字符数组的首地址,是常量指针。str 是数组的首地址,str+i 是第 i 个字符的地址,而 * (str+i)是第 i 个元素,即 str[i]。

既然知道了字符串的首地址,也就可以用字符型指针指向字符数组(即字符串),利用该指针进行字符串的引用,指向字符串的字符指针也常常称为字符串指针。

字符指针的定义形式为:
  char * 指针变量名;   / * 定义时不初始化 * /
  char * 指针变量名=字符串常量; / * 定义时进行初始化赋值 * /
例如:
  char * s="this is a example";
  char * str="Hello world!";

上面的语句定义了字符串指针 s 和 str,分别指向字符串"this is a example"和"Hello world!"在内存中的起始地址。

在后面我们将看到,利用字符指针来对字符串进行操作更灵活、方便,C 语言函数库中,与字符串处理有关的函数大量使用了指向字符串的指针。

下面通过示例来说明如何利用指针来对字符串进行操作。

(1)通过在定义字符指针变量时初始化使指针指向一个字符串。

【例 8-14】　字符指针初始化
```
void main()
{   char * ps="Hello";
    printf("%s",ps);
}
```
说明:(1)字符指针变量 ps 存储的是字符串"Hello"的首地址(即字符'H'的地址);
(2)语句 char * ps="Hello";等价于
  char * ps;
  ps="Hello";   / * 注意: * ps="Hello";是错误的 * /

图 8-15　字符指针指向字符串

编译系统自动把存放字符串"Hello"的存储区的首地址赋值给字符指针变量 ps,使之指向该字符串的第一个字符,如图 8-15 所示。

对字符串的整体输出实际上还是从指针所指示的字符开始逐个显示,直到遇到字符串结束符'\0'为止。在输入时,也是将字符串的各个字符自动顺序存储在 p 指示的存储区中,并在最后自动加上'\0'。

(2) 用字符指针变量实现对字符串的访问。

【例 8-15】　将一已知字符串第 n 个字符开始的剩余字符复制到另一字符数组中。

```c
#include"stdio.h"
void main()
{
    int i,n;
    char a[]="Hello";
    char b[10], * p, * q;
    p=a;
    q=b;
    scanf("%d",&n);
    if(strlen(a)>=n)p+=n-1;        /* 指针指向要复制的第一个字符 */
    for(; * p! ="\0";p++,q++)
        * q= * p;
    * q="\0";                       /* 字符串以'\0'结束 */
    printf("String a:%s\n",a);
    printf("String b:%s\n",b);
}
```

当程序输入 3 后,程序运行结果:

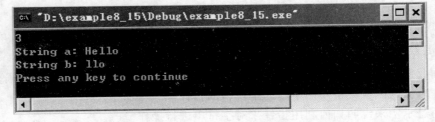

对字符串的操作,还可以用数组元素的指针表示法来实现。如例 8-15 中,不定义指针变量 p 和 q,直接利用数组的指针表示法只做如下改动即可:

```c
for(i=n; * (a+i)! ="\0';i++)    * (b+i-n)= * (a+i);
* (b+i-n)="\0';
```

【例 8-16】　自定义一个字符串复制函数,并在主函数中调用。

解法一

```c
#include <stdio.h>
void str_copy(char * s, char * t)
{                                    /* 将 t 所指的串复制到 s */
    while( * t! ="\0')               /* 当 t 所指内容不是'\0'时,继续循环 */
```

```
        {
        * s= * t;s++;t++;            /* 复制 */
        }
        * s='\0';                    /* 将 s 最后一个单元置为字符串终止符 */
        }
        main(){
        char str1[80];
        char * str2;
        str2="Hello";
        str_copy(str1,str2);
        puts(str1);
        }
```

程序运行结果：

说明：字符串结束符'\0'的 ASCII 码值是 0，所以语句 while(*t!='\0')也可写成 while(*t! =0)。

解法二　主函数同解法一。

```
    void str_copy(char * s,char * t)
    {
      while(( * s= * t)! ='\0')/* 复制并判断结束条件 */
      {s++;t++}                  /* 指针各指向下一个元素 */
    }
```

解法三　主函数同解法一。

```
    void str_copy(char * s,char * t)
    {
      while(( * s++= * t++);/* 复制,指针各指向下一个元素,判断结束条件 */
    }
```

说明：(1) while 语句后的“;”不能省略，表示循环体为空。

(2) 当 t 指向的字符是'\0'时，赋值表达式“ * s++= * t++”的值为 0，在 C 语言中 0 表示假值，所以循环结束。

8.4.2　字符指针与字符数组的区别

尽管字符数组和字符型指针都能处理字符串，有时甚至可以混用。但它们还是有区别的。

(1) 在赋值方面，字符数组只能一个一个元素的赋值，而不能一次为整个数组赋值。下面的赋值方法是错误的：

```
    char a[20];
    a="HelloWorld";          /* a 是数组名,代表数组首地址,是常量,不能被赋值 */
```

而对于字符型指针变量，则可采取以下方式赋值：

```
        char * p'
        p="HelloWorld";          /* 赋给 p 的不是字符串,而是字符串的首地址 */
```
当然,以下语句是正确的(在字符数组定义时进行初始化):

```
        char a[20]="HelloWorld";
```
或 char a[20]={"HelloWorld"};

(2) 字符数组定义以后,编译系统为它分配了一段连续内存单元,其首地址由数组名来表示;而指针变量定义之后,编译系统只为它分配了一个用于存放地址的单元,而它具体指向的内存单元并未确定,想要利用它间接访问某个字符,就必须先将该字符变量的地址赋给它。

(3) 字符指针变量可以通过赋值运算进行改变,而数组名则不能改变,例如:

```
        char a[25]="HelloWorld";
        char * p=a;
        p=a+5;                    /* 正确,p 指向字符串中的第 6 个字符'W' */
        printf("%c", * p);        /* 输出字符'W' */
        a="C programming";        /* 错误! 数组不能整体赋值 */
        p="C programming";        /* 可以,p 指向字符串"C programming"的首地址 */
```

(4) 注意理解下列语句:

```
        char a[20], * p=a;
        * a='c';                  /* 正确,将字符'c'赋给元素 a[0] */
        * p='c';                  /* 正确,将字符'c'赋给元素 a[0] */
        * (a+1)='c';              /* 正确,将字符'c'赋给元素 a[1] */
        * (p+1)='c';              /* 正确,将字符'c'赋给元素 a[1] */
        * (a++)='c';              /* 错误,a 是地址常量 */
        * (p++)='c';              /* 正确,将字符'c'赋给元素 a[0],然后 p 指向下一元素 a[1] */
        p="Good!";                /* 正确,p 指向字符串"Good!"的首地址,与数组 a 脱离关系 */
```

从以上几点可以看出字符串指针变量和字符数组在使用时的区别,同时也可看出使用指针变量要更加灵活、方便。

8.5 指 针 数 组

8.5.1 指针数组

如果一个数组中的每个元素均为指针类型,即由指针变量构成的数组,这种数组称之为指针数组,它是指针的集合。指针数组的定义形式为:

        类型 * 数组名[常量表达式]

例如:

        int * pa[5];

功能:定义一个指针数组,数组名为 pa,有 5 个元素,每个元素都是指向整型变量的指针。

这里[]比 * 的优先级高,所以 pa 先与[5]结合成 pa[5],而 pa[5]正是数组的定义形式,有 5 个元素。最后 pa[5]与 int * 结合,表示它的各元素都为指向整型数据的指针变量。

注意区别:int(* pa)[4];

这里定义了一个指针变量 pa,它指向有 4 个元素的一维数组。

指针数组在对字符串的处理中应有广泛。字符串的处理往往使用数组的形式。当处理多个字符数组时,如果采用二维字符串数组来实现,每行存储一个字符串,由于字符串的长度不一,这样二维数组中就会浪费一定的空间。若使用字符指针数组来处理,将更方便、灵活。如:

    char * p[5];

表示 p 是一个有 5 个元素的数组,每个元素都是一个指向字符型数据的指针。

若利用数组初始化:

    char * p[5]={"one","two","three","four","five"};

数组 p 的存储结构如图 8-16 所示。

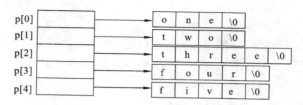

图 8-16 指针指向字符数组存储示意图

数组元素 p[0]指向字符串"one",p[1]指向字符串"two",p[2]指向字符串"three",p[3]指向字符串"four",p[4]指向字符串"five"。

【例 8-17】 有若干人名,将这些名字按字典顺序排序。

```
# include <stdio.h>
# include <string.h>
void main( )
{
   char * name[]={"zhangsan","lisi","wangwu","zhaoliu","wuqi"};
   int i,m;
   void sort(char * name[],int);
   m=sizeof(name)/sizeof(char * );            /* 获取字符串个数 */
   sort(name,m);                              /* 排序 */
   printf("\n");
   for(i=0;i<m;i++)   printf("%s",name[i]);   /* 输出排序结果 */
}


void sort(char * name[],int n)                /* 选择排序 */
{
   char * t;
   int i,j,k;
   for(i=0;i<n-1;i++)
   {
     k=i;
     for(j=i+1;j<n;j++)
        if(strcmp(name[k],name[j])>0)k=j;     /* 第 j 个元素更小 */
     if(k! =i)
        {t=name[i];name[i]=name[k];name[k]=t;}
   }
}
```

程序运行结果：

8.5.2 命令行参数

到目前为止,本书中所接触到的 main 函数都是无参的,由这种无参主函数所生成的可执行文件,在执行时只需输入文件名(命令名),而不能输入参数。在实际应用中,经常需要在执行程序(或称命令)时,向其提供所需的参数。

事实上,main 函数是可以有参数的,而指针数组的一个重要应用就是作为 main( )的形式参数。带形参的 main( )的一般形式为:

```
main(int argc char * argv[])
{

}
```

形参 argc 用于记录命令行中字符串的个数,argv[]是一个字符型指针数组,每一个元素顺序指向命令行中的一个字符串。

下面讨论 main(int argc,char * argv[])是如何接受实际参数的。

带参数的命令一般具有如下形式:

命令 名参数 1 参数 2…参数 n

其中命令名和参数以及参数和参数之间都是由空格隔开的。

输入的命令(执行程序名)及该命令(程序)所需的参数称为命令行参数。

命令名是 main 函数所在的文件名,假设为 file1,今想将两个字符串"str1","str2"作为传给 main 函数的参数,可以写成以下形式:

file1 str1 str2

main(int argc,char * argv[])的形参 argc 为命令行中参数的个数(包括执行程序名),其值大于或者等于1(执行文件名始终算一个参数)。

形参 argv 是一个指针数组,其元素依次指向命令行中以空格分开的各个字符串。即第一个元素 argv[0]指向的是程序名字符串,argv[1]指向参数 1,argv[2]指向参数 2,…,argv[n]指向参数 n。

对于上例,argv[0]指向字符串"file1"(或者说 argv[0]的值是字符串"file1"的首地址),argv[1]指向字符串"str1",argv[2]指向字符串"str2"。

【例 8-18】 分析下列程序,指出其执行结果。该程序的文件名为 example8_18. c,编译连接后所生成的可执行文件名为 example8_18. exe。

```
#include <stdio. h>
main(int argc,char * argv[]){
int i=0;
printf("argc=%d\n",argc);
while(argc>=1)
{
```

```
        printf("\n parameter %d:%s",i, * argv);
        i++;
        argc－－;
        argv++;
    }
}
```

该程序需在命令提示符下运行,首先找到程序编译运行后所生成的 file1. exe 文件;在命令提示符下进入该目录,然后在命令行输入:

Example8_18 hello world program

输出结果为:

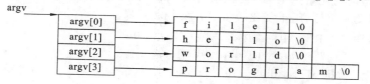

程序运行后,系统将命令行中的字符串个数传入参数 argc,将 3 个字符串实参"example8_18"、"hello"、"world"的首地址分别传给字符指针数组元素 argv[0]、argv[1]、argv[2]。如图 8.17 所示。

图 8-17　命令行参数指针数组示意图

值得注意的是,在前面强调过,数组名代表数组的起始地址,是一个指针常量,不能进行自加或者自减运算,为何【例 8-18】中 argv 定义为字符指针数组,却在程序中又有 argv＋＋呢?这是因为 argv 是 main( )的形参,C 语言编译系统并没有给 argv 分配固定的存储空间,argv 不是常量,所以 argv＋＋是合法的,argv＋＋表示将 argv 指针下移。

8.6　程序举例

【例 8-19】　从键盘输入一个字符串与一个指定字符,将字符串中出现的指定字符全部删除。

　　分析　　删除指定字符可以采用在字符串中挪动字符,将指定字符后面的字符覆盖指定字符的方法。具体程序如下:

```
#include <stdio. h>
void delchar(char * str, char c){
char * p;
for(p=str ; * p!＝'\0';p++)
        if( * p!＝c) * str++＝ * p;
* str='\0';          / * 处理删除指定字符后的串的结束标志 * /
}
main(){
char str[100],char_c;
gets(str);            / * 输入 1 个字符串 * /
char_c=getchar();    / * 输入指定字符 * /
```

```
//putchar(char_c);printf("\n");
//puts(str);
//printf("\n");
delchar(str,char_c);      /*调用删除指定字符的函数*/
puts(str);                /*输出删除指定字符后的串*/
}
```

程序运行结果：

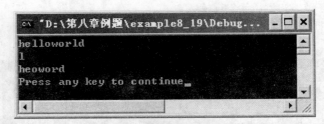

【例 8-20】 从键盘输入 10 个数,用选择法按由大到小的顺序排序并输出,要求用指针实现。

分析 （1）选择排序中,需要将找到的第 i 大的元素和第 i 个位置上的元素交换,则可用指针 p1 指向第 i 个位置,用指针 p2 指向待交换的第 i 大的元素。

（2）设 p1 指向的元素是第 i 大的元素,最初 p2=p1+1,如果 *p2>*p1,则交换 *p2 与 *p1,p2 向后移动一个位置,重复比较步骤,直到 p2 越界。

（3）交换操作:temp=*p1;*p1=*p2;*p2=tmp。

（4）p2 越界判断 p2>data+10,data 为数组名。

（5）排序结束判断 p1>=data+10-1。

（6）程序执行过程如图 8-18 所示。

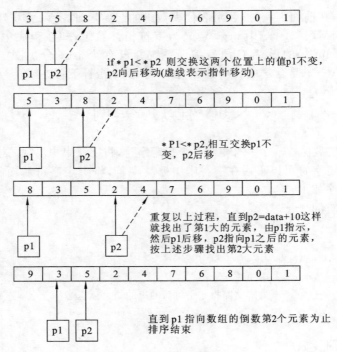

图 8-18 选择排序过程

```
#include "stdio.h"
void main()
{
int data[10],i,*p1,*p2,temp;
p1=data;                    /*p1指向数组 data 的第一个元素*/
printf("Please Input 10 numbers:\n");
for(i=0;i<10;i++)
{ scanf("%d",p1);
  p1++;
}

  /*选择排序*/
  /*排序从 p1 指向第一个元素开始,到第 n-1 个元素结束*/
for(p1=data;p1<data+10-1;p1++)
for(p2=p1+1;p2<data+10;p2++)   /*选择比较每次都从 p1+1 开始,直到最后一个元素*/
        {
            if(*p1<*p2){ temp=*p1; *p1=*p2; *p2=temp; }
        }
  /*输出排序后的数组*/
for(p1=data;p1<data+10;p1++) printf("%6d",*p1);
}
```

程序运行结果:

习 题 八

一、选择题(在每小题的 4 个选项中只有一个选项是符合题目要求的,请将正确选项前的字母填在题后的括号内)

1. 变量的指针,其含义是指该变量的(   )。

   A. 值   B. 地址   C. 名   D. 一个地址

2. 若有定义:int x,*pb;则以下正确的赋值表达式是(   )。

   A. *pb=&x;   B. pb=x;   C. pb=&x;   D. *pb=*x;

3. 下面程序中调用 scanf 函数给变量 a 输入数值的方法是错误的,其错误原因是(   )。

```
main()
{ int *p,q,a,b;
  p=&a;
  scanf("%d",*p);
}
```

   A. *p 表示的是指针变量 p 的地址;

   B. *p 表示的是变量 a 的值,而不是变量 a 的地址

   C. *p 表示的是指针变量 p 的值

   D. *p 只能用来说明 p 是一个指针变量

4. 下面能正确进行字符串赋值操作的是（　　）。

    A. char s[5]={"ABCDE"};　　　　　　　　B. char s[5]={'A','B','C','D','E'};

    C. char * s s="ABCDE";　　　　　　　　　D. char * s;scanf("%s",s);

5. 设 p1 和 p2 是指向同一个字符串的指针变量，c 为字符变量，则以下不正确执行的赋值
语句是（　）。

    A. c= * p1+ * p2;　　B. p2=c;　　　　　C. p1=p2;　　　　D. c= * p1 * (* p2);

6. 若有定义 int a[5], * p=a;,则对 a 数组元素的正确引用是（　　）。

    A. * &a[5]　　　　　B. a+2　　　　　　C. * (p+5)　　　　D. * (a+2)

7. 若有定义：int a[10], * p=a;,则 p+5 表示（　　）。

    A. 元素 a[5]的地址　　　　　　　　　　B. 元素 a[5]的值

    C. 元素 a[6]的值　　　　　　　　　　　D. 元素 a[6]的地址

8. 假定 P1 和 P2 是已赋值的字符指针,则下述有关运算中,非法的是（　　）。

    A. * P1= * P1+ * P2　　　　　　　　　B. * P1+=100− * P2

    C. P2=P1/2　　　　　　　　　　　　　D. * P2= * P1−'A'

9. 对于基类型相同的两个指针变量之间,不能进行的运算是（　　）。

    A. <　　　　　　　　B. =　　　　　　　C. +　　　　　　　D. −

10. 执行以下程序后,a 的值为（　　）。

```
main( )
{ int a,b,k=4,m=6, * p1=&k, * p2=&m;
  a=p1==&m;
  b=(− * p1)/( * p2)+7;
  printf("a=%d\n",a);
  printf("b=%d",b);
}
```

    A. −1　　　　　　　B. 1　　　　　　　　C. 0　　　　　　　D. 4

11. 若有 int k=2, * ptr1, * ptr2;且 ptr1 和 ptr2 均已指向变量 k,下面不能正确执行的
语句是（　　）。

    A. k= * ptr1+ * ptr2;　　　　　　　　B. ptr2=k;

    C. ptr1=ptr2;　　　　　　　　　　　　D. k= * ptr1 * (* ptr2);

12. 若有语句 int * point a=4;和 point &a;下面均代表地址的一组选项是（　　）。

    A. a,point, * &a　　　　　　　　　　　B. & * a,&a, * point

    C. * &point, * point,&a　　　　　　　　D. &a,& * point,point

13. int * p,m=5,n;下面正确的程序段是（　　）。

    A. p=&n;scanf("%d",&p);　　　　　　B. p=&n;scanf("%d", * p);

    C. scanf("%d",&n); * p=n;　　　　　　D. p=&n; * p=m;

14. char * s="\ta\018bc";

    for(;s! ='\0';s++)printf(" * ");

for 循环的执行次数是（　　）。

    A. 9　　　　　　　　B. 5　　　　　　　　C. 6　　　　　　　D. 7

15. 下面程序段的运行结果是（　　）。

    char * s="abcde";

    s+=2;printf("%d",s);

    A. cde　　　　　　　　　　　　　　　　B. 字符'c'

    C. 字符的'c'地址　　　　　　　　　　　D. 无确定的输出结果

16. 下面说明不正确的是(　　)。

　　A. char a[10]="china";　　　　　　　B. char a[10],*p=a;p="china";

　　C. char *a;a="china";　　　　　　　D. char a[10],*p;p=a="china";

17. 若有说明语句

　　char a[]="It is mine";char *p="It is mine";

则以下不正确的叙述是(　　)。

　　A. a+1 表示的是字符 t 的地址;

　　B. p 指向另外的字符串时,字符串的长度不受限制;

　　C. p 变量中存放的地址值可以改变;

　　D. a 中只能存放 10 个字符;

18. 下面程序是把数组元素中的最小值放入 a[0]中,则在 if 语句中应填入(　　)。

```
main( )
{ static int a[10]={3,5,3,4,5,6,65,345,2,45},*p=a,i;
for(i=0;i<10;i++,p++)
if(_____) *a= *p;
}
```

　　A. p<a　　　　　　B. *p<a[0]　　　　C. *p< *a[0]　　D. *p[0]< *a[0]

19. 若有定义语句 int(*p)[M];其中的标识符 p 是(　　)。

　　A. M 个指向整型变量的指针;

　　B. 指向 M 个整型变量的函数指针;

　　C. 一个具有 M 个整型元素的一维数组的指针变量;

　　D. 具有 M 个指针元素的一维指针数组,每个元素都只能指向整型变量;

20. 设有 int a[ ]={10,11,12},*p=&a[0],,则执行完 *p++;*p+=1;后 a[0],a[1],a[2]的值依次是(　　)。

　　A. 10,11,12　　　　B. 11,12,12　　　　C. 10,12,12　　　　D. 11,11,12

21. 若有以下说明和语句:int a[10],*p1,*p2;p1=a;p2=&a[5];,则 p1-p2 的值为(　　)。

　　A. 4　　　　　　　　　　　　　B. 5

　　C. 6　　　　　　　　　　　　　D. 没有指针与指针的减法

22. 若有以下说明和语句:int a[]={1,2,3,4,5,6,7,8,9,0},*p,i;p=a;且 0<=i<10,则下面哪个是对数组元素的错误引用(　　)。

　　A. *(a+i)　　　　　B. a[p-a]　　　　　C. p+I　　　　　　D. *(&a[i])

23. 下列程序段的输出结果是(　　)。

```
void fun(int * x,int * y)
{
printf("%d %d", * x, * y);
* x=3;
* y=4;
}
main( )
{
int x=1,y=2;
fun(&y,&x);
printf("%d %d",x,y);
}
```

A. 2 1 4 3   B. 1 2 1 2   C. 1 2 3 4   D. 2 1 1 2

24. 已知:char a[3][10]={"BeiJing","ShangHai","TianJin"}, * pa=a;,不能正确显示字符串"ShangHai"的语句是(   )。

  A. printf("%s",a+1);   B. printf("%s", * (a+1));

  C. printf("%s", * a+1);   D. printf("%s",&a[1][0]);

25. 已知 int a[3][4], * p=a;p+=6;,那么与 * p 的值相同的是(   )。

  A. * (a+6)   B. * (&a[0]+6)

  C. * (a[1]+=2)   D. * (&a[0][0]+6)

26. 若有说明语句:int a,b,c, * d=&c;,则能正确从键盘读入三个整数分别赋给变量 a、b、c 的语句是(   )。

  A. scanf("%d%d%d",&a,&b,d);   B. scanf("%d%d%d",&a,&b,&d);

  C. scanf("%d%d%d",a,b,d);   D. scanf("%d%d%d",a,b, * d);

27. 下面程序的输出结果是(   )。

```
# include <stdio. h>
main( )
{ char s1[50]={"some string * "},s2[]={"test"};
  printf("%s\n",strcat(s1,s2));
}
```

  A. some string *   B. test

  C. some stritest   D. some string * test

28. 下面程序的输出结果是(   )。

```
main( )
{ int a[]={1,2,3,4,5,6};
  int * p;
  p=a;
  printf("%d", * p);
  printf("%d", * (++p));
  printf("%d", * ++p);
  printf("%d", * (p--));
  p+=3;
  printf("%d %d", * p, * (a+3));
}
```

  A. 1 2 3 3 5 4   B. 1 2 3 4 5 6   C. 1 2 2 3 4 5   D. 1 2 3 4 4 5

29. 下面程序的输出结果是(   )。

```
# include <stdio. h>
char * p="abcdefghijklmnopq";
main( )
{ int i=0;
  while( * p++! ="e");
  printf("%c\n", * p);
}
```

  A. c   B. d   C. e   D. f

30. 下面程序的输出结果是(   )。

  # include

```
main( )
{ int a=1, * p, * * pp;
  pp=&p;
  p=&a;
  a++;
  printf("%d,%d,%d\n",a, * p, * * pp);
}
```

  A. 2,1,1   B. 2,1,2   C. 2,2,2   D. 程序有错误

二、填空题

1. 在 C 程序中,指针变能够赋＿＿＿＿＿＿值或＿＿＿＿＿＿值。

2. 以下程序

```
void f(int y,int * x)
        {y=y+ * x; * x= * x+y;}
          main( )
          { int x=2,y=4;
              f(y,&x);
              printf("%d %d\n",x,y);
          }
```

执行后输出的结果是＿＿＿＿＿＿.

3. 设有定义:int n, * k=&n;,以下语句将利用指针变量 k 读写变量 n 中的内容,请将语句补充完整。

scanf("%d,"＿＿＿＿＿＿);

printf("%d\n",＿＿＿＿＿＿.);

4. 若有以下定义,int w[10]={23,54,10,33,47,98,72,80,61}, * p=w;则不移动指针 p,且通过指针 p 引用值为 98 的数组元素的表达式是＿＿＿＿＿＿。

5. 下面程序的输出结果是＿＿＿＿＿＿。

```
char b []="ABCD";
main( )
 { char * chp;
   for(chp=b; * chp;chp+=2)printf("%s",chp);
   printf("\n");
 }
```

6. 下面程序的输出是＿＿＿＿＿＿。

```
main( )
{ int i=3,j=2
  char * a="DCBA";
  printf("%c%c\n",a[i],a[j]);
}
```

7. 若有以下定义和语句:int a[10]={19,23,44,17,37,28,49,56}, * p;p=a;,则使指针 p 指向值为 56 的数组元素的表达式是＿＿＿＿＿＿。

8. 下面程序的输出结果是＿＿＿＿＿＿。

```
# include <stdio. h>
main( )
{ static char b[]="Goodbye";
  char * chp=&b[7];
  while(--chp>=&b[0]) putchar( * chp);
  putchar("\n");
}
```

9. 以下程序的输出结果是_____。
```
main( )
{ char * p="abcdefgh", * r;
  long * q;
  q=(long * )p;
  q++;
  r=(char * )q;
  printf("%s\n",r);
}
```

10. 以下程序的输出结果是_____。
```
main( )
{ int x=0;
  sub(&x,8,1);
  printf("%d\n",x);
}
sub(int * a,int n,int k)
{ if(k<=n)sub(a,n/2,2 * k);
  * a+=k;
}
```

11. 以下函数 sstrcat( )的功能是实现字符串的连接,即将 t 所指字符串复制到 s 所指字符串的尾部。例如:s 所指字符串为 abcd,t 所指字符串为 efgh,函数调用后 s 所指字符串为 abcdefgh。试将语句补充完整。
```
# include <stdio. h>
void sstrcat(char * s,char * t)
{ int n;
  n=strlen(s);
  while( * (s+n)=_____){s++;t++;}
}
```

12. 以下程序运行后的输出结果是_____。
```
# include "string. h"
void fun(char * s,int p,int k)
{ int i;
  for(i=p;i<k-1;i++)
  s[i]=s[i+2];
}
main( )
{ char s[]="abcdefg";
```

```
        fun(s,3,strlen(s));
        puts(s);
    }
```

13. 以下程序运行后的输出结果是_____。
```
main( )
{ char a[]="Language",b[]="Programe";
  char * p1, * p2;int k;
  p1=a;p2=b;
  for(k=0;k<=7;k++)
  if( * p1+k)== * (p2+k)) printf("%c", * (p1+k));
}
```

14. 以下程序运行后的输出结果是_____
```
main( )
{ char a[]="123456789", * p;int i=0;
  p=a;
  while( * p)
  { if(i%2==0) * p=" * ";
    p++;i++;
  }
  puts(a);
}
```

15. mystrlen 函数的功能是计算 str 所指字符串的长度,并作为函数值返回。试将语句补充完整。
```
    int mystrlen(char * str)
    { int i;
      for(i=0;_____! ="\0";i++);
      return(_____);
    }
```

16. 以下 fun 函数的功能是:累加数组元素的值。n 为数组中元素的个数。累加的和值放入 x 所指的存储单元中。试将语句补充完整。
```
    fun(int b [ ],int n,int * x)
      { int k,r=0;
        for(k=0;k<n;k++) r=_____;
        _____=r;
      }
```

17. 下面程序的输出是_____。
```
    main( )
    { int a[]={2,4,6}, * prt=&a[0],x=8,y,z;
      for(y=0;y<3;y++)
      z=( * (prt+y)<x)?  * (ptr+y):x;
      printf("%d\n",z);}
```

18. 以下函数 sstrcat( ) 的功能是实现字符串的连接,即将 t 所指字符串复制到 s 所指字符串的尾部。例如:s 所指字符串为 abcd,t 所指字符串为 efgh,函数调用后 s 所指字符串为

abcdefgh。试将语句补充完整。

```
#include <stdio.h>
void sstrcat(char * s,char * t)
{int n;
 n=strlen(s);
 while( * (s+n)=_____){s++;t++;}
}
```

19. 下面函数的功能是将一个整数存放到一个数组中。存放时按逆序存放。例如:483 存放成"384"。试将语句补充完整。

```
#include <stdio.h>
void convert(char * a,int n)
{ int i;
  if((i=n/10)! =0)
  convert(_____,i);
   * a=_____;
}
char str[10]="";
main( )
{ int number;
  scanf("%d",&number);
  convert(str,number);
  puts(str);
}
```

20. 下面程序的功能是实现数组元素中值的逆转。试将语句补充完整。

```
#include <string.h>
main( )
{ int i,n=10,a[10]={1,2,3,4,5,6,7,8,9,10};
  invert(a,n-1);
  for(i=0;i<10;i++)
  printf("%4d",a[i]);
  printf("\n");
}
invert(int * s,int num)
{
  t=s+num;
  while(_____)
  { k= * s;
    * s= * t;
    * t=k;
    _____;
    _____;
  }
}
```

三、判断题（表述正确请在题后的括号内打√，表述错误请在题后的括号内打×）

1. 指针变量和变量的指针是同一个名词的不同说法。（　　）

2. 指针变量定义后，指针变量值不确定，应用前必须先赋值。（　　）

3. 一个指针变量可以加、减一个整数 n，其结果不是指针值直接加或减 n。（　　）

4. 根据指针的算术运算规则，若 p 指向数组 a（即 p 指向数组 a 的第一个元素），则 p+1 指向数组元素 a[2]。（　　）

5. int(*fp)(); 说明了 fp 是一个函数指针，此函数的返回值的类型是整型。（　　）

6. 如果 p 和 q 定义为同一类型的指针变量，且指向确定的一段连续的存储空间，p 的地址值小于 q 的值，则表达式 q−p 的结果是从 p 到 q 之间的数据存储单元个数。（　　）

7. a 代表整个二维数组的首地址，a+1 代表第 1 行第 1 列元素的地址。（　　）

8. 对于 32 位的系统，指针变量的存储空间需要连续的 4 个字节单元。（　　）

9. int a=8,*p;p=&a;，则 *p 的值为 8。（　　）

10. int a=8,*p;p=&a;，则 scanf("%d",&a);scanf("%d",p);scanf("%d",&*p); 等价。（　　）

四、编程题

1. 通过指针变量输出 a 数组的 10 个元素。

2. 对输入的两个整数按大小顺序输出，要求用指针完成。

3. 将字符串 a 复制为字符串 b，要求用指针完成。

4. 从键盘任意输入两个整数，利用指针变量实现两数交换后重新输出。

第9章 结构体、共用体和枚举类型

核心内容：

1. 结构体类型的定义、结构体类型变量的应用
2. 共用体类型的定义、共用体类型变量的应用
3. 枚举类型的定义、枚举类型变量的应用
4. 结构体数组的概念
5. 结构体指针和链表的概念

9.1 结构体类型基础

1. 结构体类型的概念

在前面的学习中，已经介绍了 C 语言构造类型中的数组类型。数组类型可以将多个相同类型的数据用一个标识符命名。但是在实际应用中，往往需要将不同类型的数据构成一个整体。例如，要处理学生信息，需要处理学号、姓名、性别、年龄、分数、地址等数据项。如果将这些类型不相同的数据项使用简单的变量存储，既不能体现数据间的彼此联系，也不能体现数据的整体性。但是又不能采用数组类型来实现，因为数组不能容纳类型不相同的元素。

C 语言提供了一种能处理一组不同类型数据的构造数据类型——结构体。结构体需要用户自行定义，在结构体的框架内，用户可以根据具体需要来定制不同的结构体类型。

2. 结构体类型的定义

结构体包含若干不同成员，各个成员可以是不同类型。定义结构体类型，需要定义结构体类型的类型名，同时声明结构体包含的各个成员。结构体类型定义的一般形式为：

```
struct 结构体类型名
{类型名1    成员名1；
 类型名2    成员名2；
 类型名3    成员名3；
 ……
 类型名n    成员名n；
};
```

其中，struct 是定义结构体类型的关键字。结构体类型名由用户自行定义，规定了用户自行定义的结构体类型的名称。结构体类型的组成部分称为成员，成员的命名规则和变量相同。例如：

```
struct student
{unsigned num；
 char name[20]；
 char sex；
```

```
      int age；
      float score；
      char addr[40]；
   }；
```

这里，定义了一个结构体类型——struct student，它包含 6 个成员：num、name、sex、age、score、addr，分别表示学生的学号、姓名、性别、年龄、分数和住址，明显它们的数据类型是不相同的。

需要特别说明：①struct student 是用户自行定义的构造体类型，它和系统预定义的类型（例如：int、float 等）一样，可以用来定义变量。②定义结构体类型时，详细列出了一个结构体类型的组成情况，但没有定义变量，并没有分配实际的存储空间。程序要使用结构体类型数据，必须定义结构体变量。

9.2 结构体类型变量

9.2.1 定义结构体类型变量及变量的初始化

1. 定义结构体类型变量

定义结构体类型，就拥有一个结构体类型名。利用这个类型名，就可以像 int、char 等类型一样定义结构体类型变量。定义了结构体变量后，系统才开始为结构体变量分配存储空间。定义结构体变量可以采用以下几种方法：

（1）定义一个结构体类型之后，再定义结构体变量。

如上节示例，已经定义了一个结构体类型 struct student，则可以利用它来定义结构体变量。例如 struct student student1，studen2，student3；定义了 student1，studen2，student3 三个 struct student 类型的结构体变量。需要注意的是，在定义一个结构体变量时，不仅要指明其是 struct 型（例如：struct student1 就是错误的），还需要指定其是某一个特定的结构体类型。

（2）在定义结构体类型的同时定义结构体变量。例如：

```
   struct student
   {unsigned num；
    char name[20]；
    char sex；
    int age
    float score；
    char addr[40]；
   }student1，studen2，student3；
```

这种定义方法的一般形式为：

```
   struct 结构体类型名
   {  类型名 1   成员名 1；
      类型名 2   成员名 2；
      类型名 3   成员名 3；
      ……
      类型名 n   成员名 n；
   }变量列表名；
```

这种形式结构紧凑,定义类型的同时定义了变量。如果后续还需要利用此类型定义其他变量,可以使用:

      struct 结构体类型名 变量列表名;

（3）直接定义结构体变量。例如:

```
struct
{unsigned num;
 char name[20];
 char sex;
 int age;
 float score;
 char addr[40];
 }student1,studen2,student3;
```

在结构体定义时不出现结构体类型名,直接定义变量。这种定义形式简单,无法使用类型名再定义其他结构体变量。

定义变量之后,系统就在内存中为结构体变量分配存储单元。定义了结构体变量之后,变量中包含的成员就可以被使用。

2. 结构体变量的初始化

在定义了结构体变量之后,就可以像使用普通变量一样,可以对其初始化。与普通变量不同的是结构体变量的值不是一个简单的整数或者实数,而是由许多基本数据组成的集合。所以,结构体变量的初始化值需要依次写在一对大括号中,用赋值运算符按照成员在结构体中的顺序对应赋值。例如:

```
struct student
{unsigned num;
 char name[20];
 char sex;
 int age;
 float score;
 char addr[40];
}student1={950201,"Zhangjun",'M',20,85.0,"Beijing"},
 student2={950202,"Wanghai",'M',19,70.0,"Shanghai"};
```

在上例中,结构体变量 student1 的成员 num 初值是 950201,成员 name 初值是"Zhangjun",成员 sex 初值是'M',成员 age 初值是 20,成员 score 初值是 85.0,成员 addr 初值是"Beijing"。

结构体变量初始化也可以写成如下形式:

```
struct student student3={950203,"wangwei",'F',20,88.0,"Wuhan"};
```

9.2.2 结构体变量的存储结构

结构体变量被定义之后,系统就在内存中为结构体变量分配存储单元。一个结构体变量所占用的内存空间是其各个成员所占内存空间之和。例如:

```
struct student
{unsigned num;
 char name[20];
```

```
        char sex;
        int age;
        float score;
        char addr[40];
    }student1={950201,"Zhangjun",'M',20,85.0,"Beijing"};
```

上例中 student1 变量已经被初始化,则它在内存中的存储形式如图 9-1 所示。

从图 9-1 可以看出,结构体的每个成员都占用独立的存储空间,成员的数值存放在成员所占用的存储空间中。

成员名	占用字节数
num	2
name	20
sex	1
age	2
score	4
addr	40

图 9-1 成员的存储

9.2.3 结构体变量的使用

1. 结构体变量的引用

对结构体变量的引用包括对结构体变量中成员的引用和对整个结构体变量的引用,一般来说对结构体变量的引用主要是对结构体变量成员的引用。

1) 结构体变量成员的引用

在 C 语言中,对结构体变量成员的引用使用结构成员操作符"."来引用成员,其格式为:

　　结构体变量名.成员名

对于已经定义的结构体变量 student1 来说,student1. num、student1. name[20]、student1. sex、student1. age、student1. score、student1. addr[40]分别表示学生的学号、姓名、性别、年龄、成绩、住址。结构体变量成员的使用方法需要参照其成员的类型,与其同类型的普通变量的使用方法相同。

【例 9-1】 在一个学生成绩管理系统中,学生信息包括学号、姓名、性别、年龄、成绩、住址。输入三个学生的信息,计算并输出三个学生的平均成绩。

```
#include "stdio.h"
struct student                  /*定义结构体类型 student*/
{
        unsigned num;
        char name[20];
        char sex;
        int age;
        float score;
        char addr[40];
};
int main(void)
{
float average;
struct student student1={950201,"Zhangjun",'M',20,85.0,"Beijing"};
                        /*定义结构体变量并初始化*/
struct student student2={950202,"Wanghai",'M',19,70.0,"Shanghai"};
struct student student3={950203,"Wangwei",'F',20,88.0,"Wuhan"};
 average=(student1. score+ student2. score+student3. score )/3;
printf("The average score is %5.2f\n ",average);
```

```
        return 0;
    }
```
程序运行结果：

2）对结构体变量整体引用

相同类型的结构体变量可以进行整体赋值。赋值时,将赋值运算符右侧结构体变量每一个成员的值都赋值给了左侧结构体变量的成员。这也是结构体整体引用的唯一方式。例如:

student2＝student1;

9.2.4　结构体变量的输入与输出

C语言中不能将结构体变量作为一个整体来完成输入和输出,只能按照成员变量输入输出。例如有结构体变量定义:

```
struct student
{
    unsigned num;
    char name[20];
    char sex;
    int age;
    float score;
    char addr[40];
}student1,student 2;
```

如果要输出 student1 变量,应使用语句:

```
printf("%u,%s,%c,%n,%f,%s",num,name,sex,age,score,addr);
```

如果要输入 student1 变量的各成员值,应使用语句:

```
scanf("%u,%s,%c,%n,%f,%s",&student1.num,student1.name,&student1.sex,&student1.age,
    &student1.score,student1.addr);
```

需要注意的是:由于 student1 的 name 成员和 addr 成员是字符数组,因此不能写成 &student1.name,必须写成 student1.name。

9.3　结构体类型数组

一个结构体变量可以存放一个对象(例如某个学生、某个职工)的信息,但现在有一个信息管理系统需要处理几十个对象(例如一个班的所有学生、一个企业的所有职工)的信息,就需要定义许多结构体变量,显然不方便。我们结合在前面章节学习的数组相关知识,自然而然想到利用数组,定义结构体类型数组来实现。

9.3.1 结构体类型数组的定义

定义结构体数组的方法和定义普通数组的方式类似,也需要指定数组元素的个数,但区别在于要事先定义出结构体类型,再利用该结构体类型来定义数组。例如:

```
struct student
{
    unsigned num;
    char name[20];
    char sex;
    int age;
    float score;
    char addr[40];
}stu[30];
```

上例中,定义了结构体数组 stu[30],它有 30 个元素,每个元素的类型都相同,都是类型为 struct student 的结构体类型,可以用于表示一个班级中的 30 个学生。

结构体数组的存储方式和标准数据类型的数组一样,在内存中采用顺序存储。结构体数组元素的访问也同标准数据类型的数组一样,需要利用元素的下标。

9.3.2 结构体类型数组的初始化

对结构体数组元素进行初始化,要把每个元素的数据分别用花括号括起来。例如:

```
struct student
{
    unsigned num;
    char name[20];
    char sex;
    int age;
    float score;
    char addr[40];
}stu[3]={{950201,"Zhangjun",'M',20,85.0,"Beijing"},
         {950202,"Wanghai",'M',19,70.0,"Shanghai"},
         {950203,"wangwei",'F',20,88.0,"Wuhan"}};
```

如上例所示,每一个花括号中的数据将赋值给结构体数组的每一个元素。如果没有对数组元素初始化,则结构体数组元素的成员将按照成员类型由系统完成初始化,例如数值型成员赋值为 0,字符型数据赋值为空串"\0"。

9.3.3 结构体元素的操作

1. 引用结构体数组元素的成员

引用结构体数组元素的成员的方法和引用结构体变量成员的方法相同。引用方法为:

结构体数组名[元素下标].结构体成员名。

例如:stu[0].age 就是引用结构体数组 stu[3]中下标为 0 的数组元素的 age 成员。

2. 结构体数组元素的赋值

可以将一个结构体数组元素赋值给相同结构体类型数组中的另外一个元素,也可以赋值给相同结构体类型的结构体变量。例如：

```
struct student stu[30],student1;
```

现在定义了一个结构体数组 stu[30] 和一个结构体变量 student1。则可以有下列赋值语句：

```
stu[0]=student;
stu[10]=stu[20];
student1=stu[5];
```

【例 9-2】 输出结构体数组各元素的成员值。

```
#include "stdio.h"
int main(int argc,char * argv[ ])
{
struct student
{
        unsigned num;
        char name[20];
        char sex;
        int age;
        float score;
        char addr[40];
}stu[3]={{950201,"Zhangjun",'M',20,85.0,"Beijing"},
        {950202,"Wanghai",'M',19,70.0,"Shanghai"},
        {950203,"Wangwei",'F',20,88.0,"Wuhan"}};
int i;
for(i=;i<3;i++)
{
    printf("%-10u%10s%3c%4d%5.1f%15s\n
        ",stu[i].num,stu[i].name,stu[i].sex,stu[i].age,stu[i].score,stu[i].addr);
}
}
```

程序运行结果：

9.4   指向结构体的指针和链表

在前面的章节阐述过指针变量，将一个基本数据类型变量的内存地址存储在一个指针变量中，则此指针变量指向该变量。指针变量不仅可以指向基本类型变量，也可以指向结构体类型变量。我们定义一个指针变量来指向一个结构体变量，则此结构体变量的指针就是该结构体变量占据的内存段的起始地址。

9.4.1　指向结构体变量的指针

在上述章节中,我们已经定义了一个 struct student 结构体类型,则可以使用下面的形式来定义一个指向该类型结构体的指针变量:

struct 类型名 * 指针变量名

例如:struct student * p,stu1;

在这里,定义了一个指向 struct student 结构体类型的指针变量 p 和 struct student 结构体类型变量 stu1。可以利用赋值语句:p＝& stu1;使指针 p 指向结构体类型变量 stu1。

我们通过指向结构体的指针变量来引用结构体成员,方法有两种:

(1)指针变量－＞结构体成员名

例如,利用指针变量 p 引用 stu1 结构体变量的成员,可以写成:p－＞age、p－＞score 等。

(2)(* 指针变量).结构体成员名

例如,利用指针变量 p 引用 stu1 结构体变量的成员,可以写成:(* p).age、(* p).score 等。需要注意的是,这里的括号不可省略,因为运算符"*"的优先级低于运算符"."。但是很少使用这种标记方法,一般习惯采用第一种方法来通过指向结构体的指针来引用结构体成员。

【例 9-3】　利用指向结构体的指针变量输出结构体变量的成员值。

```
#include"stdafx.h"
#include"stdio.h"
int main(int argc,char * argv[])
{
    struct student
    {
        unsigned num;
        char name[20];
        char sex;
        int age;
        float score;
        char addr[40];
    }stu1={950201,"Zhangjun",'M',20,85.0,"Beijing"};
    struct student  * p;
    p=& stu1;
    printf("%－10u%10s%3c%5d%5.1f%10s\n",p－>num,p－>name,p－>sex,p－>age,
    p－>score,p－>addr);
}
```

程序运行结果:

```
950201          Zhangjun  M   20 85.0     Beijing
Press any key to continue
```

需要注意的是：

（1）不能写成 p. age，因为 p 是指向结构体的指针变量，不是结构体。

（2）p 是指向结构体的指针变量，不能指向结构体的成员。

9.4.2　指向结构体数组的指针变量

在指针这一章，我们曾经介绍了指向基本类型数组的指针变量，当然也有指向结构体类型的数组的指针变量。例如：

```
struct student * p,stu[3];
p=stu;
```

将结构体数组的数组名（也就是该数组的起始地址）赋值给指针变量，此时指针变量 p 指向数组 stu 的第一个元素。则指针指向的关系图如图 9-2 所示。

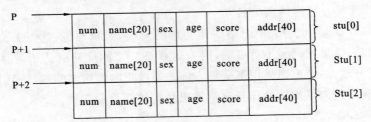

图 9-2　指向结构体数组的指针的指向关系图

【例 9-4】　利用指向结构体数组的指针输出结构体数组各元素的成员值。

```
#include "stdio. h"
int main(int argc,char * argv[ ])
{
struct student
{       unsigned num;
        char name[20];
        char sex;
        int age;
        float score;
        char addr[40];
}stu[3]={{950201,"Zhangjun",'M',20,85.0,"Beijing"},
        {950202,"Wanghai",'M',19,70.0,"Shanghai"},
        {950203,"Wangwei",'F',20,88.0,"Wuhan"}};
    struct student * p;
    for(p=stu;p<=stu+2;p++)
    {
        printf("%-10u%10s%3c%4d%5.1f%15s\n",
            p->num,p->name,p->sex,p->age,p->score,p->addr);
    }
}
```

程序运行结果：

```
■ "D:\Program Files\Microsoft Visual Studio\MyProjects\Exam94\...              ▢  ▢  ✕

950201        Zhangjun    M    20 85.0                  Beijing
950202        Wanghai     M    19 70.0                  Shanghai
950203        wangwei     F    20 88.0                  Wuhan
◄                         ▥                                              ►
```

需要注意的是：在本程序中用 p－＞成员名实现对结构体数组元素成员的引用，利用 p++语句实现指针后移，进而对后续数组元素的引用。在使用这种引用方法时，需要分析每个时刻 p 具体指向那个数组元素。

9.4.3　链表

在前面的学习过程中，我们接触的各种数据类型都是静态数据类型，它们在使用的时候都必须通过定义引入，在定义的时候都需要对其规模大小进行明确的说明。比如在定义一维数组的时，必须定义数组元素的个数，以便系统为其分配内存空间，同时在使用过程中不能修改数组元素的个数。如果在程序中不能明确需要处理的数据的个数时，只能将数组元素的个数定义的足够大，才能满足需求，但这样就有可能造成数组存储空间不能充分利用。所以我们需要一种动态数据结构，它的规模可以根据需要动态改变，合理的使用存储空间。

经常使用到的动态数据结构有链表、树、图等数据结构，在这里我们只介绍其中简单的单向链表动态数据结构。链表是只若干数据参照一定的规则连接起来的数据结构。如图 9-3 所示就是一种最简单的单向链表结构。

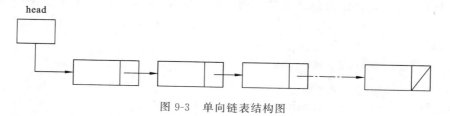

图 9-3　单向链表结构图

链表有一个"头指针"变量，用来指向链表的第一个元素，如图 9-3 中的 head。链表的每个元素都被称为"结点"，每个结点都包含两部分内容：一个是实际的用户数据信息；另外一个是指向下一结点的指针。因此可以看出 head 指向第一个结点，第一个结点指向第二个结点，直到最后一个结点，最后一个结点的指针部分为"NULL"，也就是空指针，每个结点都通过这些指针连接起来。

在链表中，每个结点的后续结点由该结点的指针指出，而链表中每个结点在内存中的存放位置是任意的。因此，如果要在链表中访问某个结点，必须从链表的头指针指向的第一结点开始，顺序访问。

链表和数组的主要区别在于：数组的元素个数时固定的，而链表的结点可以按照需要动态生成；数组的元素是顺序存储的，数组元素的内存地址是彼此连续的，而链表结点的存储地址是任意的，结点之间的联系靠指针指向实现；数组元素的访问可以通过下标来实现，只要指定下标就能找到数组元素，而链表只能从第一结点开始，按照次序依次查找；在数组中如果要实现插入、删除等操作比较复杂,需要移动数组元素,而链表可以通过修改指针指向就能完成。

1. 链表结点的定义和内存动态管理函数

链表的结点可以用结构体类型来描述。结构体中包含若干成员,其中部分成员是实际的数据部分,可以是整形、实型、字符型等;同时还必须有一个用来存放下一个结点地址的指针类型,且这个指针的类型同该结构体类型一致。例如:

```
struct node
{int data1;
   char data 2;
   struct node * next;

};
```

其中,成员 data1 和 data2 是数据部分,用来保存用户需要使用的数据。成员 next 值指针类型,是一个能指向 struct node 结构体类型的指针变量,用它来指向结点的后续结点。

链表是一个动态数据结构,这体现在链表结点的存储空间是根据需求向系统申请的。C语言中提供了一系列库函数来实现动态空间的申请和释放。

1) malloc 函数

函数的原型:void * malloc(unsigned int size)

该函数的功能是在内存中分配一个大小为 size 字节大小的存储空间,并返回该空间的起始地址,如果没有足够的空间可以分配,则函数返回 0。形参 size 是无符号整形,函数返回值类型时空类型,也就是没有规定指向任何具体的类型,如果要将函数值赋值给某种具体类型的指针变量,需要使用强制类型装换语句。例如,要赋值给一个字符型指针,需要利用语句:

```
char * p;
p=(char * )malloc(unsigned int size);
```

2) calloc 函数

函数的原型:void * calloc(unsigned int num,unsigned int size)

该函数的功能是分配 num 个大小为 size 字节的存储空间,函数返回的是该空间的初始地址,如果没有足够的空间可以分配,则函数返回 0。例如 calloc(20,40)就是开辟 20 个,每个大小都是 40 字节的空间,总长度 800 字节。

3) free 函数

函数的原型:void free(void * ptr)

该函数的功能是将指针变量 ptr 指向的存储空间释放,将此空间交还给系统。空间被交还给系统之后,系统可以将它们另行分配。需要注意的是指针变量 ptr 只能是由 malloc 或 calloc 函数返回的地址,不能随意的地址项。例如:

```
p=(char * )malloc(unsigned int size);
...
free(p);
```

2. 链表的基本操作

链表的基本操作主要包括:链表的建立、链表结点的插入、链表结点的删除、链表结点的输出。

1) 链表的建立

建立链表就是从无到有逐渐增加链表结点的过程,输入链表结点数据,建立结点前后链接的关系。建立链表的方法有两种:表头插入法和表尾插入法。表头插入法是将新产生的结点作为新的表头插入链表;表尾插入法是将新产生的结点作为新的表尾插入链表。下面以表尾插入法为例,来介绍链表建立的方法。

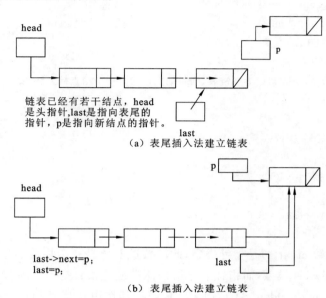

链表已经有若干结点,head
是头指针,last是指向表尾的
指针,p是指向新结点的指针。

（a）表尾插入法建立链表

last->next=p;
last=p;

（b）表尾插入法建立链表

图 9-4　表尾插入法建立链表

如图 9-4 所示,表尾插入发建立链表的算法描述如下:

① 产生头指针 head 和尾指针 last:head＝last＝NULL;

② 产生新结点,p＝(struct node *)malloc(sizeof(node));p－＞next＝NULL;

③ 如果 head 为 NULL,说明此时链表为空,则新结点作为唯一结点插入链表。

   head＝p;last＝p;

否则

   last－＞next＝p;last＝p;

新结点作为新的表尾插入。

④ 返回②,继续建立新结点。

【例 9-5】 编写一个建立一个有 10 个学生数据的链表的函数。

```
# include "stdio. h"
# include "stdlib. h"
# define NUM 10
# define LEN sizeof(struct student)
struct student
{int num;
 struct student * next;
};
```

```
struct struct  * creatlist( )
{          int i=0;
           struct student * head,* last,* p;
           head=NULL;
           last=NULL;
           while(i<NUM)
{ p=(struct student  * )malloc(LEN);       / * 产生新结点 * /
scanf("%d",&p->num);
p->next=NULL;
if(head==NULL)
     / * 头结点为空,链表初始为空链表,则新结点作为第一个结点插入链表中 * /
           {   head=p;  }
           else
           {   last->next=p;  }
           last=p;
           i++;
           }
           return head;
     }
```

需要说明是:函数 creat( )是指针类型,此函数返回值是一个指针类型的数据。malloc 函数返回的是空类型的指针类型,而指针 p 是结构体类型的指针变量。所以需要利用强制类型转换的方法,p=(struct student *)malloc(LEN);,其作用就是将 malloc 函数返回的指针转换成为 struct student 类型。

2) 链表结点的插入

链表的插入操作是将一个新结点插入到一个链表中的某个位置,实现流程如图 9-5 所示。为了完成这个操作,需要分两部来完成,算法如下:

(1) 找到插入点。从头指针 head 指向的第一个结点开始,顺序查找结点,直到找到插入点。

① head=p;让指针 p 指向第一个结点

② p=p->next;移动指针 p,直到找到插入点

(2) 插入结点。

① p1=(struct node *)malloc(sizeof(node));产生新结点。

② 指针 p 指向插入点,p1 指向待插入的新结点;

p2=p->next;   p2 指向 p 指向结点的后续结点;

p1->next=p2;   待插入结点的指针指向插入点结点的后续结点;

p->next=p1;   插入点结点的指针指向新结点。

【例 9-6】 编写一个函数,该函数能在链表中指定结点之后插入一个新结点。

以【例 9-5】中的学生数据链表为例,在链表中指定结点之后插入一个新结点。

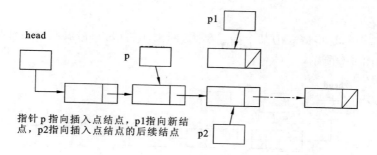

指针 p 指向插入点结点，p1指向新结
点，p2指向插入点结点的后续结点

（a）确定插入点 p

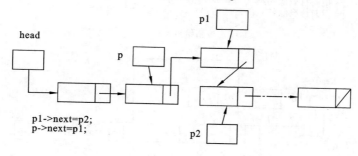

p1->next=p2;
p->next=p1;

（b）结点 p₁ 的插入

图 9-5　链表结点的插入实现流程图

```
struct student * insert(struct student * head,int num)
/ * 参数 head 是链表的头指针,参数 num 是指定学生结点的学号成员的数值 * /
{struct student * p, * p1, * p2;
if(head==NULL)                                    / * 头指针为空,链表为空,插入无法实现 * /
    printf("The list is Empty!");
else
    {p=head;
     while(p->num! =num && p! =NULL)
        p=p->next;
        if(p==NULL)
        {printf("The student is not exist!");      / * 指定结点不存在 * /
        }
        else
        {p1=(struct node * )malloc(sizeof(struct node));    / * 生成新结点 * /
        scanf("%d",&p1->num);
        p1->next=NULL;                            / * 新结点成员赋值 * /
        p2=p->next;
        p1->next=p2;
        p->next=p1;                              / * 插入新结点 * /
        }
    }
    return head;
}
```

3）链表结点的删除

链表的删除操作是将链表中某个结点删除，同插入类似，只需要改变指针指向关系就能完成，实现流程如图 9-6 所示。

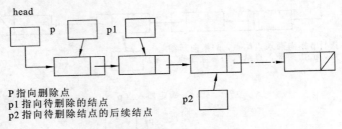

P 指向删除点
p1 指向待删除的结点
p2 指向待删除结点的后续结点

（a）确定被删结点 p_1

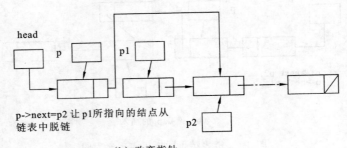

p->next=p2 让 p1 所指向的结点从
链表中脱链

（b）改变指针

图 9-6　链表结点的删除实现流程图

为了完成这个操作，需要分两部来完成，算法如下：

（1）找到删除点。从头指针 head 指向的第一个结点开始，顺序查找结点，直到找到插入点。

① head＝p；　　　　让指针 p 指向第一个结点

② p＝p－＞next；　　移动指针 p，直到找到插入点

（2）删除结点。

① p1 指向待删除的结点，p2 指向待删除结点的后续结点；

　　p1＝p－＞next；p2＝p1－＞next；

② p－＞next＝p2；　　改变待删除结点前驱结点的指针指向，使其指向待删除结点的后续结点，待删除结点从链表中"脱链"；

　　free(p1)；　　　　释放待删除结点

【例 9-7】　编写一个函数，该函数能删除链表中指定结点之后的一个结点。

我们以【例 9-5】中的学生数据链表为例，删除链表中指定结点之后的一个结点。

```
struct student * insert(struct student * head,int num)
/* 参数 head 是链表的头指针,参数 num 是指定学生结点的学号成员的数值 */
{struct student * p, * p1, * p2;
  if(head==NULL)                        /* 头指针为空,链表为空,删除无法实现 */
    printf("The list is Empty!");
  else
    {p=head;
      while(p->num! =num && p! =NULL)
```

```
            p=p->next;
            if(p==NULL)
            {printf("The student is not exist!");        /* 指定结点不存在 */
            }
            else
            {p1=p->next;
             p2=p1->next;
             p->next=p2;                                  /* p1 所指向结点从链表中脱链 */
             free(p1)                                     /* 释放 p1 所指向的结点 */
            }
        }
        return head;
    }
```

4）链表结点的输出

链表结点的输出操作，就是依次访问链表中所有结点，同时将每个结点的数据成员的数值输出。首先要知道链表的第一个结点的地址，也就是链表的头指针，然后按照指针指针指向的关系，依次访问链表中每一个结点，直到到达链表的尾结点。

【例 9-8】 编写一个函数，该函数能输出链表中所有结点的数据。

我们以【例 9-5】中的学生数据链表为例，输出链表中所有结点的数据。

```
    void printlist(struct student * head)
    { struct student * p;
      if(head==NULL)
      printf("The list is Empty!")     /* 链表为空,无法输出数据 */
      else
      {p=head;
       while(p! =NULL)
       {printf("%d\n",p->num);
        p=p-next;
       }
      }
    }
```

9.5 共用体类型

前面介绍的结构体类型可以有不同类型的成员，成员的数值可以改变但是成员的类型是固定的。但是在某些应用中，要求某个存储区域中的数据对象在程序执行的不同情况下能存储不同类型的值。例如在学生成绩管理系统中，统计学生的某门课程的成绩，有些时候要求按百分制成绩统计，有些时候要求按 A、B、C、D 的级别统计，前者是实型数据，后者使用字符型数据。对于某个学生来说，这两个数据的作用是一样的，然而在结构体中必须使用两个不同的变量。为了解决这种问题，就要使用 C 语言中的共用体类型。

共用体类型让几个不同类型的变量存放在同一个内存区域中，这几个变量的起始地址是一样的，系统使用数据值覆盖存储的方式使得这些不同类型的变量在同一时刻只有一个能起作用。

9.5.1 共用体类型和共用体变量的定义

1. 共用体类型的定义

共用体类型的定义方式和结构体类型的定义方式类似,只是类型关键字不同。其定义方式为:

```
union 共用体类型名
{
  成员列表
};
```

例如:

```
union score
{  char grade;
   float point;
};
```

在上例中,定义了一个共用体类型 union score,它拥有两个成员 grade 和 point,这两个成员将占用同一个存储区域,这个存储区域的长度是 4 个字节。当成员 grade 起作用时,仅使用了这个区域的 1 个字节;当成员成员 point 起作用时,使用这个区域的 4 个字节。

2. 共用体变量的定义

同结构体变量的定义方式类似,共用体变量的定义方式也有 3 种:

(1) 先定义结构体类型,再定义变量。例如:

```
union score
{  char grade;
   float point;
};
union score student1,student2;
```

(2) 定义类型的同时定义变量。例如:

```
union score
{  char grade;
   float point;
}student1,student2;
```

(3) 直接定义共用体变量。例如:

```
union
{  char grade;
   float point;
}student1,student2;
```

虽然共用体变量的定义方式和结构体变量的定义方式类似,但是它们有着本质上的区别。结构体变量每个成员使用的独立的存储区域,所以结构体变量的长度等于所有成员占用存储空间字节数之和;而共用体变量每个成员使用的存储区域是共用的,不同成员的起始地址都一样,所以共用体变量的长度等于其成员中占用存储区域长度最大的字节数。如上面定义的共用体变量 student1 拥有两个成员,grade 成员的长度是 1 个字节,point 成员的长度是 4 个字节,因此共用体变量 student1 的长度就是 4 个字节。共用体变量的存储结构如图9-7所示。

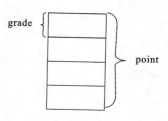

如果采用相同的成员类型定义结构体变量:

```
struct score
{  char grade;
    float point;
}student3,student4;
```

图 9-7 共用体存储变量示意图

则结构体变量 student3 的长度是 1+4=5 个字节。

9.5.2 共用体变量的引用

共用体变量定义完毕之后,就可以使用类似于结构体变量的引用方式来引用共用体变量的成员。例如:

```
union score
{  char grade;
    float point;
}student1,student2;
```

上面定义了两个共用体变量 student1、student2,于是就有语句:student1. grade、student2. point 等。由于共用体变量的成员使用同一个存储区域,所以一个共用体变量不能同时存放多个成员的值,依次只能存放其中一个成员的值。如果有若干条成员的赋值语句,共用体变量成员的值和最后一个赋值语句相同。例如:

```
student1. grade='A';
student1. point=95;
```

共用体变量成员最后的值是 95,成员 grade 的值被成员 point 覆盖了。因此,不能使用printf 函数同时输出共用体变量所有成员的值。同样的,在对共用体变量进行初始化的时候,也只能在花括号中给出第一个成员的初值。例如:

```
union score
{  char grade;
    float point;
}student1={'A'};
```

【例 9-9】 编写程序,利用共用体变量存放学生成绩的级别统计和分数统计。

```
#include "stdio. h"
struct student
{char * name;
 union score
 {char grade;
  float point;
 }s;
}student[3];          /*定义学生结构体,其中包含一个 score 类型共用体*/
int main(int argc, char *  argv[])
{
        student[0]. name="Wanghao";
        student[0]. s. point=95;
```

```
        student[1]. name="Zhangshan";
        student[1]. s. grade='B';
        student[2]. name="Zhangfeng";
        student[2]. s. grade='C';            /*结构体成员赋值*/
        printf("%-15s%-5.1f\n",student[0]. name,student[0]. s. point);
        printf("%-15s%c\n",student[1]. name,student[1]. s. grade);
        printf("%-15s%c\n",student[2]. name,student[2]. s. grade);
                                          /*结构体成员数值输出*/

    return 0;
    }
```
程序运行结果：

9.6　枚举类型

　　在某些具体应用中，一些变量只能有几种取值，例如月份、星期的名称等。就可以使用枚举类型，枚举类型可以将变量全部可能的取值都列举出来。

　　程序用枚举方法列举出标识符作为枚举类型的值的集合，当一个变量是枚举类型时，它就可以取枚举类型列举出的标识符值。枚举类型定义的形式为：

　　　　enum 枚举类型名{标识符 1,标识符 2,……标识符 n}；

　　例如，定义一个枚举类型和一个枚举类型变量：

　　　　enum week{Sunday,Monday,Tuesday,Wednesday,Tuesday,Friday,Saturday}；

　　　　enum week weekday；

　　变量 weekday 的类型是枚举类型 enum week，它的值只能是 Sunday,Monday,Tuesday, Wednesday,Tuesday,Friday 或 Saturday。例如以下的赋值是合法的：

　　　　weekday=Monday；

　　　　weekday=Wednesday；

而以下的赋值是不合法的：

　　　　weekday=1；

　　　　weekday=day；

　　需要注意的是：

　　（1）枚举类型列举出的标识符值被称为枚举元素或枚举常量，它们的命名规则和普通标识符相同。这些枚举元素没有特定的含义，程序设计者可以根据具体需求使用自己制定的任何名字。

　　（2）枚举元素不是变量，不能改变它们的值。例如下列语句是不合法的：

　　　　Sunday=2；

　　　　Friday=5；

由于枚举元素作为常量，它们是有自己的值的。枚举元素的数值是从花括号的第一个元素开始，分别是 0,1,2,3…等。这些数值时系统给的，可以使用 printf( )函数输出。例如：

```
printf("%d",Tuesday);
```

输出的结果是 5。而定义枚举类型的时候不能使用整型常数作为枚举元素，必须使用标识符。例如下列定义枚举类型就是错误的：

```
enum week{0、1、2、3、4、5、6、7};
```

因此可以在定义的时候对枚举元素进行初始化：

```
enum week{Sunday=0,Monday,Tuesday,Wednesday=8,Tuesday,Friday=12,Saturday};
```

此时 Sunday 为 0，Monday 为 1，Tuesday 为 2，Wednesday 为 8，Tuesday 为 9，Friday 为 12，Saturday 为 13。初始化过的枚举元素的值同初始化数值相等，没有初始化过的枚举元素的值根据次序依次加 1。

（3）由于枚举元素是常量，所以枚举类型是可以比较大小的。例如：

```
enum week{Sunday,Monday,Tuesday,Wednesday,Tuesday,Friday,Saturday};
enum week weekday;
if(weekday>Tuesday)printf("OK!");
```

比较大小的依据是枚举元素所代表的常熟数值。

（4）枚举常量不是字符串，不能把枚举常量当做字符串处理。例如下列的语句就是不合法的：

```
printf("%s",Sunday);
```

【例 9-10】 编写程序，输出每个月份的天数。

```
#include "stdio.h"
int main(int argc, char* argv[])
{
    enum month1 {Jan,Feb,Mar,Apr,May,Jun,Jul,Aug,Sep,Oct,Nov,Dec};
    enum month1 month12;          /*定义月份枚举类型变量*/
    for (month12=Jan;month12<=Dec;month12++)
        switch (month12)
        {case Jan:printf("Jan has 31 days. \n"); break;
         case Feb:printf("Feb has 28 days. \n"); break;
         case Mar:printf("Mar has 31 days. \n"); break;
         case Apr:printf("Apr has 30 days. \n"); break;
         case May:printf("May has 31 days. \n"); break;
         case Jun:printf("Jun has 30 days. \n"); break;
         case Jul:printf("Jul has 31 days. \n"); break;
         case Aug:printf("Aug has 31 days. \n"); break;
         case Sep:printf("Sep has 30 days. \n"); break;
         case Oct:printf("Oct has 31 days. \n"); break;
         case Nov:printf("Nov has 30 days. \n"); break;
         case Dec:printf("Dec has 31 days. \n"); break;
        }            /*根据月份枚举类型变量的值输出月份天数*/
    return 0;
}
```

程序运行结果：

习 题 九

一、选择题(在每小题的 **4** 个选项中只有一个选项是符合题目要求的,请将正确选项前的字母填在题后的括号内)

1. 当说明一个结构体变量时系统分配给它的内存是( )。
   A. 各成员所需内存量的总和　　　　B. 结构体中第一个成员所需的内存量
   C. 成员中内存量最大者所需的容量　D. 结构体中最后一个成员所需的内存量

2. 当说明一个共用体变量时系统分配给它的内存是( )。
   A. 各成员所需内存量的总和　　　　B. 第一个成员所需的内存量
   C. 成员中内存量最大者所需的容量　D. 最后一个成员所需的内存量

3. 下面对共用体类型的叙述描述正确的是( )。
   A. 可以对共用体变量名直接赋值
   B. 一个共用体变量中可以同时存放其所有成员
   C. 一个共用体变量中不可以同时存放其所有成员
   D. 共用体类型定义中不能出现结构体类型的成员

4. 设有以下说明语句:
   ```
   typedef struct
   { int n;
     char ch[8];
   }PER;
   ```
   则下面叙述中正确的是( )。
   　A. PER 是结构体变量名　　　　　B. PER 是结构体类型名
   　C. typedef struct 是结构体类型　D. struct 是结构体类型名

5. 设有如下说明:
   ```
   typedef struct ST
   {
   long a;
   int b;
   ```

```
      char c[2];
    }NEW;
```
则下面叙述中正确的是(　　)。

    A. 以上的说明形式非法　　　　　　　B. ST 是一个结构体类型

    C. NEW 是一个结构体类型　　　　　D. NEW 是一个结构体变量

6. 下面程序的执行结果是(　　)。

```
#include"stdio. h"
main( )
{ struct date
    { int year,month,day;
      double x;
      char c;
    }today;
    printf("%d",sizeof(struct date));
}
```
    A. 6　　　　　　　　B. 8　　　　　　　　C. 15　　　　　　　　D. 4

7. 下面程序的执行结果是(　　)。

```
#include"stdio. h"
main( )
{ union{long a;
    int b;
    char c;
  }m;
printf("%d",sizeof(m));}
```
    A. 6　　　　　　　　B. 1　　　　　　　　C. 2　　　　　　　　D. 4

8. 有以下说明和定义语句:

```
struct student
{ int age;char num[8];};
    struct student stu[3]={{20,"200401"},{21,"200402"},{10\9,"200403"}};
struct student * p=stu;
```
以下选项中引用结构体变量成员的表达式错误的是(　　)。

    A. (p++)->num　　　　　　　　　　B. p->num

    C. (* p). num　　　　　　　　　　　D. stu[3]. age

9. 有以下程序:

```
#include
struct NODE
{ int num;struct NODE * next;};
main( )
{ struct NODE * p, * Q, * R;
  p=(struct NODE * )malloc(sizeof(struct NODE));
  q=(struct NODE * )malloc(sizeof(struct NODE));
  r=(struct NODE * )malloc(sizeof(struct NODE));
  p->num=10;q->num=20;r->num=30;
```

```
            p->next=q;q->next=r;
            printf("%d\n",p->num+q->next->num);
        }
```
程序运行后的输出结果是（   ）。

  A. 10   B. 20   C. 30   D. 40

10. 变量 a 所占内存字节数是（   ）。

```
union U
{ char st[4];
  int i;
  long l;
};
struct A
{ int c;
  union U u;
}a;
```
  A. 4   B. 5   C. 6   D. 8

11. 以下程序的输出结果是（   ）。

```
main( )
{
    union{
        char i[2];
        int k;
    }r;
    r.i[0]=2;
    r.i[1]=0;
    printf("%d\n",r.k);
}
```
  A. 2   B. 1   C. 0   D. 不确定

12. 已知 enum color{red,yellow=2,blue,white,black}ren;，执行下述语句的输出结果是（   ）。

```
printf("%d",ren=white);
```
  A. 0   B. 1   C. 3   D. 4

13. 下面程序的输出是（   ）。

```
main( )
{ enum team{my,your=4,his,her=his+10};
    printf("%d %d %d %d\n",my,your,his,her);
}
```
  A. 0 1 2 3   B. 0 4 0 10   C. 0 4 5 15   D. 1 4 5 15

14. 已知 enum name{zhao=1,qian,sun,li}man;，执行下述程序段后的输出是（   ）。

```
man=0;
switch(man)
{ case 0:printf("People\n");
    case 1:printf("Man\n");
```

```
            case 2:printf("Woman\n");
            default:printf("Error\n");
        }
```
    A. People   B. Man   C. Woman   D. Error

15. 根据下面的定义,能打印出字母 M 的语句是(   )。

```
    struct person{char name[9];int age;};
    struct person class[10]={"John",17,"Paul",19,"Mary",18,"Adam",16};
```
    A. printf("%c\n",class[3].name);

    B. printf("%c\n",class[2].name[0]);

    C. printf("%c\n",class[3].name[1]);

    D. printf("%c\n",class[2].name[1]);

16. 下述程序的输出是(   )。

```
main( )
{   union
    { char c;
      int i;
    }t;
    t.c="A";t.i=1;
    printf("%d,%d",t.c,t.i);
}
```
    A. 65,1   B. 65,65

    C. 1,1   D. 其他三个答案都不对

17. 设有定义:

```
    struct complex{int real,unreal;}data1={1,8},data2;
```
则以下赋值语句中错误的是(   )。

    A. data2=data1;   B. data2=(2,6);

    C. data2.real=data1.real;   D. data2.real=data1.unreal

18. 下列说法中正确的是(   )。

    A. 在程序中定义一个结构体类型,将为此类型分配存储空间。

    B. 结构体类型的成员名可与结构体以外的变量名相同。

    C. 结构体类型必须有名称。

    D. 结构体内的成员不可以是结构体变量。

19. 下列说法中错误的是(   )。

    A. 枚举类型中的枚举元素是常量。

    B. 枚举类型中枚举元素的值都是从 0 开始以 1 为步长递增。

    C. 一个整数不能直接赋给一个枚举变量。

    D. typedef 可以用来定义新的数据类型。

20. 以下程序的输出是(   )。

```
struct st
{ int x;int * y;
} * p;
```

```
int dt[4]={10,20,30,40};
struct st aa[4]={50,&dt[0],60,&dt[0],60,&dt[0],60,&dt[0],};
main( )
{p=aa;
 printf("%d\n",++(p->x));
}
```
  A. 10   B. 11   C. 51   D. 60

21. 设有如下定义：

```
struck sk
{ int a;
  float b;
}data;
int * p;
```

若要使 P 指向 data 中的 a 域，正确的赋值语句是（ ）。

  A. p=&a;   B. p=data. a;

  C. p=&data. a;   D. * p=data. a;

22. 以下对结构体类型变量的定义错误的是（ ）。

  A. #define STU struct student

    STU{float height;int age;}std1;

  B. struct student{float height;int age;}std1;

  C. struct{float height;int age;}std1;

  D. struct{float height;int age;}student;

    struct student std1;

23. 下列对于线性链表的描述中正确的是（ ）。

  A. 存储空间不一定是连续,且各元素的存储顺序是任意的

  B. 存储空间不一定是连续,且前件元素一定存储在后件元素的前面

  C. 存储空间必须连续,且前件元素一定存储在后件元素的前面

  D. 存储空间必须连续,且各元素的存储顺序是任意的

24. 假定建立了以下链表结构,指针 p、q 分别指向如下图所示的结点,则以下可以将 q 所指结点从链表中删除并释放该结点的语句组是（ ）。

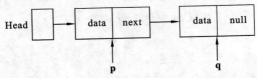

  A. free(q);p->next=q->next;

  B. (* p). next=(* q). next;free(q);

  C. q=(* q). next;(* p). next=q;free(q);

  D. q=q->next;p->next=q;p=p->next;free(p);

25. 若已建立下图所示的链表结构,指针 p、s 分别指向图中所示的结点,则不能将 s 所指的结点插入到链表末尾的语句组是（ ）。

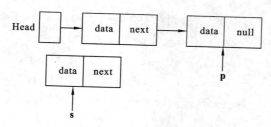

A. s—>next=null;p=p—>next;p—>next=s;

B. p=p—>next;s—>next=p—>next;p—>next=s;

C. p=p—>next;s—>next=p;p—>next=s;

D. p=(*p).next;(*s).next=(*p).next;(*p).next=s;

26. 下面函数将指针 p2 所指向的线性链表,串接到 p1 所指向的链表的末端。假定 p1 所指向的链表非空。则_____位置上应该填写的表达式是(   )。

```
#define NULL 0
struct link
{ float a;
  struct link * next;
};
concatenate(struct list * p1,struct list * p2)
{ while(p1—>next! =NULL)
  p=_____;
  p1—>next=p2;
}
```

A. p1. next   B. ++p1. next

C. p1—>next   D. ++p1—>next

27. 有以下程序:

```
#include
  struct st
  {int x,y;} data[2]={1,10,2,20};
  main( )
  { struct st * p=data;
    printf("Td,",p—>y);
    printf("%d\n",(++p)—>x);
  }
```

程序的运行结果是(   )。

A. 10,1   B. 20,1   C. 10,2   D. 20,2

28. 有以下结构体说明和变量定义,如图所示,指针 p、q、r 分别指向一个链表中的三个连续结点。

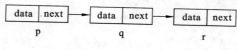

```
struct node
  {int data;
  struct node * next;
  } * p, * q, * r;
```

现要将 q 和 r 所指结点的先后位置交换,同时要保持链表的连续,以下错误的程序段是( )。

  A. r—＞next＝q;q—＞next＝r—＞next;p—＞next＝r;

  B. q—＞next＝r—＞next;p—＞next＝r;r—＞next＝q;

  C. p—＞next＝r;q—＞next＝r—＞next;r—＞next＝q;

  D. q—＞next＝r—＞next;r—＞next＝q;p—＞next＝r;

29. 已知:

```
union u_type
        { int i;
           char ch;
           float a;
        }temp;
```

现在执行"temp.i＝266;printf("％d",temp.ch)"的结果是( )。

  A. 266   B. 256   C. 10   D. 1

30. 假定已建立一下链表结构,且指针 p 和 q 已指向如下图所示的结点,则以下选项中可将 q 所指结点从链表中删除并释放该结点的语句组是( )。

  A. (* p). next＝(* q). next; free(p);   B. p＝q—>next; free(q);

  C. p＝q; free(q);   D. p—＞next＝q—>next; free(q);

二、填空题

1. 已有定义如下:

```
struct node
{ int data;
    struct node * next;
} * p;
```

以下语句调用 malloc 函数,使指针 p 指向一个具有 struct node 类型的动态存储空间。试填空。

  p＝(struct node *)malloc(＿＿＿＿＿＿);

2. 若有如下结构体说明:

```
struct STRU
{ int a,b;char c;double d;
    struct STRU p1,p2;
};
```

试填空,以完成对 t 数组的定义,t 数组的每个元素为该结构体类型＿＿＿＿＿＿t[20];

3. 以下程序用来输出结构体变量 ex 所占存储单元的字节数,试填空。

```
struct st
{ char name[20];double score;};
main( )
{ struct st ex;
    printf("ex size:％d\n",sizeof(＿＿＿＿＿));
}
```

4. 有以下定义和语句,则 sizeof(a) 的值是_____,而 sizeof(a. share) 的值是_____。

```
struct date{ int day;
     int year;
     union { int share1;
             float share2;
          }share;
    }a;
```

5. 有结构体和共用体的变量定义如下:

```
struct aa{int a;char c;float x;}bl1;
union bb{int a;char c;float x;}bl2;
```

若 int 型变量占两个字节,char 型变量占一个字节,float 型变量占 4 个字节,则变量 bl1 和 bl2 占用的内存空间的字节数分别为_____和_____。

6. 有以下说明定义和语句,struct{int day;char mouth;int year;}a, * b;b＝&a;可用 a. day 引用结构体成员 day,试写出引用结构体成员 a. day 的其他两种形式_____,_____。

7. 以下定义的结构体类型拟包含两个成员,其中成员变量 info 用来存入整形数据;成员变量 link 是指向自身结构体的指针.试将定义补充完整。

```
struct node{
         int info;
         _____link;
       }
```

8. 设有以下定义

```
struct ss
       {int info;struct ss * link;}x,y,z;
```

且已建立如下图所示链表结构:

□□→□□→□□
　X　　Y　　Z

试写出删除点 y 的赋值语句_____.

9. 以下程序段用于构成一个简单的单向链表,试填空。

```
struct STRU
    { int x,y;
     float rate;
     _____ p;
    }a,b;
    a. x＝0;a. y＝0;a. rate＝0;a. p＝&b;
    b. x＝0;b. y＝0;b. rate＝0;b. p＝NULL;
```

10. 现有如下图所示的存储结构,每个结点含两个域,data 是指向字符串的指针域,next 是指向结点的指针域。试填空完成此结构的类型定义和说明。

```
struct link
  {
    _____1_____;_____2_____;} * head;.
```

11. 若有以下说明和定义语句，则变量 w 在内存中所占的字节数是_____。

```
union aa
{ float x,y;
  char c[6];
};
struct st{union aa v;float w[5];double ave;}w;
```

12. 下面程序的功能是从键盘输入一个字符串，然后反序输出输入的字符串。试将程序填充完整。

```
#include <stdio.h>
struct node
{ char data;
  struct node * link;
} * head;
main( )
{ char ch;
  struct node * p;
  head=NULL;
  while((ch=getchar( ))! ="\n")
  { p=(struct node * )malloc(sizeof(struct node));
    p->data=ch;
    p->link=
    _____;
    head=_____;
  }
  _____;
  while(p! =NULL)
  { printf("%c",p->data);
    p=p->link;
  }
}
```

13. 下函数 creatlist 用来建立一个带头结点的单链表，链表的结构如下图所示，新的结点总是插入在链表的末尾。链表的头指针作为函数值返回，链表最后一个节点的 next 域放入 NULL，作为链表结束标志。data 为字符型数据域，next 为指针域。读入时字符以 # 表示输入结束（# 不存入链表）。试将程序填充完整。

```
struct node
{ char data;
  struct node * next;
};_____ creatlist( )
{ struct node * h, * s, * r;char ch;
  h=(struct node * )malloc(sizeof(struct node));
  r=h;
```

```
      ch=getchar( );
    { s=(struct node * )malloc(sizeof(struct node));
     s—>data=_____;
     r—>next=s;r=s;
     ch=getchar( );}
    r—>next=_____;
    return h;
  }
```

14. 有如下程序段：

```
struct coordinate
{ int x,y;};
struct round
{ struct coordinate point[2];
  float r;
}bl[2]={3,4,5,6,1.2,7,7,6,8,2.7};
struct coordinate * p1=&bl[0]. point[0];
struct round * p2=bl;
++p2—>r;
p1—>x++;
printf("%d,%f\n",bl[0]. point[1]. x,( * p2). r);
```

则输出结果_____。

15. 有如下程序段：

```
struct aa
{ int x,y;char c;};
struct aa bl[2], * p=bl;
bl[0]. x=5,bl[0]. y=7,bl[0]. c='A';
bl[1]. x=1,bl[1]. y=3,bl[1]. c='a';
printf("%d,",++p—>x/(++p)—>y * ++p—>c);
printf("%d,%c\n",p—>x,bl[0]. c);
```

则执行后的输出结果为_____。

三、判断题（表述正确请在题后的括号内打√，表述错误请在题后的括号内打×）

1. 构体成员名与程序中变量名不可以相同，相同会造成误会。 （   ）

2. 有说明语句：struct   ex{int x;   float y;   char z;}example;，则 example 是结构体类型名。 （   ）

3. 函数 void * malloc(unsigned int size)的功能是在内存中分配一个大小为 size 字节大小的存储空间，并返回该空间的起始地址。 （   ）

4. 函数 void * calloc(unsigned int num,unsigned int size)的功能是分配 num 个大小为 size 字节的存储空间，函数返回的是该空间的初始地址，如果没有足够的空间可以分配，则函数返回 0。 （   ）

5. 函数 void free(void * ptr)的功能是将指针变量 ptr 指向的存储空间释放，将此空间交还给系统。 （   ）

6.结构体变量每个成员使用的独立的存储区域,所以结构体变量的长度等于所有成员占用存储空间字节数之和。（　　　）

7.共用体变量每个成员使用的存储区域是共用的,不同成员的起始地址都一样,所以共用体变量的长度等于其成员中占用存储区域长度最大的字节数。（　　　）

8.枚举元素是变量,可以改变它们的值。（　　　）

9.结构体包含若干不同成员,各个成员必须是相同类型。（　　　）

10.相同类型的结构体变量直接可以进行整体赋值。（　　　）

四、编程题

1.学生的记录由学号和成绩组成 N 名学生的数据已在主函数中放入结构体数组 s 中,试编写函数 fun,它的功能时:把分数最低的学生数据放在 h 所指的数组中,注意:分数最低的学生可能不止一个,函数返回分数最低的学生的人数。

2.编写对候选人得票的统计程序。设有 3 个候选人,每次输入一个得票的候选人的名字,要求最后输出各人得票结果。

3.建立一个如下图所示的简单链表,它由 3 个学生数据的结点组成。输出各结点中的数据。

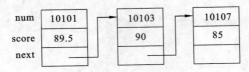

第 10 章　文　　件

核心内容：
　　1. 文件的基本知识
　　2. 文件的打开和关闭
　　3. 文件的基本读、写操作
　　4. 文件的常用函数

　　在前面的学习中，数据的输入输出多采用常规的输入输出操作，从键盘输入数据，数据输出多采用显示器或打印机显示输出。这些常规设备有效地建立了微型计算机与用户之间的联系。

　　但在实际应用中，仅用这些常规设备是不够的，当处理的数据量比较大的时候，键盘、显示器就有很大的局限性。同时，用户希望这些数据不仅能被本程序使用，还可以被其他程序使用并可以长期保存。由于前面章节涉及的许多程序的数据都是保存在变量中，但是当程序运行结束后，变量占用的内存空间将被全部释放。所以如果想要实现长期保存，就需要将数据保存在文件或者数据库中。因此，能够处理数据文件和数据库是程序员必须掌握的基本技能。

10.1　文件的基本概念

　　文件是指存储在计算机外部存储设备中的相关信息的集合。它是计算机存储信息的基本单位，也是操作系统数据管理的单位。计算机处理的大量数据都是以文件的形式组织存放在外存中的，如：一篇文章、一个程序都可以形成一个文件。所有的文件都有文件名，如果想读取存放在外存储器上的数据，必须先按文件名找到指定的文件，再从文件中读取数据；要想将数据存放在外存储器上，首先要在外存储器上建立一个文件，然后再向文件写入数据。所以，只要知道了文件名，操作系统就可以对文件进行建立、读、写、删除等操作。文件名包含三个部分：文件路径、文件名、文件扩展名。文件路径指明文件的存储位置，文件名是文件的主要标志，文件扩展名通常以后缀的形式表明文件的类型。例如："C：\Program Files\Microsoft Visual Studio\MyProjects\Exam101\ Exam101.dsw"就是一个完整的文件名。C 语言中使用数据文件的目的是：

　　(1) 数据文件的改动不会引起程序的改动，也就是数据与程序是分离的。

　　(2) 不同程序可以访问同一数据文件中的数据，也就是数据共享。

　　(3) 能长期保存程序运行的中间数据或结果数据。

10.1.1　文件的类型

　　可以从不同的角度对文件进行分类。

1. 按文件的逻辑结构分类

　　(1) 记录文件。由具有一定结构的记录组成的文件，如数据库文件，它有定长与不定长两种形式。

(2) 流式文件。由一个字符数据顺序组成的文件,按字节依次保存。

2. 按存储介质分类

(1) 普通文件。存储介质(磁盘、磁带等)文件,如磁盘文件。

(2) 设备文件。非存储介质(键盘、显示器、打印机等)文件,由操作系统将外围设备以文件形式统一进行管理。

3. 按文件内容分类

(1) 程序文件。程序文件可以分为源文件、目标文件和可执行文件。

(2) 数据文件。如各种声音文件、图形文件等。

4. 按文件的组织形式分类

(1) 文本文件。即 ASCII 码文件,ASCII 码文件的每一个字节对应一个字符,方便对字符进行逐个处理。文件名的扩展名是.txt、.c、.cpp、.h、.hpp、.ini 等的文件大多数是文本文件。文本文件在 Windows 系统中可以按记事本的方式打开。

(2) 二进制文件。二进制文件是把内存中的数据原样输出到磁盘文件中。它可以节省存储空间和转换时间,但一个字节并不对应一个字符,不能以字符形式直接输出。文件名的扩展名是.exe、.dll、.lib、.dat、.doc、.tif、.gif、.bmp 等的文件大多数是二进制文件。二进制文件在 windows 系统中一般不可按记事本的方式打开,即使打开,看起来只是一些"乱码"。

10.1.2 缓冲区

操作系统对文件的操作一般都是读和写,由于内存的处理速度要远远高于外部存储设备的速度,为了方便用户不必考虑外部存储设备和内存之间的速度差异,系统在内存中为每一个正在读、写的文件设立一片存储空间,称为缓冲区。当程序需要从外存储器中读取文件数据时,系统先将数据从外存储器送入缓冲区,再由应用程序从缓冲区依次将数据送给接收的变量。当程序需要往外存储器写入数据时,系统也是先将数据写入缓冲区,当缓冲区装满之后,再由系统将数据一次性写入外存储器文件中。利用缓冲区实现文件的读/写过程如图 10-1 所示。

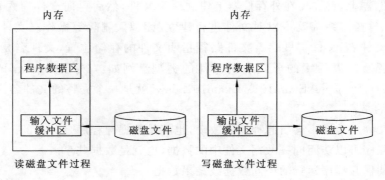

图 10-1　文件的读/写过程

操作系统根据其是否可以为文件自动设置缓冲区,可以分为缓冲文件系统和非缓冲文件系统。缓冲文件系统,由系统为文件自动设置缓冲区;非缓冲文件系统,由程序员指定缓冲区,系统不能自动设置缓冲区。但 ANSI C 标准只选择了缓冲文件系统,所以本章只介绍缓冲文件系统的使用。

10.2　文件的打开和关闭

从上述的介绍可以看出,系统对文件进行操作时要为该文件在内存中开辟一个缓冲区,建立文件与对应缓冲区之间的联系,这个过程用打开文件的方式完成。当文件使用完毕,系统会将缓冲区内的数据写入文件,同时撤销文件与对应缓冲区之间的联系,系统回收文件相关的信息区,这个过程用关闭文件的方式完成。对文件进行读和写操作的三个操作步骤是:打开文件、进行读/写操作、关闭文件。

10.2.1　文件类型指针

要对文件进行操作,就需要了解文件的相关信息:文件的名字、文件的状态、文件的位置等。C语言定义了一个 FILE 文件结构体类型用于存放这些信息。

此文件结构体类型定义为:

```
typedef struct
{ short            level;          /* 缓冲区使用程度(空/满) */
  char             fd;             /* 文件描述符 */
  short            bsize;          /* 缓冲区的大小 */
  unsigned char    * buffer;       /* 缓冲区的位置 */
  unsigned         flags;          /* 文件状态标志 */
  unsigned char    hold;           /* 如无缓冲区则不读字符 */
  unsigned char    * curp;         /* 指针,当前指向 */
  unsigned         istemp;         /* 临时文件,指示器 */
  short            token;          /* 有效性检查 */
}FILE;
```

这个文件结构体类型定义放在头文件 stdio.h 中,如果需要对文件进行操作,就要包含该头文件。

只要程序中需要使用文件,系统就要为这个文件开辟一个上述的结构体变量,用来存放该文件的有关信息。而对该文件的各种操作就是通过指向该文件的结构体变量的指针来实现的。所以要想实现对一个文件的操作,需要首先定义一个直指向该文件结构体变量的指针变量。定义方式为:

　　　　FILE * fp1 * fp2 * fp3;

这里定义了三个指针变量 fp1,fp2,fp3。它们都是指向 FILE 类型结构体变量的指针变量,一个文件指针变量将代表一个文件,对文件的任何操作都离不开定义的指针。

10.2.2　文件的打开

打开 C 语言的文件是调用库函数 fopen()来实现的。该函数的函数原型是:

　　　　FILE * fopen(char * filename,char * mode);

说明:

(1) filename 是需要打开的文件名;

(2) mode 表示打开文件的方式,由两类字符构成,一类字符表示打开文件的类型:t 表示文本文件、b 表示二进制文件,默认值为文本文件;另一类字符表示操作类型:r 表示从文件中读取数据、w 表示向文件中写入数据、a 表示在文件尾追加数据、＋表示对文件可读可写,这些字符的具体含义见表 10.1。

(3)功能:按指定方式打开文件。fopen()函数的一般调用方式为:

文件指针变量＝fopen(文件名,处理方式);

例如:

FILE ＊fp;fp＝open(文件名,处理方式);

需要注意的是:

(1) 文件名是需要被打开的文件的文件名,包含文件路径、文件名、文件扩展名。文件名的书写需要符合 C 语言的规定,例如文件名"c:\Exam\01.txt",由于'\'是转义字符的起始符号,为了表示反斜杠需要写成'\\',所以该文件的文件名在函数中应该写成"c:\\Exam\\01.txt"。

(2) 处理方式决定了系统能对文件进行何种操作。C 语言提供的操作方式如表 10-1 所示。

表 10-1 文件操作方式

操作方式	ASCII 文件	二进制文件	功 能
	操作字符	操作字符	
读打开	r	rb	只能读已经存在的文件,不能写
写生成	w	wb	建立一个新文件写入数据,若文件存在则覆盖
追加	a	ab	向已有文件末尾写入数据或建立新文件
读/写打开	r+	rb+/r+b	读或写已经存在的文件
读/写生成	w+	wb+/w+b	读或写新文件
读/写追加	a+	ab+/a+b	可读取或添加数据,或建立新文件

这里需要注意:

① 如果是读文件,则需要确认该文件是否存在,并把读/写当前位置置于文件开头。如果是写文件,则检查原来是否有同名文件。如果有同名文件则删除,然后建立一个新文件写入数据;如果没有同名文件,把读/写当前位置置于文件开头,从文件开头写入数据。

② 以上这些操作字符都是 ANSI C 的规定,但并不是所有的 C 语言系统都能使用。因此在具体使用的时候请查阅相关 C 语言系统的使用说明书或事先上机调试。

(3) 如果 fopen()函数执行成功,则返回一个 FILE 结构体类型的指针;如果执行失败(例如文件不存在、设备故障等),则返回 NULL 值。一般都把返回的指针赋值给一个 FILE 类型的指针变量,在后续的操作中就可以使用这个指针变量对文件进行操作。例如:

```
FILE ＊fp;
if(fp＝fopen("c:\\Exam\\01.txt","r")＝＝NULL)
    {printf("Cannot open this file.\n");
    exit(1);}
```

上述程序段中如果文件可以打开,文件指针变量 fp 指向这个打开的文件,通过 fp 就可以完成对文件的操作。如果文件打开失败,则显示文件无法打开,同时使用 exit()函数关闭所有文件,结束程序运行。这里 exit(0)表示程序正常退出,exit(1)表示程序出错退出。

(4) 每次能同时打开的文件数量由一个宏 FOPEN_MAX 决定,具体数量需要查阅使用说明。

10.2.3 文件的关闭

当文件使用完毕,应该立即关闭文件,让系统将缓冲区内的数据写入文件,防止出现数据丢失等现象。C 语言中利用 fclose()函数实现关闭文件。fclose()函数的一般调用形式为:

  fclose(文件指针);

例如:

  FILE * fp;fp=fopen("c:\\Exam\\01.txt","r");fclose(fp);

如果文件没有关闭就直接结束程序的运行,缓冲区内没有写入文件的数据就会丢失,因此需要特别注意,文件使用完毕之后应该立即关闭文件。

文件关闭之后,系统回收文件结构体变量,文件指针也不再指向该文件,此后也无法访问该文件。

【例 10-1】 编写程序,以读取模式打开一个文件,如果不存在则输出提示信息。

```
# include "stdio.h"
# include "stdlib.h"
int main(int argc, char *  argv[])
 {
        FILE * fp;                        /* 定义文件指针 */
        fp=fopen("d:\data.txt","r");       /* 利用 fopen()函数打开文件 */
        if (fp ! =NULL)
             printf("文件已经打开! \n");      /* 文件打开成功 */
        else
             {printf("文件不存在! \n");      /* 文件打开失败 */
        exit(1);}
        fclose(fp);
        return 0;

 }
```

程序运行结果:

10.3 文件的读写操作

操作系统对文件的操作一般都是读和写,C 语言提供了多种对文件的读取和写入的函数。这里主要介绍其中的 4 种常用文件读写操作函数:

按字符读写的函数 fgetc()、fputc();

按字符串读写的函数 fgets()、fputs();

按格式要求读写的函数 fprintf()、fscanf();

按数据块读写的函数 fread()、fwrite()。

在使用这些函数的时候,都必须包含头文件 stdio.h。

10.3.1　字符读写的函数 fgetc( )、fputc( )

1. fputc( )函数(字符写函数)

fputc( )函数的功能是向文件写入一个字符,其函数原型是:

```
int fputs(int ch,FILE * fp);
```

其中参数 ch 是写入文件的字符,参数 fp 是 FILE 类型的文件指针变量。例如:

```
fputc('A',fp);
```

上例函数的功能是向指针变量 fp 指向的文件当前位置写入一个字符常量'A',并使文件位置指针下移一个字节。如果写入成功,函数返回该字符;否则返回文件结束符 EOF。

【例 10-2】 编写一个程序,将用户在键盘上输入的字符写入文件中,直到按下'＊'为止。

```
#include "stdio.h"
#include "stdlib.h"
int main(int argc, char * argv[])
{
    FILE * fp;
    char ch;
    char name[30];
    printf("please input the file's name:");
    scanf("%s",name);                          /* 输入文件名 */
    if((fp=fopen(name,"w+"))==NULL)            /* 写生成方式打开文件 */
    {printf("cannot creat this file! \n");
     exit(1);                                   /* 打开失败 */
    }
    else
    printf("this file has created!");           /* 打开成功 */
    while((ch=getchar())! ='*')
        fputc(ch,fp);                           /* 写入字符 */
    fclose(fp);                                 /* 关闭文件 */
    return 0;
}
```

程序运行结果:

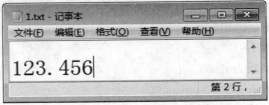

图 10-2　文件写入内容示意图

2. fgetc()函数(字符读函数)

fgetc()函数的功能是从文件读取一个字符,其函数原型是:

    int fgetc(FILE * fp);

其中参数 fp 是指向 FILE 类型文件指针变量。例如:

    a=fgetc(fp);

上例函数功能是从指针变量 fp 指向的文件中读取一个字符,赋值给变量 a。如果读取成功,函数返回该字符;否则返回文件结束符 EOF。

【例 10-3】 编写一个程序,读取文件中的内容,并显示在屏幕上。

```
#include "stdio. h"
#include "stdlib. h"
int main(int argc, char *  argv[])
{
    FILE  * fp;
    char ch;
    char name[30];
    printf("please input the file's name:");
    scanf("%s",name);                          /* 输入文件名 */
    if((fp=fopen(name,"r"))==NULL)             /* 读取方式打开文件 */
    {printf("cannot open this file! \n");
     exit(1);                                  /* 打开失败 */
    }
    else                                       /* 打开成功 */
    while((ch=fgetc(fp))! =EOF)
        putchar(ch);                           /* 读取字符并输出 */
        putchar('\n');
    fclose(fp);                                /* 关闭文件 */
    return 0;
}
```

以读取【例 10-2】创建的文件为例,程序运行结果:

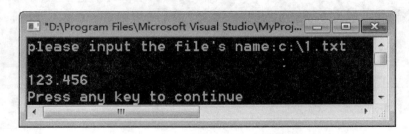

10.3.2 字符串读写的函数 fputs()、fgets()

1. fputs()函数(字符串写函数)

fputs()函数的功能是向文件写入一个字符串,其函数原型是:

    int fputs(const str,FILE * fp);

其中参数 str 是字符数组、字符串、也可以是指向字符串的指针变量。参数 fp 是指向 FILE 类型文件指针变量。例如：

  fputs("Hello,World!",fp);

  上例函数功能就将字符串"Hello,World!"写入 fp 指向的文件中。如果写入成功，则函数返回 0；如果写入失败则返回 NULL。需要注意的是字符串结束符号"\0"不会写入文件中。

  【例 10-4】 编写一个程序，将用户在键盘上输入的若干行字符写入文件中。

```c
#include "stdio.h"
#include "stdlib.h"
#include "string.h"

int main(int argc, char * argv[])
{
    FILE * fp;
    char ch[50];
    if((fp=fopen("d:\data.txt","w+"))==NULL)
        {printf("cannot open this file!");   /* 打开文件失败 */
        exit(1);
        }
    while(strlen(gets(ch))>0)                 /* 当输入的字符创不为空则写入 */
        {fputs(ch,fp);                        /* 写入字符串 */
        fputs("\n",fp);                       /* 写入换行符 */
        }

    fclose(fp);                               /* 关闭文件 */
    return 0;
}
```

程序运行结果：

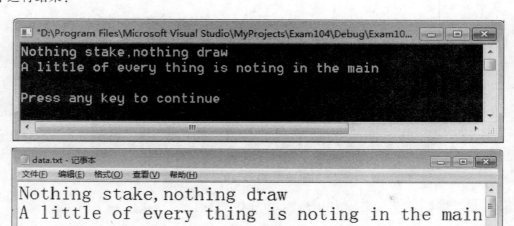

图 10-3 例 10-4 文件写入结果

需要注意的是：由于 fputs() 函数向文件写入一个字符串之后不会自动加上一个"\n"字符，为了能区分出各个字符串，因此在每写入一个字符串就利用 fputs() 函数向文件写入给一个"\n"字符。

2. fgets()函数(字符串读函数)

fgets()函数的功能是从文件读取一个长度为 n 的字符串，其函数原型是：

    char * fgets(char * str,int n,FILE * fp);

其中参数 str 是字符数组、字符串、也可以是指向字符串的指针变量。参数 n 是读取字符串的长度。其中系统读取了 $n-1$ 个字符后会自动添加一个"\0"字符，然后结束读取。如果在读取完 $n-1$ 个字符之前遇到换行符"\n"或者文件结束符 EOF，则提前结束读取。参数 fp 是指向 FILE 类型文件指针变量。例如：

    fgets(str,n,fp);

上例函数的功能就从 fp 指向的文件的当前位置开始读取长度为 $n-1$ 的字符串，然后系统自动添加一个"\0"字符，一起存放在字符数组 str 中。函数的返回值是字符数组 str 的首地址。

【**例 10-5**】 编写程序，将文件 d:\data. txt 中的内容复制到 d:\data1. txt 中。

```
# include "stdio. h"
# include "stdlib. h"
# include "string. h"
int main(int argc, char *  argv[])
{
    FILE  * fp, * fp1;
    char ch[50];
    fp=fopen("d:\data. txt","r");          /* 打开源文件 */
    fp1=fopen("d:\data1. txt","w+");        /* 打开目标文件 */
    if (fp= =NULL||fp1= =NULL)
        {printf("cannot open files!");       /* 文件打开失败 */
         exit(1);
        }
    else
        {while(!  feof(fp))                  /* 源文件没有束时,完成复制操作 */
        {fgets(ch,30,fp);                    /* 从源文件读取字符串 */
        fputs(ch,fp1);                       /* 字符串写入目标文件 */
        }
        printf("file copy complete! \n");
        }
    fclose(fp);
    fclose(fp1);                             /* 关闭文件 */
    return 0;
}
```

程序运行结果：

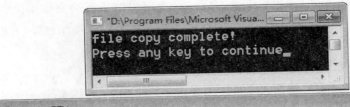

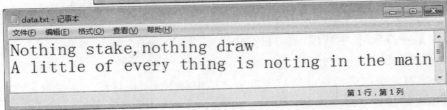

(a) 源文件示意图

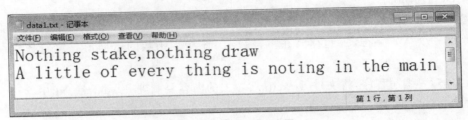

(b) 复制后的文件示意图

图 10-4　源文件和目标文件复制结果

10.3.3　格式化读写函数 fscanf( )、fprintf( )

1. fprintf( )函数(格式化写函数)

fprintf( )函数的功能和 printf( )函数类似,只是输出的对象不再是标准输出设备而是文件。即按照格式要求将数据写入文件,其函数原型为:

> int fprintf(FILE * fp const char * format [argument]...);

其中参数 fp 是指向 FILE 类型文件指针变量,参数 format 字符串是格式控制字符串、argument 是输出列表。例如:

> fprintf(fp,"%d,%s,%f",num,name,score);

上例函数的功能是将变量 num、name、score 的数值按照%d,%s,%f 的格式写入 fp 指向的文件中。

【例 10-6】　编写程序,将 3 个学生的信息写入文件 d:\student. txt 中。

```c
# include "stdio. h"
# include "stdlib. h"
# include "string. h"
int main(int argc, char * argv[])
{
    FILE * fp;
    char name[20];
    int n,score;
    long num;
    if ((fp=fopen("d:\student. txt","w+"))==NULL)
```

```
            {printf("cannot open file!");                    /* 打开文件失败 */
             exit(1);
            }
        else
            {for (n=0;n<=2;n++)
            {printf("input student's num,name,score:");
             scanf("%ld %s %d",&num,name,&score);            /* 输入学生信息 */
             fprintf(fp,"%10ld%20s%5d\n",num,name,score);
                                                             /* 学生信息写入文件 */
            }
            }
        fclose(fp);                                          /* 关闭文件 */
        return 0;
    }
```

程序运行结果：

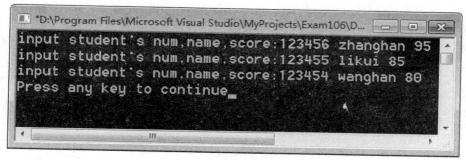

(a) 程序运行界面

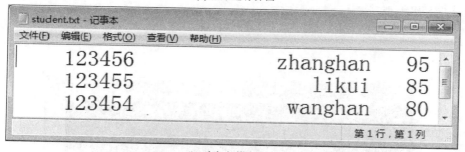

(b) 对应文件中内容

图 10-5 文件写入结果

2. fscanf( )函数（格式化读函数）

fscanf( )函数的功能和 scanf( )函数类似,只是读取数据的对象不再是标准输出设备而是文件。即按照格式要求从文件中读取数据,其函数原型为：

    int fscanf(FILE * fp,const char * format[,address,...]);

其中参数 fp 是指向 FILE 类型文件指针变量,参数 format 字符串是格式控制字符串、address 是读取数据之后写入变量的地址。例如：

    fprintf(fp,"%d,%s,%f",&num,name,&score);

上例函数的功能是从 fp 指向的文件的当前位置起，按照格式%d,%s,%f 读取出数据，分别赋值给变量 num、name 和 score。

【例 10-7】　编写程序，读取【例 10-6】中的文件 d:\student.txt，并将数据显示在屏幕上。

```c
#include "stdio. h"
#include "stdlib. h"
#include "string. h"
int main(int argc, char * argv[])
{
    FILE * fp;
    char name[20];
    int n,score;
    long num;
    if ((fp=fopen("d:\student. txt","r"))==NULL)
        {printf("cannot open file!");          /*打开文件失败*/
         exit(1);
        }
    else
        {for (n=0;n<=2;n++)
        {fscanf(fp,"%10ld%20s%5d\n",&num,name,&score);/*读取文件数据*/
        printf("%10ld%20s%5d\n",num,name,score);
        /*数据显示在屏幕上*/
        }
        }
    fclose(fp);                               /*关闭文件*/
    return 0;
}
```

程序运行结果：

10.3.4　数据块读写函数 fwrite()、fread()

1. fwrite() 函数（数据块写函数）

fwrite() 函数的功能是按"记录"（即数据块）成批的写入文件。这样，对于数组、结构体这样的构造类型的数据也能方便的整体写入文件。如果函数执行成功，函数返回值为写入文件的数据块的个数。其函数原型为：

　　int fwrite(const void * buffer,int size,int count,FILE * fp);

其中参数 buffer 是一个指向需要写入文件的数据块的起始地址，参数 size 是写入数据块的字节数,参数 count 是需要写入数据块的个数,fp 是指向 FILE 类型文件指针变量。例如:已经定义一个 struct student 类型的变量 student1,则:

　　　　fwrite(&student1,sizeof(struct student),1,fp);

　　上例函数的功能就从结构体变量 student1 的起始地址开始,以一个结构体 struct student 类型变量所占的字节数为一个数据块,向 fp 指向的文件里面写入 1 个数据块。

　　2. fread()(函数数据块读函数)

　　fread()函数的功能是按"记录"(即数据块)成批的从文件中读取数据。如果函数执行成功,函数返回值为从文件中读取的数据块的个数。其函数原型为:

　　　　int fread(const void * buffer,int size,int count,FILE * fp);

其中参数 buffer 是从文件中读取出数据块之后写入的变量的地址,参数 size 是读取数据块的字节数,参数 count 是需要读取数据块的个数,fp 是指向 FILE 类型文件指针变量。例如:已经定义一个 struct student 类型的变量 student1,则:

　　　　fread(&student1,sizeof(struct student),1,fp);

　　上例函数的功能就是从 fp 指向的文件中读取一个大小为 sizeof(struct student)的数据块,然后将读取的内容存入结构体变量 student1 中。

　　需要注意的是函数 fwrite()、fread()都必须处理二进制文件,也就是说在打开文件时,必须使用二进制文件的读取和写入模式。

　　【例 10-8】 编写程序,将 3 个学生记录写入文件 d:\studentinfo.txt,然后再显示在屏幕上。

```
#include "stdio.h"
#include "stdlib.h"
#include "string.h"
#define N 3
struct student
{
    int num;
    char name[20];
    int age;
    int score;
};                                  /*定义学生结构体类型*/
int main(int argc, char * argv[])
{
    struct student student1[3],student2;
    int i;
    FILE * fp;
    if((fp=fopen("d:\studentinfo.txt","wb+"))==NULL) /*二进制写入模式*/
        {printf(" cannot open file\n");           /*文件打开失败*/
         exit(1);
        }
    else
        {printf("please input student's num,name,age,score:\n");
         for (i=0;i<=N-1;i++)
```

```
        scanf("%d %s %d %d",&student1[i].num,student1[i].name,
            &student1[i].age,&student1[i].score);   /*输入学生信息*/
    fwrite(student1,sizeof(struct student),N,fp);/*学生信息写入文件*/
    }
    fclose(fp);                                    /*关闭文件*/
    if((fp=fopen("d:\studentinfo.txt","rb"))==NULL)  /*二进制读取模式*/
        {printf(" cannot open file\n");
         exit(1);                                   /*文件打开失败*/
        }
    else
        {for(i=0;i<=N-1;i++)
            {fread(&student2,sizeof(struct student),1,fp);/*读取数据*/
            printf("%d %s %d %d\n",student2.num,student2.name,
                student2.age,student2.score);      /*数据输出在屏幕上*/
            }
        fclose(fp);                                /*关闭文件*/
        }
    return 0;
}
```

程序运行结果：

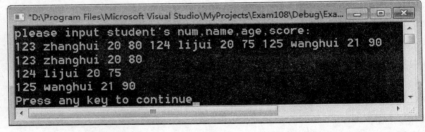

由于 fwrite()、fread()函数处理的是二进制文件，所以文件不能被记事本直接打开，会出现如图 10-6 所示的乱码。

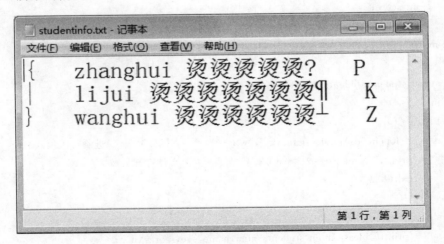

图 10-6 例 10-8 文件写入结果

10.3.5 文件读写函数选用原则

文件读写函数一般依下列原则选用：

(1) 读/写一个字符(或字节)数据时,选用 fgetc() 和 fputc() 函数。

(2) 读/写一个字符串数据时,选用 fgets() 和 fputs() 函数。

(3) 读/写一个(或多个)不含格式的数据时,选用 fread() 和 fwrite() 函数。

(4) 读/写一个(或多个)含格式的数据时,选用 fscanf() 和 fprintf() 函数。

对使用文件类型的要求：

(1) fgetc() 和 fputc() 函数主要对文本文件进行读写,也可以对二进制文件进行读写。

(2) fgets() 和 fputs() 函数主要对文本文件进行读写,对二进制文件操作无意义。

(3) fread() 和 fwrite() 函数主要对二进制文件进行读写,也可以对文本文件进行读写。

(4) fscanf() 和 fprintf() 函数主要对文本文件进行读写,对二进制文件操作无意义。

10.4 文件的其他常用函数

1. 函数 feof()

函数 feof() 的功能是检测指向文件的指针时候已经指向了文件最后的结束标志 EOF,其一般调用格式为：

  feof(文件类型指针变量)；

如果文件指针指向的当前位置是文件结束标志 EOF,函数返回非零值,否则返回 0。例如：

  while(feof(fp)! =0)

  putchar(fgetc(fp))；

上例程序段的功能是,以字符形式输出文件内容直到文件结束。

2. 函数 rewind()

函数 rewind() 的功能是将指向文件的指针变量重新指向文件的开始位置,也即指向文件的第一个数据,此函数没有返回值。其一般调用格式为：

  rewind(文件类型指针变量)；

例如：

  rewind(fp)；

上例函数执行后,指向文件类型的指针变量将重新指向文件的开始数据。

3. 函数 fseek()

函数 fseek() 的功能是让指向文件的指针变量指向文件的任何一个位置,实现文件的随机读写。其一般调用形式为：

  fseek(文件类型指针变量,偏移量,起始位置)；

函数 fseek() 以文件的起始位置为基准,根据偏移量向前或向后移动指针。其中偏移量表明从起始位置移动的字节数,正数表示指针往后移动,负数表示指针向前移动,起始位置可以用数据 0、1、2 分别代笔文件开始位置、文件当前位置、文件结束位置。如果指针移动成功,函数返回 0,否则返回非 0。例如：

  fseek(fp,50L,0)；

  fseek(fp,−20L,2)；

上例两个函数中,第一个函数的功能是将 fp 指针从文件开始位置往后移动 50 个字节;第二个函数的功能是将 fp 从文件结束位置开始向前移动 20 个字节。需要注意的是,移动偏移量的数据类型是长整型数据。

一般来说,二进制类型的文件中数据的存储形式和其在内存中的存储形式一直,所以二进制文件比较容易实现利用 fseek()函数来实现随机读取。而 ASCII 文件中的数据由于数据个数不同,占用字节数不同,不容易计算偏移量,不容易实现利用 fseek()函数来实现随机读取。

4. 函数 ftell()

函数 ftell()用于测试指向文件的指针变量当前指向的位置。其一般调用形式为:

    ftell(文件类型指针变量);

如果测试成功函数返回值是指向文件的指针当前指向的位置,如果测试失败函数返回值是-1L。需要注意的是函数返回值是长整型数据。例如:

    fseek(fp,20L,0);
    printf("%ld",ftell(fp));

上例函数段中,由于 fseek()将指针 fp 从文件开始位置向后移动 20 个字节,所以此时 fp 的当前位置就是 20,因此 printf()输出的结果就是 20。

C 语言中还有很多可以用于文件操作的库函数,用兴趣的读者可以查阅相关手册,这里就不一一详细介绍了。

10.5 综合应用举例

【例 10-9】 文件的加密/解密

本例加密/解密的方法是:以命令行的方式给出加密/解密文件名 aegv[1]及加密/解密方式 aegv[2],aegv[2]为"+"表示对文件加密,"-"表示对文件解密。选用命令行参数为 3,否则系统显示出错后退出。

本例中文件的加密方法是:最初将 KEY 的值与文件中的第一个字节进行异或操作后写入文件中,文件后面的字节值是将前一个字节值(原始字节值)与其进行异或而形成,直到文件结束为止。

本例中具体实施:程序中定义两个文件指针 fpr 用于读文件,fpw 用于写文件。分别用读或写的方式打开要加密/解密的文件,若打开失败就给出出错信息。

程序如下:

```
#include<stdio.h>
#include<stdlib.h>
#define KEY 0xFA
void main (int argc,char * argv[])
{
FILE * fpr, * fpw;                                      /*定义读文件指针、写文件指针*/
char ch,k=(char)KEY;
if(argc! =3|| * argv[2]! ='+' && * argv[2]! ='-')      /*命令行参数有误*/
{
    printf("Useage:执行文件名 filename  +/-\n");
    exit(0);                                            /*系统退出*/
```

```
    }
    fpr=fopen(argv[1],"rb");                              /*以读的方式打开文件*/
    if(fpr= =NULL)                                        /*打开文件失败*/
    {
        printf("file:%s not found! \n",argv[1]);
        exit(0);
    }
    fpw=fopen(argv[1],"rb+");                             /*以读写的方式打开文件*/
    if(fpw= =NULL)                                        /*打开文件失败*/
    {
        printf("file:%s not found! \n" argv[1]);
        exit(0);
    }
    While((ch=fgetc(fpr)! =EOF)
    {
        fputc(ch^k,fpw);
        k=( * argv[2]= ='+')? ch:ch^k;
    }
    fclose(fpr);fclose(fpw);                              /*关闭文件*/
}
```

　　本例使用了带参的主函数,要利用命令提示符来执行。首先编译程序,产生该源程序文件的可执行文件,然后再命令提示符中在当前路径切换至可执行文件所在位置。例如:编译源程序,产生可执行文件为"123.EXE"并将其放置在"C:\"的根目录下。然后利用快捷键"WIN+R"运行命令提示符,将命令提示符的当前路径切换至"C:\"。如图 10-7 所示。

图 10-7　命令提示符示意图

　　然后输入命令"123.EXE C:\1.txt +"并按下"Enter"键,其中"C:\1.txt"即 main()函数的第二参数,是需要加密文件的文件名。"+"是 main()函数的第三参数,表示需要对文件进行加密操作。如图 10-8 所示。文件"C:\1.txt"的原始内容如图 10-9 所示,加密后的内容如图 10-10 所示。

图 10-8　操作命令示意图

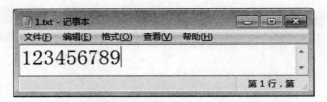

图 10-9　文件原始内容

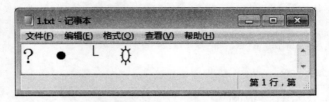

图 10-10　加密后文件内容

习　题　十

一、填空题（在每小题的 4 个选项中只有一个选项是符合题目要求的，请将正确选项前的字母填在题后的括号内）

1. 要打开一个已存在的非空文件"file"用于修改，选择正确的语句是（　　　　）。

    A. fp＝fopen("file","r");　　　　　　　　B. fp＝fopen("file","a＋");

    C. fp＝fopen("file","w");　　　　　　　　D. fp＝fopen("file","r＋");

2. fscanf 函数的正确调用形式是（　　　　）。

    A. fscanf（文件指针，格式字符串，输出列表）；

    B. fscanf（格式字符串，输出列表，文件指针）；

    C. fscanf（格式字符串，文件指针，输出列表）；

    D. fscanf（文件指针，格式字符串，输入列表）；

3. 若要打开 A 盘上 user 子目录下名为 abc. txt 的文本文件进行读、写操作，下面符合此要求的函数调用是（　　　　）。

    A. fopen("A:\user\abc. txt","r")　　B. fopen("A:\\user\\abc. txt","r＋")

    C. fopen("A:\user\abc. txt","rb")　　D. fopen("A:\\user\\abc. txt","w")

4. 以下叙述中错误的是（　　　　）。

    A. C 语言中对二进制文件的访问速度比文本文件快

    B. C 语言中，随机文件以二进制代码形式存储数据

    C. 语句 FILE fp;定义了一个名为 fp 的文件指针

    D. C 语言中的文本文件以 ASCII 码形式存储数据

5. 若 fp 已正确定义并指向某个文件，当未遇到该文件结束标志时函数 feof(fp)的值为（　　　　）。

    A. 0　　　　　　　　B. 1　　　　　　　　C. －1　　　　　　　　D. 一个非 0 值

6. 下列关于 C 语言数据文件的叙述中正确的是(　　　)。

　　A. 文件由 ASCII 码字符序列组成，C 语言只能读写文本文件

　　B. 文件由二进制数据序列组成，C 语言只能读写二进制文件

　　C. 文件由记录序列组成，可按数据的存放形式分为二进制文件和文本文件

　　D. 文件由数据流形式组成，可按数据的存放形式分为二进制文件和文本文件

7. 以下叙述中错误的是(　　　)。

　　A. 二进制文件打开后可以先读文件的末尾，而顺序文件不可以

　　B. 在程序结束时，应当用 fclose 函数关闭已打开的文件

　　C. 在利用 fread 函数从二进制文件中读数据时，可以用数组名给数组中所有元素读入数据

　　D. 不可以用 FILE 定义指向二进制文件的文件指针

8. 在 C 程序中，可把整型数以二进制形式存放到文件中的函数是(　　　)。

　　A. fprintf 函数　　　　B. fread 函数　　　　C. fwrite 函数　　　　D. fputc 函数

9. 用 fopen()以文本方式打开或建立可读可写文件，要求：若指定的文件不存在，则新建一个，并使文件指针指向其开头，若指定的文件存在，打开它，将文件指针指向其结尾。正确的"文件使用方式"描述是(　　　)。

　　A. "r+"　　　　　　B. "w+"　　　　　　C. "a+"　　　　　　D. "a"

10. fscanf 函数的正确调用形式是(　　　)。

　　A. fscanf(fp, 格式字符串, 输出表列)

　　B. fscanf(格式字符串, 输出表列, fp);

　　C. fscanf(格式字符串, 文件指针, 输出表列);

　　D. fscanf(文件指针, 格式字符串, 输入表列);

11. 以下程序的功能是(　　　)。

```
main( )
{FILE * fp;
char str[ ]="HELLO";
fp=fopen("PRN","w");
fpus(str,fp);fclose(fp);
}
```

　　A. 在屏幕上显示"HELLO"　　　　　　B. 把"HELLO"存入 PRN 文件中

　　C. 在打印机上打印出"HELLO"　　　　D. 以上都不对

12. 使用 fgetc 函数，则打开文件的方式必须是(　　　)。

　　A. 只写　　　　　　　　　　　　B. 追加

　　C. 读或读/写　　　　　　　　　　D. "追加"或"读或读/写"

13. 有以下程序：

```
#include<stdio.h>
main()
{ FILE  * fp;char str[10];
fp=fopen("myfile.dat","w");
fputs("abc",fp);fclose(fp);
```

```
fpfopen("myfile. data","a++");
fprintf(fp,"%d",28);
rewind(fp);
fscanf(fp,"%s",str);puts(str);
fclose(fp);
}
```
程序运行后的输出结果是(　　　)。

    A. abc　　　　　　B. 28bc　　　　　　C. abc28　　　　　　D. 因类型不一致而出错

14. 有如下程序：
```
#include
main()
{FILE * fp1;
fp1=fopen("f1. txt","w");
fprintf(fp1,"abc");
fclose(fp1);
}
```
若文本文件 f1. txt 中原有内容为：good,则运行以上程序后文件 f1. txt 中的内容为(　　　)。

    A. goodabc　　　　B. abcd　　　　　C. abc　　　　　D. abcgood

15. 有以下程序：
```
#include
    main()
    { FILE * fp;int i=20,j=30,k,n;
      fp=fopen("d1. dat","w");
      fprintf(fp,"%d\n",i);fprintf(fp,"%d\n"j);
      fclose(fp);
      fp=fopen("d1. dat","r");
      fp=fscanf(fp,"%d%d",&k,&n);printf("%d%d\n",k,n);
      fclose(fp);
    }
```
程序运行后的输出结果是(　　　)。

    A. 20 30　　　　　B. 20 50　　　　　C. 30 50　　　　　D. 30 20

16. 下面程序的输出是(　　　)。
```
main ( )
{ printf("%d\n",EOF);
}
```
    A. −1　　　　　　B. 0　　　　　　C. 1　　　　　　D. 程序是错误的

17. 以下程序企图把从终端输入的字符输出到名为 abc. txt 的文件中,直到从终端读入字符#号时结束输入和输出操作,但程序有错。
```
#include
    main()
    { FILE * fout;char ch;
```

```
              fout＝fopen("abc. txt","w");
              ch＝fgetc(stdin);
              while(ch! ＝"＃")
                { fputc(ch,fout);
                  ch＝fgetc(stdin);
                }
              fclose(fout);
          }
```

出错的原因是(   )。

    A. 函数 fopen 调用形式错误   B. 输入文件没有关闭

    C. 函数 fgetc 调用形式错误   D. 文件指针 stdin 没有定义

18. 有以下程序：

```
    ＃include
        main()
        {   FILE ＊pf;
            char ＊s1＝"China",＊s2＝"Beijing";
            pf＝fopen("abc. dat","wb＋");
            fwrite(s2,7,1,pf);
            rewind(pf);                 /＊文件位置指针回到文件开头＊/
            fwrite(s1,5,1,pf);
            fclose(pf);
        }
```

以上程序执行后 abc. dat 文件的内容是(   )。

    A. China   B. Chinang   C. ChinaBeijing   D. BeijingChina

19. 有以下程序：

```
    ＃include "stdio. h"
    void WriteStr(char ＊fn,char ＊str)
    {
        FILE ＊fp;
        fp＝fopen(fn,"W");
        fputs(str,fp);
        fclose(fp);
    }
    main()
    {
        WriteStr("t1. dat","start");
        WriteStr("t1. dat","end");
    }
```

程序运行后,文件 t1. dat 中的内容是(   )。

    A. start   B. end   C. startend   D. endrt

20. 有以下程序：

```
#include
main()
{ FILE * fp;int i,k,n;
  fp=fopen("data.dat","w+");
  for(i=1;i<6;i++)
  { fprintf(fp,"%d ",i);
    if(i%3==0) fprintf(fp,"\n");
  }
  rewind(fp);
  fscanf(fp,"%d%d",&k,&n);printf("%d %d\n",k,n);
  fclose(fp);
}
```

程序运行后的输出结果是(   )。

　　A. 0 0　　　　　　　B. 123 45　　　　　　C. 1 4　　　　　　　　D. 1 2

二、填空题

1. C 语言中根据数据的组织形式,把文件分为_____和_____两种。

2. 使用 fopen("abc","r+")打开文件时,若 abc 文件不存在,则_____。

3. 使用 fopen("abc","w+")打开文件时,若 abc 文件已存在,则_____。

4. C 语言中文件的格式化输入输出函数对是_____;文件的数据块输入输出函数对是_____;文件的字符串输入输出函数对是_____。

5. C 语言中文件指针设置函数是_____;文件指针位置检测函数是_____。

6. 在 C 程序中,文件可以用_____方式存取,也可以用_____方式存取。

7. 文件名包含三个部分:_____、_____、_____。

8. 函数 fwrite()、fread()打开文件时,必须使用_____文件的读取和写入模式。

9. feof(fp)函数用来判断文件是否结束,如果遇到文件结束,函数值为_____,否则为_____。

10. 在对文件进行操作的过程中,若要求文件的位置回到文件的开头,应当调用的函数是_____。

11. 已有文本文件 test.txt,其中的内容为:"Hello,everyone!"。以下程序中,文件 test.txt 已正确为"读"而打开,由文件指针 fr 指向该文件,则程序的输出结果是_____。

```
#include
main()
{ FILE * fr;char str[40];
  ……
  fgets(str,5,fr);
  printf("%s\n",str);
  fclose(fr);
}
```

12. 以下程序用来统计文件中字符个数。试填空。

```
#include "stdio.h"
main()
{ FILE * fp;long num=0L;
```

```
          if((fp=fopen("fname. dat","r"))==NULL)
          { pirntf("Open error\n");exit(0);}
          while(_____)
          { fgetc(fp);num++;}
            printf("num=%1d\n",num-1);
            fclose(fp);
        }
```

13. 以下程序段打开文件后,先利用 fseek 函数将文件位置指针定位在文件末尾,然后调用 ftell 函数返回当前文件位置指针的具体位置,从而确定文件长度,试填空。

```
    FILE * myf;ling f1;
    myf=_____ ("test. t","rb");
    fseek(myf,0,SEEK_END);f1=ftel(myf);
    fclose(myf);
    printf("%d\n",f1);
```

14. 下面程序把从终端读入的 10 个整数以二进制的方式写到一个名为 bi. dat 的新文件中。试填空。

```
    #include <stdio. h>
        FILE * fp;
          main( )
          { int i,j;
            if((fp=fopen(_____,"wb"))= =NULL)exit(0);
            for(i=0;i<10;i++)
            { scanf("%d",&j);
              fwrite(&j,sizeof(int),1,_____);
            }
            fclose(fp);
          }
```

15. 以下程序由终端输入一个文件名,然后把从终端键盘输入的字符依次存放到该文件中,用 # 号作为结束输入的标志。试填空。

```
    #include <stdio. h>
    main()
    { FILE * fp;
        char ch,fname[10];
        printf("Input the name of file\n");
        gets(fname);
        if((fp=_____)==NULL)
          { printf("Cannot open\n");exit(0);}
            printf("Enter data\n");
              while((ch=getchar())! ="#")
        fputc(_____,fp);
        fclose(fp);}
```

三、判断题(表述正确请在题后的括号内打√,表述错误请在题后的括号内打×)

1. 文件是指存储在计算机外部存储设备中的相关信息的集合。   (   )

2. 按文件的逻辑结构分类可分为程序文件和数据文件。 （　　）

3. fputc（）函数的功能是向文件写入多个字符。 （　　）

4. fwrite（）函数的功能是按"记录"（即数据块）成批的写入文件。 （　　）

5. fgetc（）fputc（）函数主要对文本文件进行读写，不可以对二进制文件进行读写。
（　　）

6. fgets（）和 fputs（）函数主要对文本文件进行读写，对二进制文件操作无意义。（　　）

7. fread（）和 fwrite（）函数主要对二进制文件进行读写，对文本文件操作无意义。（　　）

8. 函数 rewind（）的功能是将指向文件的指针变量重新指向文件的结束位置。 （　　）

9. 文件路径指明文件的存储位置，文件名通常表明文件的类型。 （　　）

10. 根据操作系统是否可以为文件自动设置缓冲区，可以分为缓冲文件系统和非缓冲文件系统。 （　　）

四、编程题

1. 从键盘输入一些字符，逐个把它们送到磁盘上去，直到输入一个"♯"为止。

2. 有一个磁盘文件，第一次将它的内容显示在屏幕上，第二次把它复制到另一文件上。

3. 在磁盘文件"stu_dat"上存有 10 个学生的姓名、年龄、性别。要求将第 1、3、5、7、9 个学生数据输入计算机，并在屏幕上显示出来。

附录 I　编译预处理

　　C语言在编译源程序之前，可以先对一些特殊的命令做解释，然后再进行正常的编译，这些命令称为编译预处理命令。在C语言中，为了区分一般的语句和编译预处理命令，所有的编译预处理命令都以符号"#"开头，并且在结尾处不使用符号"；"。编译预处理命令可以出现在程序中的任何位置，但原则上来说一般都写在源程序的开头，其作用范围从出现位置到源程序文件尾。

　　C语言提供的编译预处理命令主要有：宏定义、文件包含和条件编译三类。

1. 宏定义

　　宏定义分为带参数宏定义和不带参数宏定义。

1.1　不带参数宏定义

　　不带参数的宏定义的一般形式是：

　　#define 宏名 字符串

　　编译预处理时，预处理将程序文件中所有在此宏定义之后的宏名都用字符串来替代，这个过程叫宏替换。本书第2章中介绍的符号常数的定义，就是这种宏定义的应用之一。例如：

　　#define PRINT printf

　　#define PI 3.1415926

　　有了上面的宏定义之后，源程序中所有的标识符"PRINT"在编译预处理时都将被"printf"替换、所有标识符"PI"在编译预处理时都将被"3.1415926"替换。

　　需要注意的是：

　　(1) 宏名一般采用大写字母，以便和变量名区别开。

　　(2) 在编译预处理时，只做简单的字符替换，并不进行语法检查。只有在编译时，才对已经完成字符替换之后的源程序进行语法检查。

　　(3) 宏定义的作用范围是从宏定义位置到源程序文件结束，如果需要提前结束宏定义的作用域，可以使用#undef 命名。

　　(4) 宏定义时可以嵌套使用已经定义的宏名。例如：

　　#define PI 3.14159

　　#define R 2.0

　　#define S PI * R * R

　　上例在编译预处理的时候，S将被 3.14159 * 2.0 * 2.0 替换。

1.2　带参数的宏定义

　　宏定义时，还可以带有参数。带参数的宏定义的一般形式为：

　　#define 宏名(参数列表)　字符串

　　它的作用是在编译预处理的时候，将源程序中所有的宏名都替换成字符串，并且将字符串中的参数使用实际的参数来替换。例如：

　　#define S(3,4,5)(a+b+c)/2

　　有了上例的宏定义之后，源程序中的 S(3,4,5)将被替换成(3+4+5)/2。

　　需要注意的是：

　　(1) 带参数的宏定义中，宏名和参数之间不能用空格，否则空格之后的所有字符序列都被当成替换字符串。例如：

　　　　　♯define S(3,4,5)(a＋b＋c)/4

则预处理时将 S 作为宏名,而将"(3,4,5)(a＋b＋c)/4"视为替换字符串。

　　(2) 带参数的宏定义只做简单的字符替换,不进行任何的计算。在某些场合下省略括号可能会得出错误的结论。例如:

　　　　　♯define S(r)2 ＊ PI ＊ r

源程序中有语句 circle＝S(2＋3);,则编译预处理之后的结果是:

　　　　　circle＝2 ＊ PI ＊ 2＋3

　　很明显,这个结果是错误的。因此宏定义时需要写成:♯define S(r) 2 ＊ PI ＊ (r),这里的括号是不可以省略不写的。

　　(3) 虽然看起来带参数宏定义的使用方式和函数类似,但是两者有着本质的区别。参数的宏定义没有涉及函数调用时的流程跳转、参数分配存储空间、参数传递和返回值等问题,带参数宏定义只是简单的字符替换。

2. 文件包含

　　前面已经介绍过,在使用 C 语言库函数的时候需要在程序最开头的地方写上♯include 命令,这个实际上就是文件包含。利用文件包含命令,可以让一个源程序文件包含另外一个源程序文件的全部内容。

　　如果源程序里面用了 C 语言提供的库函数,则必须使用文件包含命令包含头文件,例如:♯include "stdio. h"。具体库函数和头文件的相关关系,参见附录 IV Turbo C 常用库函数。用户还可以使用文件包含命令包含用户自己编写的源程序文件。文件包含预处理命令的一般形式为:

　　　　形式1　　♯include ＜文件名＞

　　　　形式2　　♯include"文件名"

　　这两种形式的区别在于:形式 1 是系统将在 C 语言库函数的头文件所在的目录(include 子目录)中找需要使用的文件,显然其查找的速度快。形式 2 是系统在源程序所在的当前目录中查找,如果找不到,再到操作系统的 path 设置的自动搜索路径中去查找,最后在 C 语言库函数的头文件所在的目录(include 子目录)中查找,显然该形式比较保险。

　　需要注意的是:

　　(1) 一个♯include 文件包含命令只能包含一个文件,有几个文件需要包含就要使用几条♯include 命令。

　　(2) 文件包含可以嵌套。例如文件 1 包含了文件 2,文件 2 包含了文件 3,则在文件 1 中使用两条♯include 命令,并且文件 3 的包含要写在文件 2 的包含之前。也就是说在文件 1 中需要写的文件包含命令是:

　　　　♯include　"文件 3"

　　　　♯include　"文件 2"

　　例如:在文件 1. C 中用宏定义将 printf 定义为 WRITE,将 scanf 定义为 READ,在文件 2. C 中使用该宏。其定义如下:

　　　　文件 1. C 文件如下:

　　　　♯define　WRITE printf

　　　　♯define　READ scanf

　　　　文件 2. C 文件如下:

　　　　♯include　"文件 1. C"

　　　　main( )

　　　　｛ int x＝5;

　　　　　READ("％d",＆x);

　　　　　WRITE("％D",X);

　　　　｝

3. 条件编译

一般情况下，源程序中所有的行都参加编译。但有时希望对其中一部分内容只在满足一定条件下才进行编译，即对一部分内容指定编译条件，这就是条件编译。

条件编译的形式如下：

　　#ifdef 标识符
　　语句 1
　　#else
　　语句 2
　　#endif

其中：标识符一般用#define 定义的宏名。

功能：若标识符定义过，则对语句 1 进行编译，否则对语句 2 进行编译。

条件编译的指令：条件编译指令将决定哪些代码被编译，而哪些是不被编译的。可以根据表达式的值或者某个特定的宏是否被定义来确定编译条件。

#if 指令

#if 指令计算其后的常量表达式，如果表达式为真，则编译后面的代码，直到出现#else、#elif 或#endif 为止；否则就不编译。

#endif 指令

#endif 用于终止#if 预处理指令。例如：

```
 #define DEBUG 0
main( )
{
   #if DEBUG
   printf("Debugging\n");
   #endif
   printf("Running\n");
}
```

上述的程序中，宏名 DEBUG 会被 0 替换，相当于表达式的值为假，所以该程序的输出结果是"Running"。

#ifdef 和#ifndef

这两个指令的形式为：

　　#ifdef 宏名
　　#ifndef 宏名

#ifdef 指令检测宏名是否已经被#define 定义过，如果定义过则编译后面的语句。而#ifndef 指令刚好和#ifdef 相反，即如果定义过则不编译后面的语句。例如：

```
 #define DEBUG
main( )
{
   #ifdef DEBUG
   printf("yes\n");
   #endif
   #ifndef DEBUG
   printf("no\n");
   #endif
}
```

上例中由于宏名 DEBUG 没有被 #define 定义过,所以程序输出的结果为"no"。

#else 指令

#else 指令用于某个 #if 指令之后,当前面的 #if 指令的条件不为真时,就编译 #else 后面的代码。例如:

```
#define DEBUG
main( )
{
    #ifdef DEBUG
    printf("Debugging\n");
    #else
    printf("Not debugging\n");
    #endif
    printf("Running\n");
}
```

上例中,因为宏名 DEBUG 被 #define 定义过,所以编译 #ifdef 之后的语句,而不编译 #else 之后的语句,直到 #endif 条件编译结束。

#elif 指令

#elif 预处理指令综合了 #else 和 #if 指令的作用。相当于 if 语句中的 else if。例如:

```
#define TWO
main( )
{
    #ifdef ONE
    printf("1\n");
    #elif defined TWO
    printf("2\n");
    #else
    printf("3\n");
    #endif
}
```

上例程序输出的结果为"2"。

附录 II ASCII 表

字符	ASCII 代码		字符	ASCII 代码		字符	ASCII 代码	
	二进制	十进制		二进制	十进制		二进制	十进制
回车	0001101	13	?	0111111	63	a	1100001	97
ESC	0011011	27	@	1000000	64	b	1100010	98
空格	0100000	32	A	1000001	65	c	1100011	99
!	0100001	33	B	1000010	66	d	1100100	100
"	0100010	34	C	1000011	67	e	1100101	101
#	0100011	35	D	1000100	68	f	1100110	102
$	0100100	36	E	1000101	69	g	1100111	103
%	0100101	37	F	1000110	70	h	1101000	104
&	0100110	38	G	1000111	71	i	1101001	105
'	0100111	39	H	1001000	72	j	1101010	106
(	0101000	40	I	1001001	73	k	1101011	107
)	0101001	41	J	1001010	74	l	1101100	108
*	0101010	42	K	1001011	75	m	1101101	109
+	0101011	43	L	1001100	76	n	1101110	110
,	0101100	44	M	1001101	77	o	1101111	111
—	0101101	45	N	1001110	78	p	1110000	112
.	0101110	46	O	1001111	79	q	1110001	113
/	0101111	47	P	1010000	80	r	1110010	114
0	0110000	48	Q	1010001	81	s	1110011	115
1	0110001	49	R	1010010	82	t	1110100	116
2	0110010	50	S	1010011	83	u	1110101	117
3	0110011	51	T	1010100	84	v	1110110	118
4	0110100	52	U	1010101	85	w	1110111	119
5	0110101	53	V	1010110	86	x	1111000	120
6	0110110	54	W	1010111	87	y	1111001	121
7	0110111	55	X	1011000	88	z	1111010	122
8	0111000	56	Y	1011001	89			
9	0111001	57	Z	1011010	90	{	1111011	123
:	0111010	58	[	1011011	91			1111100	124
;	0111011	59	\	1011100	92	}	1111101	125
<	0111100	60	]	1011101	93	~	1111110	126
=	0111101	61	^	1011110	94			
>	0111110	62	—	1011111	95			

附录 III C 运算符的优先级与结合

优先级	运算符	含义	参与运算对象的数目	结合方向
1	( ) [ ] —> .	圆括号运算符 下标运算符 指向结构体成员运算符 结构体成员运算符	双目运算符 双目运算符 双目运算符	自左至右
2	! ~ ++ —— — (类型) * & sizeof	逻辑非运算符 按位取反运算符 自增运算符 自减运算符 负号运算符 类型转换运算符 指针运算符 取地址运算符 求类型长度运算符	单目运算符	自右至左
3	* / %	乘法运算符 除法运算符 求余运算符	双目运算符	自左至右
4	+ —	加法运算符 减法运算符	双目运算符	自左至右
5	<< >>	左移运算符 右移运算符	双目运算符	自左至右
6	< <= > >=	关系运算符	双目运算符	自左至右
7	== !=	判等运算符 判不等运算符	双目运算符	自左至右
8	&	按位与运算符	双目运算符	自左至右
9	^	按位异或运算符	双目运算符	自左至右
10	|	按位或运算符	双目运算符	自左至右
11	&&	逻辑与运算符	双目运算符	自左至右
12	||	逻辑或运算符	双目运算符	自左至右
13	?:	条件运算符	三目运算符	自右至左

优先级	运算符	含义	参与运算对象的数目	结合方向
14	= += -= *= /= %= >>= <<= &= ^= |=	赋值运算符	双目运算符	自右至左
15	,	逗号运算符 (顺序求值运算符)		自左至右

附录 IV Turbo C 常用库函数

库函数并不是 C 语言的一部分,它是由编译程序根据一般用户的需要编制并提供用户使用的一组程序。每一种 C 编译系统都提供了一批库函数,不同的编译系统所提供的库函数的数目和函数名以及函数功能是不完全相同的。ANSI C 标准提出了一批建议提供的标准库函数。它包括了目前多数 C 编译系统所提供的库函数,但也有一些是某些 C 编译系统未曾实现的。考虑到通用性,本书列出 Turbo C 2.0 版提供的部分常用库函数。

由于 Turbo C 库函数的种类和数目很多(例如:还有屏幕和图形函数、时间日期函数、与本系统有关的函数等,每一类函数又包括各种功能的函数),限于篇幅,本附录不能全部介绍,只从教学需要的角度列出最基本的。读者在编制 c 程序时可能要用到更多的函数,请查阅有关的 Turbo C 库函数手册。

1. 数学函数

使用数学函数时,应该在源文件中使用命令:

#include "math. h"

函数名	函数与形参类型	功　能	返回值
acos	double　acos(x) double　x	计算 $\arccos(x)$ 的值 $-1<=x<=1$	计算结果
asin	double　asin(x) double　x	计算 $\arcsin(x)$ 的值 $-1<=x<=1$	计算结果
atan	double　atan(x) double　x	计算 $\arctan(x)$ 的值	计算结果
atan2	double　atan2 (x,y)double　x,y	计算 $\arctan(x/y)$ 的值	计算结果
cos	double　cos(x) double　x	计算 $\cos(x)$ 的值 x 的单位为弧度	计算结果
cosh	double　cosh(x) double　x	计算 x 的双曲余弦 $\cosh(x)$ 的值	计算结果
exp	double　exp(x) double　x	求 e^x 的值	计算结果
fabs	double　fabs(x) double　x	求 x 的绝对值	计算结果
floor	double　floor(x) double　x	求出不大于 x 的最大整数	该整数的双精度实数
fmod	double　fmod(x,y) double　x,y	求整除 x/y 的余数	返回余数的双精度实数
frexp	double frexp(val,eptr) double　val int　* eptr	把双精度数 val 分解成数字部分(尾数)和以 2 为底的指数,即 $val = x * 2^n$,n 存放在 eptr 指向的变量中	数字部分 x0.5$<=$x$<$1
log	double　log(x) double　x	求 $\log_e x$ 即 $\ln x$	计算结果

函数名	函数与形参类型	功 能	返回值
log10	double log10(x) double x	求 $\log_{10} x$	计算结果
modf	double modf (val,iptr)double val int * iptr	把双精度数 val 分解成数字部分和小数部分,把整数部分存放在 ptr 指向的变量中	val 的小数部分
pow	double pow(x,y) double x,y	求 x^y 的值	计算结果
sin	double sin(x) double x	求 $\sin(x)$ 的值 x 的单位为弧度	计算结果
sinh	double sinh(x) double x	计算 x 的双曲正弦函数 $\sinh(x)$ 的值	计算结果
sqrt	double sqrt(x) double x	计算 $\sqrt{x}, x \geqslant 0$	计算结果
tan	double tan(x) double x	计算 $\tan(x)$ 的值 x 的单位为弧度	计算结果
tanh	double tanh(x) double x	计算 x 的双曲正切函数 $\tanh(x)$ 的值	计算结果

2. 字符函数

在使用字符函数时,因该在源文件中使用命令:

　　#include"ctype. h"

函数名	函数和形参类型	功 能	返回值
isalnum	int isalnum(ch) int ch	检查 ch 是否字母或数字	是字母或数字返回 1;否则返回 0
isalpha	int isalpha(ch) int ch	检查 ch 是否字母	是字母返回 1;否则返回 0
iscntrl	int iscntrl(ch) int ch	检查 ch 是否控制字符(其 ASCII 码在 0 和 0xlF 之间)	是控制字符返回 1;否则返回 0
isdigit	int isdigit(ch) int ch	检查 ch 是否数字	是数字返回 1;否则返回 0
isgraph	int isgraph(ch) int ch	检查 ch 是否是可打印字符(其 ASCII 码在 0x21 和 0x7e 之间),不包括空格	是可打印字符返回 1;否则返回 0
islower	int islower(ch) int ch	检查 ch 是否是小写字母(a~z)	是小字母返回 1;否则返回 0
isprint	int isprint(ch) int ch	检查 ch 是否是可打印字符(其 ASCII 码在 0x21 和 0x7e 之间),不包括空格	是可打印字符返回 1;否则返回 0
ispunct	int ispunct(ch) int ch	检查 ch 是否是标点字符(不包括空格)即除字母、数字和空格以外的所有可打印字符	是标点返回 1;否则返回 0
isspace	int isspace(ch) int ch	检查 ch 是否空格、跳格符(制表符)或换行符	是,返回 1;否则返回 0
issupper	int isalsupper(ch) int ch	检查 ch 是否大写字母(A~Z)	是大写字母返回 1;否则返回 0

函数名	函数和形参类型	功　能	返回值
isxdigit	int isxdigit(ch) int ch	检查 ch 是否一个 16 进制数字（即 0～9,或 A 到 F,a～f)	是,返回 1;否则返回 0
tolower	int tolower(ch) int ch	将 ch 字符转换为小写字母	返回 ch 对应的小写字母
toupper	int touupper(ch) int ch	将 ch 字符转换为大写字母	返回 ch 对应的大写字母

3. 字符串函数

使用字符串中函数时,应该在源文件中使用命令:

♯ include"string. h"

函数名	函数和形参类型	功　能	返回值
memchr	void memchr(buf,chc,count) void * buf;charch; unsigned int count;	在buf 的前 count 个字符里搜索字符 ch 首次出现的位置	返回指向 buf 中 ch 的第一次出现的位置指针;若没有找到 ch,返回 NULL
memcmp	int memcmp(buf1,buf2,count) void * buf1, * buf2; unsigned int count;	按字典顺序比较由 buf1 和 buf2 指向的数组的前 count 个字符	buf1<buf2,为负数 buf1=buf2,返回 0 buf1>buf2,为正数
memcpy	void * memcpy(to,from,count) void * to, * from; unsigned int count;	将from 指向的数组中的前 count 个字符拷贝到 to 指向的数组中。From 和 to 指向的数组不允许重叠	返回指向 to 的指针
memove	void * memove(to,from,count) void * to, * from; unsigned int count;	将from 指向的数组中的前 count 个字符拷贝到 to 指向的数组中。From 和 to 指向的数组不允许重叠	返回指向 to 的指针
memset	void * memset(buf,ch,count) void * buf;char ch; unsigned int count;	将字符 ch 拷贝到 buf 指向的数组前 count 个字符中	返回 buf
strcat	char * strcat(str1,str2) char * str1, * str2;	把字符 str2 接到 str1 后面,取消原来 str1 最后面的串结束符'\0'	返回 str1
strchr	char * strchr(str1,ch) char * str; int ch;	找出 str 指向的字符串中第一次出现字符 ch 的位置	返回指向该位置的指针,如找不到,则应返回 NULL
strcmp	int * strcmp(str1,str2) char * str1, * str2;	比较字符串 str1 和 str2	str1<str2,为负数 str1=str2,返回 0 str1>str2,为正数
strcpy	char * strcpy(str1,str2) char * str1, * str2;	把 str2 指向的字符串拷贝到 str1 中去	返回 str1
strlen	unsigned intstrlen(str) char * str;	统计字符串 str 中字符的个数（不包括终止符'\0')	返回字符个数
strncat	char * strncat(str1,str2,count) char * str1, * str2; unsigned int count;	把字符串 str2 指向的字符串中最多 count 个字符连到串 str1 后面,并以 null 结尾	返回 str1

函数名	函数和形参类型	功　　能	返回值
strncmp	int strncmp(str1,str2,count) char * str1, * str2; unsigned int count;	比较字符串 str1 和 str2 中至多前 count 个字符	str1＜str2,为负数 str1＝str2,返回 0 str1＞str2,为正数
strncpy	char * strncpy(str1,str2,count) char * str1, * str2; unsigned int count;	把 str2 指向的字符串中最多前 count 个字符拷贝到串 str1 中去	返回 str1
strnset	void * setnset(buf,ch,count) char * buf;char ch; unsigned int count;	将字符 ch 拷贝到 buf 指向的数组前 count 个字符中	返回 buf
strset	void * setnset(buf,ch) void * buf;char ch;	将 buf 所指向的字符串中的全部字符都变为字符 ch	返回 buf
strstr	char * strstr(str1,str2) char * str1, * str2;	寻找 str2 指向的字符串在 str1 指向的字符串中首次出现的位置	返回 str2 指向的字符串首次出向的地址。否则返回 NULL

4. 输入输出函数

在使用输入输出函数时,应该在源文件中使用命令:

　　#include"stdio. h"

函数名	函数和形参类型	功　　能	返回值
clearerr	void clearer(fp) FILE * fp	清除文件指针错误指示器	无
close	int close(fp) int fp	关闭文件(非 ANSI 标准)	关闭成功返回 0,不成功返回－1
creat	int creat(filename,mode) char * filename; int mode	以 mode 所指定的方式建立文件(非 ANSI 标准)	成功返回正数,否则返回－1
eof	int eof(fp) int fp	判断 fp 所指的文件是否结束	文件结束返回 1,否则返回 0
fclose	int fclose(fp) FILE * fp	关闭 fp 所指的文件,释放文件缓冲区	关闭成功返回 0,不成功返回非 0
feof	int feof(fp) FILE * fp	检查文件是否结束	文件结束返回非 0,否则返回 0
ferror	int ferror(fp) FILE * fp	测试 fp 所指的文件是否有错误	无错返回 0;否则返回非 0
fflush	int fflush(fp) FILE * fp	将 fp 所指的文件的全部控制信息和数据存盘	存盘正确返回 0;否则返回非 0
fgets	char * fgets(buf,n,fp) char * buf; int n; FILE * fp	从 fp 所指的文件读取一个长度为($n-1$)的字符串,存入起始地址为 buf 的空间	返回地址 buf;若遇文件结束或出错则返回 EOF
fgetc	int fgetc(fp) FILE * fp	从 fp 所指的文件中取得下一个字符	返回所得到的字符;出错返回 EOF

函数名	函数和形参类型	功 能	返回值
fopen	FILE * fopen(filename,mode) char * filename, * mode	以 mode 指定的方式打开名为 filename 的文件	成功,则返回一个文件指针;否则返回 0
fprintf	int fprintf (fp, format, args, …) FILE * fp;char * format	把 args 的值以 format 指定的格式输出到 fp 所指的文件中	实际输出的字符数
fputc	int fputc(ch,fp) char ch; FILE * fp	将字符 ch 输出到 fp 所指的文件中	成功则返回该字符;出错返回 EOF
fputs	int fputs(str,fp) char str; FILE * fp	将 str 指定的字符串输出到 fp 所指的文件中	成功则返回 0;出错返回 EOF
fread	int fread(pt,size,n,fp) char * pt;unsigned size,n; FILE * fp	从 fp 所指定文件中读取长度为 size 的 n 个数据项,存到 pt 所指向的内存区	返回所读的数据项个数,若文件结束或出错返回 0
fscanf	int fscanf(fp,format,args,…) FILE * fp;char * format	从 fp 指定的文件中按给定的 format 格式将读入的数据送到 args 所指向的内存变量中(args 是指针)	以输入的数据个数
fseek	int fseek(fp,offset,base) FILE * fp;long offset;int base	将 fp 指定的文件的位置指针移到 base 所指出的位置为基准、以 offset 为位移量的位置	返回当前位置;否则,返回－1
siell	FILE * fp; long ftell(fp);	返回 fp 所指定的文件中的读写位置	返回文件中的读写位置;否则,返回 0
fwrite	int fwrite (ptr, size, n, fp) char * ptr;unsigned size,n;FILE * fp	把 ptr 所指向的 n * size 个字节输出到 fp 所指向的文件中	写到 fp 文件中的数据项的个数
getc	int getc(fp) FILE * fp;	从 fp 所指向的文件中的读出下一个字符	返回读出的字符;若文件出错或结束返回 EOF
getchar	int getchat( )	从标准输入设备中读取下一个字符	返回字符;若文件出错或结束返回－1
gets	char * gets(str) char * str	从标准输入设备中读取字符串存入 str 指向的数组	成功返回 str,否则返回 NULL
open	int open(filename,mode) char * filename; int mode	以 mode 指定的方式打开已存在的名为 filename 的文件(非 ANSI 标准)	返回文件号(正数);如打开失败返回－1
printf	int printf(format,args,…) char * format	在 format 指定的字符串的控制下,将输出列表 args 的指输出到标准设备	输出字符的个数;若出错返回负数
prtc	int prtc(ch,fp) int ch;FILE * fp;	把一个字符 ch 输出到 fp 所值的文件中	输出字符 ch;若出错返回 EOF
putchar	int putchar(ch) char ch;	把字符 ch 输出到 fp 标准输出设备	返回换行符;若失败返回 EOF
puts	int puts(str) char * str;	把 str 指向的字符串输出到标准输出设备;将'\0'转换为回车行	返回换行符;若失败返回 EOF

函数名	函数和形参类型	功　　能	返回值
putw	int putw(w,fp)int i; FILE * fp;	将一个整数 i(即一个字)写到 fp 所指的文件中(非 ANSI 标准)	返回读出的字符;若文件出错或结束返回 EOF
read	int read(fd,buf,count) int fd;char * buf; unsigned int count;	从文件号 fp 所指定文件中读 count 个字节到由 buf 知识的缓冲区(非 ANSI 标准)	返回真正读出的字节个数,如文件结束返回 0,出错返回—1
remove	int remove(fname) char * fname;	删除以 fname 为文件名的文件	成功返回 0;出错返回—1
rename	int remove(oname,nname) char * oname, * nname;	把 oname 所指的文件名改为由 nname 所指的文件名	成功返回 0;出错返回—1
rewind	void rewind(fp) FILE * fp;	将 fp 指定的文件指针置于文件头,并清除文件结束标志和错误标志	无
scanf	int scanf(format,args,…) char * format	从标准输入设备按 format 指示的格式字符串规定的格式,输入数据给 args 所指示的单元。args 为指针	读入并赋给 args 数据个数。如文件结束返回 EOF;若出错返回 0
write	int write(fd,buf,count) int fd;char * buf; unsigned count;	从 buf 指示的缓冲区输出 count 个字符到 fd 所指的文件中(非 ANSI 标准)	返回实际写入的字节数,如出错返回—1

5. 动态存储分配函数

在使用动态存储分配函数时,应该在源文件中使用命令:

　　#include"stdlib. h"

函数名	函数和形参类型	功　　能	返回值
callloc	void * calloc(n,size) unsigned n; unsigned size;	分配 n 个数据项的内存连续空间,每个数据项的大小为 size	分配内存单元的起始地址。如不成功,返回 0
free	void free(p) void * p;	释放 p 所指内存区	无
malloc	void * malloc(size) unsigned SIZE;	分配 size 字节的内存区	所分配的内存区地址,如内存不够,返回 0
realloc	void * reallod(p,size) void * p; unsigned size;	将 p 所指的以分配的内存区的大小改为 size。size 可以比原来分配的空间大或小	返回指向该内存区的指针。若重新分配失败,返回 NULL

6. 其他函数

"其他函数"是 C 语言的标准库函数,由于不便归入某一类,所以单独列出。使用这些函数时,应该在源文件中使用命令:

　　#include"stdlib. h"

函数名	函数和形参类型	功 能	返回值
abs	int abs(num) int num	计算整数 num 的绝对值	返回计算结果
atof	double atof(str) char * str	将 str 指向的字符串转换为一个 double 型的值	返回双精度计算结果
atoi	int atoi(str) char * str	将 str 指向的字符串转换为一个 int 型的值	返回转换结果
atol	long atol(str) char * str	将 str 指向的字符串转换为一个 long 型的值	返回转换结果
exit	void exit(status) int status;	中止程序运行。将 status 的值返回调用的过程	无
itoa	char * itoa(n,str,radix)int n,radix; char * str	将整数 n 的值按照 radix 进制转换为等价的字符串,并将结果存入 str 指向的字符串中	返回一个指向 str 的指针
labs	long labs(num) long num	计算 c 整数 num 的绝对值	返回计算结果
ltoa	char * ltoa(n,str,radix) long int n;int radix; char * str;	将长整数 n 的值按照 radix 进制转换为等价的字符串,并将结果存入 str 指向的字符串	返回一个指向 str 的指针
rand	int rand( )	产生 0 到 RAND_MAX 之间的伪随机数。RAND_MAX 在头文件中定义	返回一个伪随机(整)数
random	int random(num) int num;	产生 0 到 num 之间的随机数	返回一个随机(整)数
rand_omize	void randomize( )	初始化随机函数,使用是包括头文件 time. h	
strtod	double strtod(start,end) char * start; char * * end	将 start 指向的数字字符串转换成 double,直到出现不能转换为浮点的字符为止,剩余的字符串给指针 end * HUGE_VAL 是 turboC 在头文件 math. H 中定义的数学函数溢出标志值	返回转换结果。若未转换则返回 0。若转换出错返回 HUGE_VAL 表示上溢,或返回 - HUGE_VAL 表示下溢
strtol	Long int strtol(start,end,radix) char * start; char * * end; int radix;	将 start 指向的数字字符串转换成 long,直到出现不能转换为长整形数的字符为止,剩余的字符串符给指针 end。转换时,数字的进制由 radix 确定。* LONG _ MAX 是 turboC 在头文件 limits. h 中定义的 long 型可表示的最大值	返回转换结果。若未转换则返回 0。若转换出错返回 LONG _ MAX 表示上溢,或返回 - LONG _ MAX 表示下溢
system	int system(str) char * str;	将 str 指向的字符串作为命令传递给 DOS 的命令处理器	返回所执行命令的退出状态